硅藻纳米技术的进展和新兴应用

［澳］杜桑·洛西奇（Dusan Losic） **主编**

张育新　刘晓英　李凯霖 **译**

上海交通大学出版社
SHANGHAI JIAO TONG UNIVERSITY PRESS

内容简介

本书围绕硅藻的物种起源以及其生存环境进行了描述,从硅藻的物种多样性、孔隙度、环境平衡以及与流体环境响应作用机制进行了多方位的介绍,并且按照其在不同领域中的应用,从海洋生物学、遗传学、生态学、材料科学、纳米科学、工程学、光学、电子学、医学和农学等方面介绍了硅藻纳米技术的最新进展和新兴应用。

本书可作为在硅藻纳米技术领域从事基础研究的科研工作者和企业产品开发人员的参考资料和工具书,也可作为高等院校相关专业的教师、高年级本科生和研究生的教学参考书。

图书在版编目(CIP)数据

硅藻纳米技术的进展和新兴应用／(澳)杜桑·洛西奇主编;张育新,刘晓英,李凯霖译. —上海:上海交通大学出版社,2021.8(2021.12重印)
ISBN 978-7-313-24913-5

Ⅰ.①硅… Ⅱ.①杜… ②张… ③刘… ④李… Ⅲ.①硅藻土—纳米技术 Ⅳ.①P588.24②TB383

中国版本图书馆 CIP 数据核字(2021)第 080641 号

Diatom Nanotechnology: Progress and Emerging Applications
Edited by Dusan Losic
Ⓒ The Royal Society of Chemistry 2018

上海市版权局著作权合同登记号:图字:09-2020-288

硅藻纳米技术的进展和新兴应用
GUIZAO NAMI JISHU DE JINZHAN HE XINXING YINGYONG

主　　编:〔澳〕杜桑·洛西奇(Dusan Losic)　　　　译　者:张育新　刘晓英　李凯霖
出版发行:上海交通大学出版社　　　　　　　　　　　地　址:上海市番禺路 951 号
邮政编码:200030　　　　　　　　　　　　　　　　　电　话:021-64071208
印　　制:江苏凤凰数码印务有限公司　　　　　　　　经　销:全国新华书店
开　　本:710 mm×1000 mm　1/16　　　　　　　　　印　张:15.5
字　　数:300 千字
版　　次:2021 年 8 月第 1 版　　　　　　　　　　　印　次:2021 年 12 月第 2 次印刷
书　　号:ISBN 978-7-313-24913-5
定　　价:128.00 元

序言 1

    硅藻细胞在生命起源与地球演化过程中发挥了巨大的作用,其光合作用能为地球提供氧气以及具有固碳、固氮作用。在地球存在的几十亿年,期间无论是多少次历史大事件的发生,硅藻依然存活至今,且保持其固有形态,这说明了其具有优良的环境适应性和结构稳定性。近年来,随着材料技术的发展,硅资源的产品领域不断拓展,硅资源产业作为与人们日常生活密切相关的产业,逐步与能源、信息产业和国防军工业紧密结合。2000 年以来,全球 75 亿美元的硅材料产业,带动了 2 500 亿美元的半导体集成电路产业(其中半导体器件的 95%以上、集成电路的 99%以上是用硅材料制作)。在资源短缺寻求可持续发展的今天,如何有效利用硅藻中的硅资源已成为资源循环利用的热点问题,并且硅已成为一种战略资源受到各国关注。硅藻作为一种天然、中孔、高比表面积和具有诸多光学特性的生物,其在化学和生物传感器材料领域具有潜在的应用前景。2019 年 12 月,我们对重庆大学张育新教授的"单细胞硅藻微芯片地球观测"项目进行了论证,得到了同行专家的一致认可。

    除此之外,硅藻在各个领域都做出了巨大贡献。澳大利亚阿德莱德大学的 Losic 教授针对硅藻单细胞藻类的最新进展进行了总结。我们不仅可以从中了解硅藻对人类作出的贡献,而且可以感受到国内外科学家对硅藻研究的执着。但是,目前国内关于硅藻/硅藻土的书籍少之又少,我们需要硅藻相关的书籍来了解硅藻和硅藻土。

　　《硅藻纳米技术的进展和新兴应用》具有高度的科普性质,它应该能引起广大读者的兴趣,读者可以是教育工作者、硅藻爱好者,也可以是环保生态、建筑材料、生物材料等领域的工程师。本书为读者提供了一个极好的非专家视角,既为感兴趣的读者提供新的见解,还对硅藻纳米技术的最新进展进行了介绍。它既可以作为中小学生的课外读物,也可以作为本科生和研究生的通用读物。此外,我希望本书能够进入大学课堂并激发大家的兴趣,能够引起广大科研工作者在硅藻纳米技术这个领域开展深入研究,并找到解决问题的新方向。我也相信本书的价值——硅藻纳米技术的研究应用能为未来的高科技新兴应用和颠覆行业打下坚实的基础。

2020 年 9 月 7 日

序言 2

我从事了近 30 年的生态环保工作,一提起藻类,我们会千方百计地从源头上去削减氮磷等对水生态系统的影响,以预防水体富营养化导致藻类过量的生长而发生的"水华"现象。在日常生活中,硅藻类产品并没有引起我的过多关注,我对其也只是了解一点皮毛而已。

2020 年 5 月 29 日下午,我有幸聆听了重庆大学材料科学与工程学院张育新教授对硅藻深入浅出的演讲,精彩的演讲体现了他对硅藻的痴迷。硅藻微小以及复杂独特的结构与作用让我为之感到惊叹。惊叹之余的好奇使我对硅藻这个大自然纳米尺度的微观世界,有了想要去进一步深入了解的想法,正如亚里士多德的感言:"古往今来人们开始探索,都应起源于对世界万物的惊异。"当时,张育新教授还告诉我,他们正在翻译世界最前沿的关于硅藻的研究资料。6 月 29 日,我拿到了《硅藻纳米技术的进展和新兴应用》的译著书稿,这本译著有 10 章,是世界各地硅藻研究的主要专家对硅藻纳米技术领域最新进展和新兴应用进行的广泛跨学科的研究总结。《硅藻纳米技术的进展和新兴应用》引人入胜的介绍,颇让我有在大自然广袤世界和硅藻微观世界中畅游之感!本书解释了为什么硅藻是研究自然界微尺度和纳米尺度操作的理想选择,硅藻是大自然造就的纳米技术和纳米流体的天然模型。亚里士多德说:"大自然的每个领域都是美妙绝伦的",硅藻的美妙在于它天然而成且与纳米技术一样具有的特殊性、神奇性和广泛性。我想这或许是吸引国内外专家对硅藻进行执着研究的原因之一。此外,硅藻只是一种能进行光合作用的微观单细胞浮游植物,为什么它能成为地球上最丰富的光养生物之一?为什么它能占地球上所有初级生产的四分之一?为什么它能成为宿主固氮共生体的佼佼者(能固定全球 25% 的有机碳和氧,为人类默默的奉献)?没有一种生物结构像硅藻那样微小而复杂!达尔文说:"能够生存下来的物种,并不是那些最强壮的,也不是那些最聪明的,而是那些对变化作出快速反应的。"在生态系统竞争中,硅藻如何利用其自身微小而复杂的纳米结构显现出在全球食物网和生物地球化学过程中的重要性?硅藻的特性给当今人类以怎样的启示呢?《硅藻纳米技术的进展和新兴应用》揭示了硅藻纳米技术在诸多领域巨大的应用潜力。

　　黑格尔说:"一个深广的心灵总是把兴趣的领域推广到无数事物上去。"我非常感谢在重庆有张育新这样优秀教授带领的团队对硅藻痴迷的探索与研究。本书的出版将弥补国内科研工作者对硅藻纳米技术缺乏系统性研究的不足,我衷心地希望本书能够引起物理学、化学、材料学、生物学、电子学和力学等相对独立又相互渗透学科的专家学者和企业家的兴趣,希望本书能走进大学、中学、小学的课堂,开启人们探索大自然奥秘、热爱自然、服务人类社会的旅程!

2020 年 7 月 13 日于重庆

前　言

《硅藻纳米技术的进展和新兴应用》介绍了硅藻纳米技术这一引人入胜的新领域的最新进展，它是对被称为硅藻的单细胞藻类进行广泛跨学科研究的总结。硅藻以其独特的二氧化硅纳米/微观结构和性质，在海洋生物学、遗传学、生态学、材料科学、纳米科学、工程学、光学、电子学、医学和农学等领域有数千篇研究论文。

本书介绍了硅藻纳米技术最新的突破性发现并对潜在的新研究和发展途径进行了讨论，揭示了在硅藻纳米技术领域新方法的巨大潜力。本书的及时出版得益于世界各地的主要专家对这一领域的进展和新兴应用的总结。本书共 10 章，涵盖了一系列主题，包括生物纳米材料应用的最重要方面。我对各章的协同组合印象尤其深刻，这些章节涵盖硅藻纳米技术各个领域的基础知识和技术，以及它们在开发新技术以解决世界上一些最令人关注的难题方面的应用，例如能源、癌症、清洁水和粮食生产。

第 1 章由詹姆斯·米切尔撰写，他给出了一个启发灵感的说明，解释了为什么硅藻是研究自然界微尺度和纳米尺度操作的理想选择，因为它们的结构可以改变全球尺度上有机碳和氧的生成，这使得它们成为生物圈的关键环节。这些原理可以被用于生物圈的大部分地区以及化学和工程应用中。

第 2 章由加里·罗森加滕等撰写，从宏观湍流到纳米扩散等尺度上，研究硅藻结构与其流动环境之间复杂的相互作用，揭示了关于硅藻以一系列方式控制自身的基本概念,其中这些方式可以影响它们对营养物质的吸收和颗粒的分类。这些变化包括浮力的变化和旋转、在纳米尺度上对其表面流线的局部操纵和旋转以及通过硅质孔隙的过滤。硅藻的这些概念可以被转化和工程化,使之成为新的材料和设备。

第3章由范德纳·维纳亚克等撰写,重点介绍了纳米器件和纳米传感器中硅藻表面纳米工程以及它们的生物医学应用的最新研究进展,包括检测抗体和生物分子的"芯片实验室"以及疾病诊断的生物传感设备等。

第4章由罗勒撰写,重点介绍了功能化纳米结构硅藻壳体的生物和化学方法,为光电子和生物纳米技术的自底向上组装和功能化提供了一个新平台,提出了这一快速发展领域的未来发展方向,包括硅藻壳体在薄膜器件中生物制造过程以及硅藻细胞的基因工程的发展,证明了生物二氧化硅壳体上多功能生物分子在生物纳米技术中具有更广泛的应用。

第5章由卢卡·德斯特凡诺等撰写,回顾了该小组最新的研究成果,主要是硅藻的生物光子特性方面的研究,展示了硅藻微/纳米结构是如何利用自然产生光进行操纵的,利用这种低成本、高可用的材料可以有效地实现低成本光学生物传感器、光学器件、微透镜等设备的开发利用。

第6章由克鲁格等撰写,总结了利用蛋白质功能化硅藻的合成路线和生物技术遗传途径,并描述了这些材料在催化、生物传感和药物输送方面的特性及其展望。

第7章由沃尔克等撰写,介绍了硅藻壳体在染料敏化太阳能电池和光电化学制氢的改性和应用方面的最新、最前沿的研究动态。具有绿色和轻量化优势的能源收集、能源生产和能源储存设备的进展可以作为未来能源系统的蓝图,这意味着关于硅藻壳体在太阳能电池中的应用的研究有望在未来十年开始从实验室过渡到市场应用。

第8章由张育新撰写,重点介绍了硅藻结构与其他纳米材料相结合及其应用于储能方面的最新研究进展。对于这些硅藻基材料应用在锂离子电池、超级电容器、太阳能电池、储氢和热能储存等能源相关领域方面,他提出了许多新颖且有发展空间的观点。

第9章由桑托斯等撰写,介绍了硅藻在药物输送应用方面的最新进展,展示了硅藻载体的制备、表面生物工程、生物相容性试验、细胞吸收和传递不同治疗分子的能力,其中包括抗癌药物。该章节所提出的结果和概念是令人兴奋的。对于硅藻质二氧化硅不仅能作为合成多孔硅和其他人工材料的低成本替代品,也能用于制备未来智能药物的传输装置。

第 10 章由杜桑·洛西奇等撰写,重点介绍了在广泛的生物医学应用中使用硅藻土和硅转化的最新研究进展,包括在癌症治疗、出血控制和组织工程中的可调和反应性药物释放。介绍了硅藻土作为一种天然、无毒、无化学和抗药性的储粮保护杀虫剂应用的最新进展,描述了其来源、颗粒大小、化学成分、用量、物理条件和昆虫种类对其杀虫性能的影响。

由于本书具有高度的跨学科性质,它应该引起广大读者的兴趣,包括本科生、教育工作者、硅藻爱好者、学术界的科学家和跨学科的工程师,从物理、化学、材料科学到海洋生物学、显微镜、生物工程和医学。本书为非专业学者提供了一个极好的视角,为感兴趣的科学家提供新的见解外,提供了对现有文献的最新评论,为这个新兴的研究领域提供了一个新的开端。本书既可以作为本科生课程的教材,也可以作为研究生的通用教材。博士后和资深研究人员将发现在生物纳米材料、生物光子学、纳米流体学和药物传输领域找到一份最新研究报告。我希望这本书能激发大家的兴趣,鼓励大家开始在硅藻纳米技术这个不错的领域进行研究,并找到解决许多问题的新方向。我也相信本书对许多创业者和商业人士都是很有价值的,他们正在努力更好地理解和评估纳米技术以及新的纳米材料,为未来的高科技新兴应用和颠覆性技术产业打下坚实的基础。

我代表所有作者,感谢 RSC 出版团队在支持出版本书的想法方面所做出的努力,以及在各章的编写、审查和编辑过程中提供的巨大的帮助。

杜桑·洛西奇

澳大利亚阿德莱德大学

目　录

第 *1* 章

硅藻壳体的多样性

詹姆斯·米切尔(James G. Mitchell)

1.1　引言

自从 18 世纪早期 Van Leeuwenhoek 首次报道硅藻的结构以来,硅藻的二氧化硅壳体一直吸引着科学家们[1]。随着显微镜和微生物学的发展,人们发现其他原生生物和海绵也能产生硅基结构,但没有一种结构像硅藻那样微小而复杂。外部的硅藻壳体结构在长时间后依然保留至今,虽然该现象被证明是由分子所影响的,但是人们依然认为这是硅藻群体分类导致的[2-5]。在过去的 300 年里,硅藻壳体所具有的功能很少有人注意。有研究工作表明,硅藻壳体具有保护和压载的功能[6-7],但这些研究并没有涉及复杂细节的功能。最近的研究工作表明,硅藻壳体具有良好的机械强度[8-9]、光学特性[10]和缓冲能力[11],但是这些是其本身就具有的一些性能。硅藻壳体有一些特殊或罕见的结构,这些只是其中的一小部分(如脊柱和排泄部位)。一些研究工作表明,硅藻细胞会通过壳体进行颗粒的扩散和迁移[12-17]。然而,这些工作都不能解释为什么硅藻在其 100 000 多个物种中能够呈现各种微小而复杂的结构。

本章直接和间接地展示了与硅藻壳体结构相关的研究工作,进一步展示我们迄今对硅藻壳体功能的掌握程度。因此,对于那些有兴趣了解硅藻壳体如何与周围化学环境相互作用,以及这种相互作用如何受到流体流动和硅藻内部细胞过程的影响的读者来说,这是一个起点。

1.2　环境中的硅藻壳体

硅藻具有坚硬的硅基表面,类似于许多微型纳米流体装置。前者的表面总是有明显的表面图案。图 1.1 显示了硅藻的坚硬外部(壳体),特别是偏心海链藻,这种基本结构在硅藻中反复出现。硅藻构成了海洋食物网的基础,是地球上最丰富的光养生物之一[18-19]。它们的生理和营养吸收能力得到了适当的研究[20-22],人们普遍认为,这些膜是凹陷于壳体下面的,是一层具有刚性的薄膜,但实际上是一层多孔的网格。在这个网格附近或网格中,粒子的行为实际上是未知的,该网格的几何作用也是未知的。尽管这些硅藻群体主要是海洋和淡水浮游植物,而且这些光合单细胞一直漂流在海洋中,但是我们仍然缺乏有关它们如何识别和吸收养分的一些基本信息。许多研究表明,硅藻是浮游植物生态学的重要组成部分,它们在微生物循环和胶体动力学中的作用是前所未有的[23-26]。这里我们将展示多个学科关于对粒子表面相互作用的基本原则的研究,而且确实在许多领域已经取得了进展。

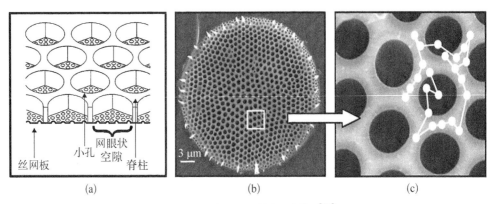

(a)　　　　　　　　　(b)　　　　　　　　　(c)

图 1.1　硅藻的坚硬外部(壳体)[12]

偏心海链藻的硅藻壳体示意图(a)以及扫描电镜图(b)和(c),该硅藻壳体是由 0.25 μm 的颗粒通过表面扩散而成,孔隙直径约为 1 μm,初步结果表明,沿着壳体边缘的脊柱(白色)是粒子弹射点

1.2.1　化学环境

海洋和湖泊是地球上最复杂的化学环境之一,特别是考虑到数日、数年和数千年的变化,这种变化包括胶体和颗粒复杂化学成分的变化。几亿年来,硅藻不得不根据环境改变其表面颗粒的大小。在充满微粒的海洋中,自然选择的基本原则表明硅藻表面的微观结构可能有助于控制其表面附近亚微米颗粒的行为。细胞生物学家不考虑这个区域,原因是它的尺寸太小,不能归入海洋学的范围,所以将它归于学科边界范围。因此,该领域的论文很少。然而,因为这一区域是营养物被吸收的地方,也是病原体、污染细菌和化学物质附着的地方,所以这一区域对于理解硅藻生态学和生理学是至关重要的。而且这也是了解微芯片分析方法[27]和纳米结构组装的微/纳米流体学[28-29]的关键领域。事实上,我们可以把硅藻壳体看作是

一种基于天然二氧化硅的三维微流控系统模型。

硅藻作为生物圈的重要组成部分,其价值在不断增加。它们能固定全球 25%的有机碳和氧,是宿主固氮共生体,且它们能够垂直迁移超过 1 km,将无机氮转移到海洋表面[30-31]。从这个角度来看,它们固定的碳比所有热带雨林加起来还多[31]。硅藻繁殖快,消耗快,与树木、草和海藻相比,它们所固定的碳能在食物网中快速传递,使它们成为许多海洋、河流、湖泊和一些土壤生态系统的主要生物能量来源[31-32]。它们的重要性远远超过其他微藻,它们在生物圈中起关键作用的一个重要原因是它们能够精确地利用二氧化硅形成复杂的壳体,随着时间的推移,这些细胞已经适应了环境的不断变化。

因为人们逐渐意识到硅藻在全球食物网和生物地球化学过程中的重要性,了解硅藻如何利用其纳米结构在生态系统中进行竞争已变得越来越重要。如上所述,它们占地球上所有初级生产力的 25%[33-34]。它们是海洋中二氧化硅的主要循环者[33-34]。生理学上,硅藻是发现镉金属酶的唯一类群,现在它们作为 β 类碳酸酐酶中锌的明显替代物而广泛存在[35-36],其任何细胞都可以处理镉和避免毒性,可以说对硅藻的研究开辟了一个未知的领域。但是,硅藻产生的毒素会导致人类永久性记忆的丧失[37-38]。总之,硅藻在全球生产、气候变化、酶学和人类健康中扮演着关键的角色,然而归于硅藻这一重要群体,其复杂而独特结构的功能却很少被科研工作者研究或了解。关于外部碳酸酐酶的研究中发现,二氧化硅的一个化学优势是,它作为一个适当缓冲的化学表面,其反应比在细胞内进行更有效。

1.2.2　为什么硅藻壳体现在才被重视?

传统上,对硅藻和其他环境微生物的研究主要集中在恒定的实验室条件下,或是在不控制光营养物质刺激的情况下,对环境微生物的小范围因素进行监测。对于光养生物来说,最重要的是光和营养,因为这两个参数对所有的光养生物都很重要,所以它们并不会提供信息来区分为什么特定物种占主导地位,或者区分那些占主导地位的细胞是如何运作的。例如,关于湍流对微生物光营养功能的影响有很多论文,但是很少有论文持续地研究生长和竞争之间的巨大影响,特别是对于完全不同的硅藻壳体结构[39]。硅藻在切变的存在下,比其他微藻更具竞争力。Mitchell等提出了一种机制(见图 1.2)来解释这一差异,但还没有关于营养物质如何流向细胞的确凿证据或实验测试依据来改变细胞表面动力学[40]。Confer 和 Logan[41]确实证明了分子大小很重要,同时其他人也证实了这一点,但这些研究要么是针对纯细菌系统,要么是针对细菌营养物质的流动,而不是针对硅藻。此外,实验微生物几乎都是实验室菌株,其持续的生长条件与生存环境所需的代谢灵敏度相反。在这种条件下,最好的情况能为微生物方面提供深刻见解,最坏的情况可能会导致研究人员在几年或几十年内走向错误的研究方向。

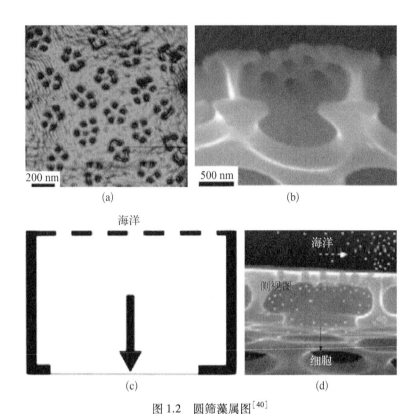

图 1.2 圆筛藻属图[40]

（a）硅藻的外表面；（b）硅藻壳体的切面图，显示壳体内腔；（c）箭头指向营养填充腔净流量的示意图，方向性是由外表面更大的扩散阻力提供的；（d）营养吸收过程的图，白色箭头表示流动，点代表硝酸盐

1.2.3 孔隙度范例：壳体微结构的重要性

我们了解对微生物特别是浮游植物的生长至关重要的因素，但我们无法培养大多数物种。对于我们可以培养的硅藻来说，控制它们的生长、健康和有性生殖是很难做到的。对于我们不重视的基本因素（如浓度、时间或顺序），都对硅藻存在很多的影响。为了提高对环境变化和预测的理解、建模和规划，有必要对海洋光养生物和微生物进行更细致的评估。从 Worden[42] 等的工作中得出的一个结论是，我们的硅藻壳体仅在最粗糙的层次上才是完整的，如果要取得进展，需要考虑其信号和机制的多样性，同时还要考虑形状变化等细微变化。

1.2.4 分辨孔隙度

在当前模式问题（如无法培养大多数微生物）的解决方案中，人们似乎不太依赖发现新模式，而是在现有模式的基础上进行扩展和填充，以解释复杂环境中的不同等级的信号和响应。长期以来,营养环境被简化,以便在短时间内最大限度地生长。硅藻和其他浮游植物的迅速生长,只是我们日益了解的复杂生命周期的一部分。硅藻壳体不仅能够在大多数的营养环境中生存,它还始终存在于广阔的极端环境中。

1.2.5 化学平衡与物理平衡

细胞如何区分不同的信号? 对于多种化学信号,只有生物化学和动力学才能提供首选途径。然而,细胞并不仅仅经历化学反应。Eppley 等[43]在一项经典实验中发现,在存在湍流且浓度为鞭毛藻浓度的十分之一时,硅藻的生长速度会超过鞭毛藻,并最终将其排除在培养基之外。Gibson 和 Thomas[44]已经证明鞭毛藻会受到湍流的抑制。Peters 等[39]研究表明,一些硅藻物种在低湍流度下能够生长得最好,而另一些硅藻物种在高湍流度下生长得最好。湍流改变硅藻生长并使细胞或多或少具有竞争性的机制尚不清楚。然而,关于湍流有两个因素是清楚的。一是湍流克服了种群丰富度以及有利的光照和营养条件的不利条件。二是湍流与化学物质不同,化学物质在细胞内有多种作用,湍流或者湍流产生的切变,只能作用于硅藻表面,也就是说作用于壳体上。鉴于在过去 50 年中,硅藻的湍流优势已经被反复证实,研究其原因是合理的,而不是一直停留在实验室观察阶段。

1.2.6 硅藻萎缩

硅藻周围的二氧化硅壳体会在细胞内形成新壳体与之匹配,这意味着当硅藻分裂时,细胞会变小。体积的减少会一直持续,除非达到只有一个叶绿体和一个线粒体的极限程度,体积缩小才会停止。细胞中必须有核糖体,并且细胞不能小于细胞核。然而,直径的变化是可以缩小 10 倍以上的,当这种情况发生时,不同细胞成分的相对比例在数量、体积和表面体积比上均会发生变化。硅藻通过有性繁殖可以恢复其最大的体型。目前我们对硅藻物种触发这种有性繁殖现象的信号尚不清楚。

1.3 硅藻壳体信息应用

为了解硅藻在微/纳米流体中的应用,必须认识到硅藻表面在各种各样的颗粒尺寸、浓度和类型中的暴露情况。尺寸最大和数量最小的是细菌,1 μm 大小的细菌其每毫升高达 10^7 个细胞,而尺寸最小和数量大的是营养分子(如硝酸盐),每毫升高达 10^{16} 个分子[19,45]。病毒、胶体和大分子浓度和大小正处于这两者中间的[18,23-26,46-47]。我们把所有这些基团都称为粒子。硅藻必须随着食物、信号、污染成分或病原体来改变自身的大小尺寸。Mitchell 等[40]在 Confer 和 Logan[41]先前工作的基础上,提出了一种通用机制,即硅藻能够被动地(不移动组分)分类和处理这种不同尺寸的粒子,但是事实上仍需要进行大量的理论和实验扩展才能对这一体系有一个充分的认识。

1.3.1 将硅藻应用到实验室芯片体系

在过去的 10 多年里,许多国际研究人员共同努力,成功将实验室研究成果特别是与 DNA 处理有关的成果应用到微电子硅芯片[48]。电子学已广为人知,但是如果这项技术是为了使计算机芯片的简单化和普及化,那么含微粒流体的行为方式仍然需要得以发展。目前,在微流体中实现颗粒控制的最新方法主要依赖于在穿越障碍物[48-49]或者通过双向电泳[50-51]的时候纯净样品中颗粒之间的相互作用过程。这些流体质点系统的使用是有限的,目前面临着重大的技术挑战,特别是对于那些复杂分子混合物很常见的生物样品[52-54]。由于其高比表面积与体积之比以及在微米尺度上分子扩散的有效性,微流控系统中的粒子会不断遇到通道壁。遗憾的是,粒子与表面的相互作用产生了无法预测或无法解释的结果[55]。这一领域的实验体系重点研究平面上范德瓦耳斯力和静电作用是如何控制粒子与表面的相互作用[56-59]。

1.3.2 纳米尺度上的粒子运动

在从血液到海洋的流体系统中,高盐浓度会使静电作用的德拜赫克尔长度减小到范德瓦耳斯力的相同位置长度[60-61]。这使得在距离表面几纳米远的位置,布朗粒子会受到表面诱导阻力的影响[62-63]。我们提到过,硅藻表面的微观形貌控制着粒子的运动,这种运动与表面诱导阻力一致(见图 1.3)[12-14]。图 1.3(a)显示了

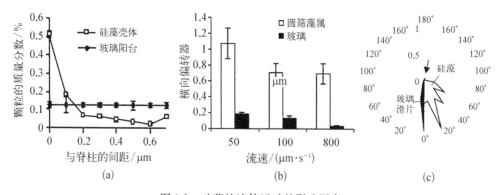

图 1.3 硅藻的流体运动的影响因素

(a)直径为 0.46 μm 的颗粒相对于脊柱的位置,对 0.05~2 μm 的颗粒也得到了类似的结果;(b) 0.46 μm 的玻璃粉的横向偏转是作为硅藻流动的一部分[12];(c) 50 μm/s 下硅藻表面的视图,偏斜度发生在边缘附近,硅藻和玻璃滑片的颗粒比例被标准化为每个硅藻容器的最大颗粒[14];容器的尺寸是 10°偏转,在(a)(b)和(c)中每个点至少有 30 个颗粒,误差区间处于 95% 的置信区间

微地形是如何固定硅藻壳体上的颗粒的,但是平面玻璃则没有微地形固定的现象。与图 1.3 的静止环境相比,微地形在上覆流体运动时会产生额外的影响。微地形使颗粒横向偏转,其偏转强度与颗粒尺寸有关,因此微地形有可能会分离亚微米颗粒。在硅藻活体、硅藻壳体和硅藻仿制品上,我们发现三者均出现了相同的颗粒行为,因此该结果表明形貌是控制颗粒的关键因素[12-13,64]。无论是布朗运动还是流体运动,均可从中观察到合成粒子的分离,但它们在流体运动中更易于检测和研究。改变影响颗粒运动的地形和添加剂会改变分离效果的强度和方向。

1.3.3 持续性发展

胶体流动对于生物医学点护理芯片实验室体系尤其重要,该系统依赖于整个血样的移动和过滤,这些血样充满了一系列大小的颗粒。这些系统仍然需要血样的准确和快速被诊断,因此将大大受益于高效的颗粒处理系统。同样,移动性污染或生物恐怖主义检测系统依赖于对感兴趣颗粒的处理、分类和聚焦粒子,其使用的方法与硅藻类似。因此,详细了解颗粒与硅藻的相互作用过程,可能能够揭示出在设计微/纳米流体器件和"芯片实验室"系统时的原理和机制。除了颗粒控制,硅藻微形貌可以应用于微通道的设计,以增强流体的混合。如果没有昂贵的活性混合器或较长的混合距离($\gg 1$ cm),这仍然很难实现。利用类似于硅藻壳体的浅浮雕结构,在微槽道中演示了无秩序的混合模式[27]。

1.3.4 硅藻结构成像

CCD 相机灵敏度的不断提高和跟踪软件的不断改进,使我们能够利用光学显微镜在数十微米范围内跟踪亚微米粒子[65-69]。光学显微镜提供有关粒子动力学的信息,其中包括硅藻表面以上部位。三维控制是通过使用共焦激光光学实现的。然而,对于研究动力学机制下的结构,原子力显微镜(AFM)是一种较好的表征方法,它可以通过用敏锐的探针去感触样品表面来生成表面形貌。原子力显微镜能够以纳米级的分辨率实时成像生物系统。在自然条件下,它还有一个额外的优点,即能够测量尖端之间的摩擦或附着在尖端的纳米微粒[70-71]。探针尖端可以进一步功能化,这样可以通过表面化学实现控制,并研究其对黏附力的影响[72-74]。

Losic 等已经使用原子力显微镜(AFM)对海洋硅藻的壳体表面进行了研究,包括圆筛藻和偏心海链藻(见图 1.4)[17,75]。壳体表面的图像显示,该二氧化硅壳体不仅展示了其微观结构,而且还显示了壳体的复杂纳米形貌,这表明发生了粒子的定位和分子的控制现象[见图 1.4(a)(b)(c)]。外侧壳体表面(筛器和筛板)的纳米形貌由六角排列的二氧化硅节和孔组成。内表面的图像显示了径向通道,该通道可以促进原生质膜和壳体表面之间的流动性[见图 1.4(d)]。当把 5~20 nm 半径的针尖拍摄的图像和用 300 nm 半径的胶体探针拍摄的图像做比较时发现,成像的微妙之处在于其模拟了壳体表面和不同尺寸粒子之间的相互作用。不同尺寸的探针遇见不同硅藻结构形貌[见图 1.4(e)(d)(f)],阐明了硅藻对亚微米粒子的差异处理[17,75]。表面形貌图像和相应的减摩图像的比较表明,在壳体上的不同结构位置,横向黏附力确实不同[见图 1.4(g)(h)],这些差异不是由于尖端脱落或表面污染造成的。

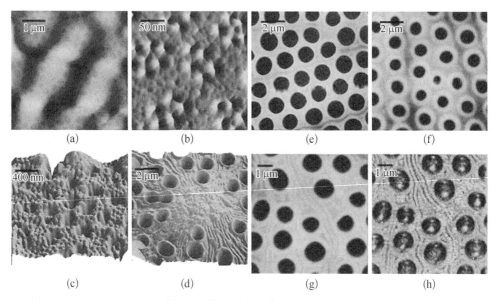

图 1.4　海洋硅藻壳体的 AFM 图

(a) 多孔板表面轻敲模式(TM)下的 AFM 高倍图像;(b) 多孔板表面在接触模式(CM)下的偏转图像(缩放);(c) TM 下多孔层的高倍图像;(d) 壳体内表面中心在 CM 下的高倍图像;(e) 壳体表面在 TM 下的高倍图像;(f) 内壳体表面(带 300 nm 半径胶体探针的 CM 下);(g) 内壳体表面在 CM 下的高倍图像;(h) 与图 (g) 中相同位置的痕迹重描图

　　这些结果表明,对硅藻来说,壳体上的纳米结构对大于 100 nm 的颗粒(细菌、病毒)和营养物质存在差异是具有重要意义的。原子力显微镜图中对这种纳米结构的表征与硅藻土生物矿化的研究是一致的,这个结果证实了硅藻的六边形排列方式以及其二氧化硅纳米颗粒的存在[76-78]。若是要连续跟踪这些表面上的颗粒,那么需要对结构周边的流动有深入的掌握,而且还需要对流动中的颗粒通过更精细的分析进行三维跟踪[79-81]。

1.3.5　探索硅藻多样性

　　微生物已被培养了一个多世纪,许多硅藻的培养技术已经很成熟[82],以至于其培养配方和细胞生长都是标准化的[31]。这导致了数以百计的研究,着眼于体积特征,如培养生长率、叶绿素浓度、光合速率、硅化速率以及其他过程[83]。然而,在过去的半个世纪里,许多研究者的工作主要是关于培养了很长时间或很少重新分离的细胞。实验的"分离"过程和人工性质使得对自然或工业微生物群落的演变认识变得更加困难。研究发现,盐度可以改变孔隙结构,这些变化也时常发生在细胞生长过程中[84-86]。作为一种额外的复杂因素,硅藻壳体是具有弹性的,其会随着时间的推移而变硬,进而改变粒子以及化学相互作用[86]。图 1.5 显示了一些自然种群和增加的种群。

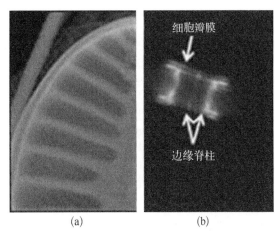

(a) (b)

图 1.5　扁圆卵形藻的测试表征图

(a) 以澳大利亚拉姆萨尔库容地区的样品为例,硅藻团队 (Leterme 等[84-85]) 通过盐度胁迫扁圆卵形藻的生理指标进行测量;(b) 通过荧光跟踪的一个活的硅藻壳体形态图[86]

1.4　结论

作为一个具体的结论,硅藻壳体的纳米级信息与细胞的基本物理和化学功能越来越相关。这是一个复杂的结构,它能够为许多营养物质提供良好的营养通道。尽管时间进行较慢,但它会随着时间的推移在刚度和维度上发生微妙的变化。这种变异可能反映了多种功能,包括营养吸收、营养分类、病毒防护、细菌防护和化学物质防护等。

总的来说,硅藻壳体被定义为一个细胞并控制着分子传输。硅藻的壳体是硅藻功能结构中比较关键的生物屏障,该屏障由二氧化硅构成。硅藻的精度允许其对多层结构做出选择和排斥。硅藻是研究微观和纳米尺度因素的理想选择,因为它们的几何规律变化比较明显,它们产生全球 20% 的有机碳和氧气,使得它们在生物圈中十分重要,它们不仅会出现在土壤中,也会出现在海洋里,硅藻的广阔存活性,使其应用于大部分领域(包括化学领域与工程领域)。

参 考 文 献

[1] De Wolf H. History of diatom research in the netherlands and flanders//Van Dam H. Developments in hydrobiology. Twelfth International Diatom Symposium, Dordrecht: Springer, 1993, 90.

[2] Falciatore A, Bowler C. Revealing the molecular secrets of marine diatoms. Annu. Rev. Plant

Biol., 2002, 53: 109 - 130.

[3] Poulsen N, Kroger N. A new molecular tool for transgenic diatoms. FEBS J., 2005, 272: 3413 - 3423.

[4] Fischer C, Adam M, Mueller A C, et al. Gold nanoparticle-decorated diatom biosilica: a favorable catalyst for the oxidation of d-glucose. ACS Omega, 2016, 1: 1253 - 1261.

[5] Liu X, Hempel F, Stork S, et al. Addressing various compartments of the diatom model organism phaeodactylum tricornutum via sub-cellular marker proteins. Algal Res., 2016, 20: 249 - 257.

[6] Pondaven P, Gallinari M, Chollet S, et al. Grazing-induced changes in cell wall silicification in a marine diatom. Protist, 2007, 151: 21 - 28.

[7] Losic D, Mitchell, J G, Voelcker N H. Diatomaceous lessons in nanotechnology and advanced materials. Adv. Mater., 2009, 21: 2947 - 2958.

[8] Hamm C E, Merkel R, Springer O. Diatom cells are mechanically protected by their strong, lightweight, silica shells. Nature, 2003, 421: 841 - 843.

[9] Winter N, Matthew B, Zhang L, et al. Effects of pore design on mechanical properties of nanoporous silicon. Acta Mater., 2017, 124: 127 - 136.

[10] Fuhrmann T, Landwehr S, El Rharbi-Kucki M, et al. Diatoms as living photonic crystals. Appl. Phys. B, 2004, 78: 257 - 260.

[11] Milligan A J, Morel F M M. A proton buffering role for silica in diatoms. Science, 2002, 297: 1848 - 1850.

[12] Hale M S, Mitchell J G. Motion of submicrometer particles dominated by brownian motion near cell and microfabricated surfaces. Nano Lett., 2001, 1: 617 - 623.

[13] Hale M S, Mitchell J G. Functional morphology of diatom frustule microstructures: hydrodynamic control of Brownian particle diffusion and advection. Aquat. Microb. Ecol., 2001, 24: 287 - 295.

[14] Hale M S, Mitchell J G. Effects of particle size, flow velocity, and cell surface microtopography on the motion of submicrometer particles over diatoms. Nano Lett., 2002, 2: 657 - 663.

[15] Losic D, Triani G, Evans P J, et al. Controlled pore structure modification of diatoms by atomic layer deposition of TiO_2. J. Mater. Chem., 2006, 16: 4029 - 4034.

[16] Losic D, Mitchell J G, Voelcker N H. Fabrication of gold nanostructures by templating from porous diatom frustules. New J. Chem., 2006, 30: 908 - 914.

[17] Losic D, Rosengarten G, Mitchell, J G, et al. Pore architecture of diatom frustules: potential nanostructured membranes for molecular and particle separations. J. Nanosci. Nanotechnol., 2006, 6: 982 - 989.

[18] Coale K H, Johnson K S, Fitzwater S E, et al. A massive phytoplankton bloom induced by an ecosystem-scale iron fertilization experiment in the equatorial Pacific Ocean. Nature, 1996, 383: 495 - 501.

[19] Falkowski P G, Barber R T, Smetacek V. Biogeochemical controls and feedbacks on ocean primary production. Science, 1998, 281: 200 - 206.

[20] Cullen J T, Lane T W, Morel F M M, et al. Modulation of cadmium uptake in phytoplankton by seawater CO_2 concentration. Nature, 1999, 442: 1025 - 1028.

[21] Lomas M W, Glibert P M. Interactions between NH^{4+} and NO^{3-} uptake and assimilation: comparison of diatoms and dinoflagellates at several growth temperatures. Mar. Biol., 1999, 133: 541 - 551.

[22] Glibert P M, Wilkerson F P, Dugdale R C, et al. Pluses and minuses of ammonium and nitrate uptake and assimilation by phytoplankton and implications for productivity and community composition, with emphasis on nitrogen-enriched conditions. Limnol. Oceanogr., 2015, 61: 165 - 197.

[23] Wells M L, Goldberg E D. The distribution of colloids in the North Atlantic and Southern Oceans. Limnol. Oceanogr., 1994, 39: 286 - 302.

[24] Blackburn N, Azam F, Hagstrom A. Spatially explicit simulations of a microbial food web. Limnol. Oceanogr., 1997, 42: 613 - 622.

[25] Jenkinson I R, Sun X X, Seuront L. Thalassorheology, organic matter and plankton: towards a more viscous approach in plankton ecology. J. Plankton Res., 2015, 37: 1100 - 1109.

[26] Thibault De Chanvalon T, Metzger E, Mouret A, et al. Two dimensional mapping of iron release in marine sediments at submillimetre scale. Mar. Chem., 2017, 191: 34 - 49.

[27] Stroock A D. Chaotic mixer for microchannels. Science, 2002, 295: 647 - 651.

[28] Brott L L, Naik R R, Pikas D J, et al. Ultrafast holographic nanopatterning of biocatalytically formed silica. Nature, 2001, 413: 291 - 293.

[29] Han W, MacEwan S R, Chilkoti A, et al. Bio-inspired synthesis of hybrid silica nanoparticles templated from elastin-like polypeptide micelles. Nanoscale, 2015, 7: 12038 - 12044.

[30] Villareal T A, Pilskaln C, Brzezinski M, et al. Upward transport of oceanic nitrate by migrating diatom mats. Nature, 1999, 397: 423 - 425.

[31] Armbrust E V. The life of diatoms in the world's oceans. Nature, 2009, 459: 185 - 192.

[32] Hanlon A R M, Bellinger B, Haynes K, et al. Part 1 ‖ Dynamics of extracellular polymeric substance(EPS) production and loss in an estuarine, diatom-dominated, microalgal biofilm over a tidal emersion-immersion period. Limnol. Oceanogr., 2006, 51: 79 - 93.

[33] Treguer P, Nelson D M, Van Bennekom A J, et al. The silica balance in the world ocean: a reestimate. Science, 1995, 268: 375 - 379.

[34] Li F, Beardall J, Collins S, et al. Decreased photosynthesis and growth with reduced respiration in the model diatom Phaeodactylum tricornutum grown under elevated CO_2 over 1800 generations. Global Change Biol., 2017, 23: 127 - 137.

[35] Park H, Song B, Morel F M M. Diversity of the cadmium-containing carbonic anhydrase in marine diatoms and natural waters. Environ. Microbiol., 2007, 9: 403 - 413.

[36] Kupriyanova E, Pronina N, Los D. Carbonic anhydrase — a universal enzyme of the carbon-based life. Photosynthetica, 2017, 55: 3 - 19.

[37] Todd E C D. Domoic acid and amnesic shellfish poisoning-a review. J. Food Prot., 1993, 56: 69 - 83.

[38] Berdalet E, Fleming L E, Gowen R, et al. Marine harmful algal blooms, human health and wellbeing: challenges and opportunities in the 21st century. J. Mar. Biol. Assoc. U. K., 2016,

96: 61 – 91.

[39] Peters F, Arin L C. Marrasé, et al. Effects of small-scale turbulence on the growth of two diatoms of different size in a phosphorus-limited medium. J. Mar. Syst., 2006, 61: 134 – 148.

[40] Mitchell J G, Seuront L, Doubell M J, et al. The role of diatom nanostructures in biasing diffusion to improve uptake in a patchy nutrient environment. PLoS One, 2013, 8: e59548.

[41] Confer D R, Logan B E. Increased bacterial uptake of macromolecular substrates with fluid shear. Appl. Environ. Microbiol., 1991, 57: 3093 – 3100.

[42] Worden A Z, Follows M J, Giovannoni S J, et al. Rethinking the marine carbon cycle: factoring in the multifarious lifestyles of microbes. Science, 2015, 347: 735.

[43] Eppley R W, Koeller P, Jr G T W. Stirring influences the phytoplankton species composition within enclosed columns of coastal sea water. J. Exp. Mar. Biol. Ecol., 1978, 32: 219 – 239.

[44] Gibson C H, Thomas W H. Effects of turbulence intermittency on growth inhibition of a red tide dinoflagellate, Gonyaulax polyedra Stein. J. Geophys. Res-Oceans, 1995, 100: 24841 – 24846.

[45] Ducklow H W, Purdie D A, Williams P J L, et al. Bacterioplankton: a sink for carbon in a coastal marine plankton community. Science, 1986, 232: 865 – 867.

[46] Hennes K P, Suttle C A. Direct counts of viruses in natural waters and laboratory cultures by epifluorescence microscopy. Limnol. Oceanogr., 1995, 40: 1050 – 1055.

[47] Biller S J, McDaniel L D, Breitbart M, et al. Membrane vesicles in sea water: heterogeneous DNA content and implications for viral abundance estimates. ISME J., 2017, 11: 394 – 404.

[48] Chou C F, Bakajin O, Turner S W P, et al. Sorting by diffusion: an asymmetric obstacle course for continuous molecular separation. Proc. Natl. Acad. Sci. USA, 1999, 96: 13762 – 13765.

[49] Duke T A J, Austin R H. Microfabricated sieve for the continuous sorting of macromolecules. Phys. Rev. Lett., 1998, 80: 1552 – 1555.

[50] Karimipoura A, D'Oraziob A, Shadloo M S. The effects of different nano particles of Al_2O_3 and Ag on the MHD nano fluid flow and heat transfer in a microchannel including slip velocity and temperature jump. Phys. E, 2017, 86: 146 – 153.

[51] Casanova-Moreno J, To J, Yang C W T, et al. Fabricating devices with improved adhesion between PDMS and gold-patterned glass. Sens. Actuators B, 2017, 246: 904 – 909.

[52] Weigl B H, Yager P. Microfluidic diffusion-based separation and detection. Science, 1999, 283: 346 – 347.

[53] Li F, Guijt R M, Breadmore M C. Nanoporous membranes for microfluidic concentration prior to electrophoretic separation of proteins in urine. Anal. Chem., 2016, 88: 8257 – 8263.

[54] Naito T, Nakamura M, Kaji N. Three-dimensional fabrication for microfluidics by conventional techniques and equipment used in mass production. Micromachines, 2016, 7: 82 – 91.

[55] Feitosa M I M, Mesquita O N. Wall-drag effect on diffusion of colloidal particles near surfaces: a photon correlation study. Phys. Rev. A, 1991, 44: 6677 – 6685.

[56] Faibish R S, Elimelech M, Cohen Y. Effect of interparticle electrostatic double layer interactions on permeate flux decline in crossflow membrane filtration of colloidal suspensions: an experimental investigation. J. Colloid Interface Sci., 1998, 204: 77 – 86.

［57］ Asayama K, Makino M, Itoh S. Passage of a small sphere through a cleft of endothelia with pivoted glycocalyx. J. Phys. Soc. Jpn., 2012, 81: 014401 - 1 - 7.

［58］ Miyazaki T, Hasimoto H. The motion of a small sphere in fluid near a circular hole in a plane wall. J. Fluid Mech., 1984, 145: 201 - 221.

［59］ Steyer J A, Horstmann H, Almers W. Transport, docking and exocytosis of single secretory granules in live chromaffin cells. Nature, 1997, 388: 474 - 478.

［60］ Kaplan P D, Faucheux L P, Libchaber A J. Direct observation of the entropic potential in a binary suspension. Phys. Rev. Lett. 1994, 73: 2793 - 2796.

［61］ Perry R W, Manoharan V N. Segregation of "isotope" particles within colloidal molecules. Soft Matter, 2016, 12: 2868 - 2876.

［62］ Kao M H, Yodh A G, Pine D J. Observation of Brownian motion on the time scale of hydrodynamic interactions. Phys. Rev. Lett., 1993, 70: 242 - 245.

［63］ Bian X, Kim C, Karniadakis G E. 111 years of Brownian motion. Soft Matter, 2016, 12: 6331 - 6346.

［64］ Gnanamoorthy P, Karthikeyan V, Prabu V A. Field emission scanning electron microscopy (FESEM) characterisation of the porous silica nanoparticulate structure of marine diatoms. J. Porous Mater., 2014, 21: 225 - 233.

［65］ Crocker J C, Grier D G. Microscopic measurement of the pair interaction potential of charge-stabilized colloid. Phys. Rev. Lett., 1994, 73: 352 - 355.

［66］ Dickson R M, Norris D J, Tzeng Y L, et al. Three-dimensional imaging of single molecules solvated in pores of poly(acrylamide) gels. Science, 1996, 274: 966 - 969.

［67］ Xu X H. Direct measurement of single-molecule diffusion and photodecomposition in free solution. Science, 1997, 275: 1106 - 1109.

［68］ Shen H, Zhou X, Zou N. Single-molecule kinetics reveals a hidden surface reaction intermediate in single-nanoparticle catalysis. J. Phys. Chem. C, 2014, 118: 26902 - 26911.

［69］ Zhang Y, Song P, Fu Q, et al. Single-molecule chemical reaction reveals molecular reaction kinetics and dynamics. Nat. Commun., 2014, 5: 4238 - 4245.

［70］ Takano H, Kenseth J R, Wong S S, et al. Chemical and biochemical analysis using scanning force microscopy. Chem. Rev., 1999, 99: 2845 - 2890.

［71］ Wu J, Liu F, Chen G, et al. Effect of ionic strength on the interfacial forces between oil/brine/rock interfaces: a chemical force microscopy study. Energy Fuels, 2016, 30: 273 - 280.

［72］ Friedbacher G, Hansma P K, Ramli E. Imaging powders with the atomic force microscope: from biominerals to commercial materials. Science, 1991, 253: 1261 - 1263.

［73］ Ando T, Uchihashi T, Fukuma T. High-speed atomic force microscopy for nano-visualization of dynamic biomolecular processes. Prog. Surf. Sci., 2008, 83: 337 - 437.

［74］ Takasaki M, Oaki Y, Imai H. Oriented attachment of calcite nanocrystals: formation of single-crystalline configurations as 3D bundles via lateral stacking of 1D chains. Langmuir, 2017, 33: 1516 - 1520.

［75］ Losic D, Pillar R J, Dilger T, et al. Atomic force microscopy (AFM) characterisation of the porous silica nanostructure of two centric diatoms. J. Porous Mater., 2007, 14: 61 - 69.

[76] Sumper M. A phase separation model for the nanopatterning of diatom biosilica. Science, 2002, 295: 2430 - 2433.

[77] Centi A, Jorge M. Molecular simulation study of the early stages of formation of bioinspired mesoporous silica materials. Langmuir, 2016, 32: 7228 - 7240.

[78] Ragni R, Cicco S, Vona D, et al. Biosilica from diatoms microalgae: smart materials from bio-medicine to photonics. J. Mater. Res., 2016, 32: 279 - 291.

[79] Almqvist N Y, Delamo Y, Simth B L, et al., Micromechanical and structural properties of a pennate diatom investigated by atomic force microscopy. J. Microsc., 2001, 202: 518 - 532.

[80] Lal R, Lin H. Imaging molecular structure and physiological function of gap junctions and hemijunctions by multimodal atomic force microscopy. Microsc. Res. Tech., 2001, 52: 273 - 288.

[81] Aitken Z H, Luo S, Reynolds S N, et al. Microstructure provides insights into evolutionary design and resilience of Coscinodiscus sp. frustule. Proc. Natl. Acad. Sci. USA, 2016, 113: 2017 - 2022.

[82] Guillard R R L, Ryther J H. Studies of marine planktonic diatoms. I. Cyclotella nana Hustedt, and Detonula confervacea (cleve) Gran. Can. J. Microbiol., 1962, 8: 229 - 239.

[83] Al-Hothaly K A, Adetutu E M, Taha M, et al. Bio-harvesting and pyrolysis of the microalgae botryococcus braunii. Bioresour. Technol. 2015, 191: 117 - 123.

[84] Leterme S C, Ellis A V, Mitchell J G, et al. Morphlogical flexibility of cocconeis placentula (bacillariophyceae) nanostructure to changing salinity levels 1. J. Phycol., 2010, 46: 715 - 719.

[85] Leterme S C, Prime E, Mitchell J, et al. Diatom adaptability to environmental change: a case study of two Cocconeis species from high-salinity areas. Diatom Res., 2013, 28: 29 - 35.

[86] Karp-Boss L, Gueta R, Rousso I. Judging diatoms by their cover: variability in local elasticity of lithodesmium undulatum undergoing cell division. PLoS One, 2014, 9: e109089.

第 **2** 章

硅藻与流体环境的相互作用

加里·罗森加滕(G. Rosengarten),詹姆斯·赫林格(J. W. Herringer)

2.1 引言

硅藻是一种能进行光合作用的单细胞浮游植物,广泛存在于全球水环境的上层、富含营养物质的深处以及光线可以穿透的地方[1]。这层有阳光穿透的海洋上层称为透光层,深度可达 $100\sim200$ m(见图 2.1)[2]。透光层覆盖在混合层之上,混

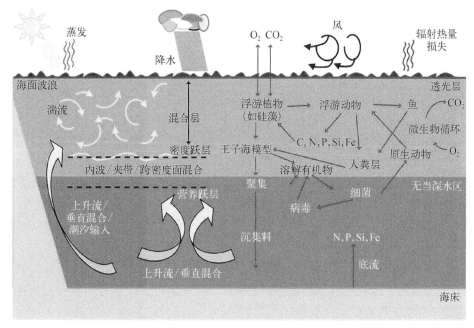

图 2.1　硅藻在海洋环境中经历的食物网和环境作用的示意图[3-5]

合层是一个海洋层,在它的内部具有大大小小的湍流,如图 2.1 所示。因此,硅藻的生存完全取决于它们如何与这些包含营养物质和极端情况的流体环境相互作用。

硅藻没有主动推进系统,是一种不能自由移动的浮游植物。有些硅藻依靠水的运动来促使自身在环境中游走,有些物种也在单个细胞或多个细胞之间形成细胞链,这样可以改变它们在水中的浮力,从而实现垂直迁移。

有趣的是,硅藻细胞被包裹在一个坚硬多孔透明的玻璃壳中,称为壳体,如图 2.2 所示[1,6]。根据硅藻不同的壳体形态来分类,大约有上万种硅藻[1,7-8],其尺寸大小从几微米到几毫米不等[6]。它们分为向心状(如圆盘或圆柱形形貌)或两侧对称(如扁长或褶曲形貌),甚至有环形和三角形的壳体[6]。

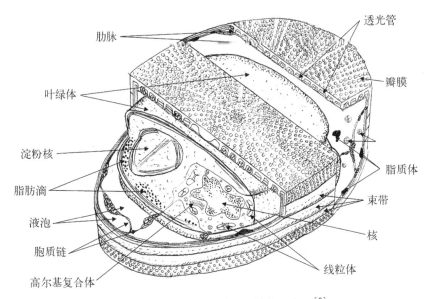

图 2.2 普通的向心状硅藻细胞结构示意图[9]

向心状硅藻壳体的形状和功能

为了更好地掌握硅藻壳体的功能,包括其过滤能力,需要得到它的精确结构。因此,利用原子力显微镜(AFM)、透射电子显微镜(TEM)和扫描电子显微镜(SEM)对硅藻壳体成像进行了大量的研究[6,9-15]。

向心状硅藻有两种主要结构。它由两个半边(瓣膜)组成,这两个半边(瓣膜)连接在一起,类似于一个培养皿,环带(中间部分)连接顶部和底部这两个瓣膜[1,9]。这两个区域具有不同的孔隙率,并且通过表征可以得出它们有不同形状的孔。至于这两个区域的孔隙形状不同的原因目前尚未可知。通过观察和绘制孔隙结构图,有助于我们研究硅藻整体上是如何与环境相互作用的。

硅藻壳体在协助硅藻生存和生长的过程中,起着极其重要的作用。它的壳体具有一些更广泛的作用,其中包括增加或减少在水柱中的下沉率[16-18],抵御捕食者、寄生虫和病原体[17,19],为碳酸酐酶催化提供酸碱缓冲点[20-21],保护一些敏感细胞器免受紫外线 A 和紫外线 B 的照射损害和接收光合作用中太阳光的有效辐射(PAR:$\lambda = 400 \sim 700$ nm)等作用[11,22-27]。而其他不太熟知的功能如下:与碳基分子相比,用二氧化硅构建细胞壁使代谢更有利[28];抵消细胞产生的膨胀压力[7],有助于促进生殖过程[6];起一种屏障作用,可以像过滤器一样控制、分类和分离物质[11]。本章重点讨论硅藻的流体力学,包括通过水柱下沉或湍流剪切场所产生的相对流动。我们还描述了远洋海洋硅藻的壳体是如何从有害颗粒(如病毒)中过滤出环境中硅藻所需的营养和微量元素的。

要了解硅藻结构的重要性,我们首先需要了解流体动力学如何影响这些藻类在其水动力环境中活动的,特别是流体动力学对硅藻摄食活动的影响。因此,本章将探讨硅藻的流体动力学,包括硅藻与硅藻之间的传质过程。虽然我们关注的是向心状硅藻(特别是圆筛藻属和海链藻属)的流体动力学,但许多方面与淡水环境和两侧对称型硅藻的情况都是相通的。

2.2　营养物质传输

硅藻生活在海洋环境的透光区,通过光合作用促进能量的产生和细胞的生长。它们吸收和加工用于其细胞不同功能的无机营养和微量元素,包括以下几方面:

(1) Fe^{3+} 和 Fe^{2+}——用于固氮和维持光合细胞器[29]。

(2) H^+、Cl^-、K^+ 和 Na^+——用于控制细胞内离子浓度和跨膜孔隙[30]。

(3) NH_4^+、NO_3^- 和 PO_4^{3-}——用作细胞质生长的无机营养物质[6,31]。

(4) $Si(OH)_4$——用于构建坚硬的二氧化硅壳体[32-34]。

(5) HCO_3^- 和 pCO_2——作为光合作用中产生糖、能量和氧气所需的二氧化碳来源[35]。

(6) 微量金属(Cu、Cd 和 Zn)用于催化反应[36]。

这些化学物质在被壳体吸收之前,以溶解的离子形式通过硅藻壳体孔隙进行传输[37]。然而,在物质的吸收和排泄过程中,其壳体对化学物质的分类、分离和控制的影响尚不清楚。图 2.3 给出了基于孔径尺寸的硅藻壳体与其他过滤技术相比的过滤能力。硅藻相当于过滤细菌、病毒和有机分子的超滤/纳滤体系,而且也能允许离子通过。

目前还不完全了解硅藻是如何与浮游微生物竞争环境中的营养物质的。由于硅藻具有独特的多孔二氧化硅壳体结构,人们可以将它看作一个过滤器。这代表它能有选择地将无机营养物质输送到细胞内部,也可能将废物从细胞中转移出去,同时也能防止有害物质(如病毒、细菌、有毒物质和污染物)通过壳体吸收产生危害[42]。由于这些生存方式对它们吸收无机营养素有重大影响,所以了解硅藻在环

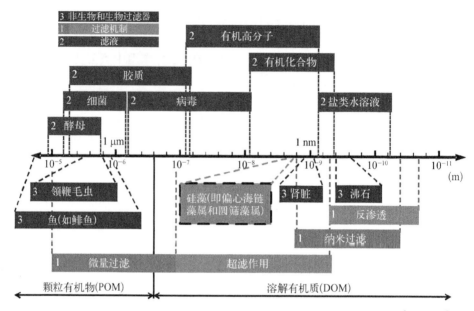

图2.3　小规模过滤领域(1)中滤液的尺寸区(2)和非生物/生物过滤器(3)[4,10,38-41]

本章节的重点是超滤体系中的向心状硅藻

境中生存方式是至关重要的。事实上,硅藻生存的水环境可以为它们提供获取营养物质的途径,也能控制硅藻细胞的生命活动。因此,在下一节中,我们将概述硅藻的流体动力学,以及硅藻在其环境中的营养物质分布和供应的影响要素,其中包括了硅藻下沉所需的浮力变化等。

物质向硅藻细胞的迁移可分为三个过程(见图2.4):细胞吸收;向壳体内部传输;从水环境中传输到硅藻壳体外面。由细胞内向外的物质传输也是一样的过程。

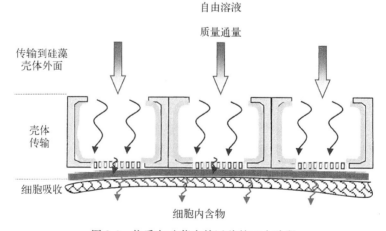

图2.4　物质向硅藻内外迁移的三个阶段

虽然我们对通过水环境向细胞的物质传输机制与细胞吸收动力学同时进行了研究,但并没有考虑壳体的影响。所以我们在这一章中扩展了壳体对传质的影响规律研究。

2.2.1　海洋中的物质运输

为了了解物质是如何通过壳体的孔道运输的,我们首先需要了解化学物质是如何在它们周围的洋流里运输和分布的。我们使用英吉利海峡东部的硅藻样品,在空间上对亚硝酸盐、硝酸盐、磷酸盐和硅酸盐的浓度进行了测量[42]。结果表明,在厘米级尺寸的条件下具有一个显著浓度梯度分布,该分布是一种非均匀的分布方式。甚至在英吉利海峡东部的湍流海洋环境下,耗散率可以高达 $5 \times 10^{-7} \sim 5 \times 10^{-4}$ m² · s⁻³[42-43]。不同海洋位置测得的养分和微量元素浓度值如表 2.1 所示。

表 2.1　混合层内浮游植物生长区域中关键离子的浓度范围

来源	硅酸盐	磷酸盐	亚硝酸盐	硝酸盐	铵 盐	注 释
[42]	0.4~1.7	0~0.9	0.11~0.35	1~7.8	—	(μmol · L⁻¹) 在英吉利海峡东部 45 cm×45 cm 水平区域测量的直接样品
[44]	—	0.01~0.028	0.06~0.1		0.05~0.09	(μmol · L⁻¹) 在大西洋东北部直接测量
[45]	—	0~3.25	—	—	—	(μmol · L⁻¹) 从日本到北美的跨太平洋概况
[46]		0.11		0.4		(μmol · L⁻¹) 低纳拉甘塞特湾年均水柱浓度
[47]	1~80	0~2.6	—	1~34	—	(μmol · L⁻¹) 全球海平面年平均浓度

养分分布的不均匀性是由局部搅拌、混合不均匀以及养分的补充或消耗导致的,有的养分还会形成悬浮物来破坏其均匀性分布[48-49]。

如果在海洋的湍流区域内有一个营养“聚集点”,那么会有两种传输方式将消耗该富集区的浓度,即扩散和平流[49-50]。平流传输方式将产生于海洋中的湍流和混合处。当湍流产生剪切力使物质移动时,营养物质会在海洋中开始逐渐形成一条很长的细丝。由于剪切作用,这些细丝会进一步变薄,在细丝和周围环境之间会产生较大的浓度梯度,从而促进扩散行为[50]。因此,在湍流流体环境中,存在一个长度尺度,在该尺度下,扩散和平流产生的运输程度是相等的,这就是巴彻勒长度(Batchelor length),公式如下[51]:

$$\eta_{\mathrm{b}} = \left(\frac{vD_{\mathrm{fs}}^{2}}{\varepsilon} \right)^{\frac{1}{4}} \tag{2.1}$$

其中,$D_{fs}(m^2 \cdot s^{-1})$ 是自由空间扩散系数,$\varepsilon(m^2 \cdot s^{-3})$ 是动能耗散率,$v(m^2 \cdot s^{-2})$ 是运动黏度。

在海洋中,巴彻勒长度一般为 $30\sim300\ \mu m^{[50]}$,这与硅藻细胞的尺寸大小相当。在小于巴彻勒长度尺寸下,扩散传输方式优于平流传输方式。如 2.2.2.3 所述,平流方式可以加强这些小尺寸物质的传输。鉴于海洋中硅藻所需营养物质分布的不均匀性,我们需要了解硅藻细胞是如何与这种不断变化的水环境进行物理作用的。

2.2.2　营养物质向渗养者壳体的传输

在本节中,我们概述了营养物质向渗养者扩散及其吸收动力学方面所取得的研究进展。最初,为了扩大壳体对物质传输的影响,我们假设了一种情况,即硅藻的细胞周围没有被壳体包裹。

2.2.2.1　渗养菌的扩散传输和细胞吸收

向球形渗养菌的总扩散运输质量表达式定义如下:

$$Q_{Diff} = 4\pi D_{fs} r_0 (C_\infty - C_0) \tag{2.2}$$

其中,$C_0(\mu mol \cdot L^{-1})$ 和 $C_\infty(\mu mol \cdot L^{-1})$ 分别为溶质的细胞表面浓度和周围环境的浓度,$r_0(m)$ 指细胞的大小,$D_{fs}(m^2 \cdot s^{-1})$ 是自由空间扩散系数。

从式(2.2)可以看出,对于完全吸收的细胞,如果没有平流,即 $C_0 = 0$,增加扩散通量的唯一方法,要么增加向细胞扩散的营养物质的自由空间扩散系数,要么增加细胞的大小或者增加细胞周围的环境养分浓度[52-53]。不过,有一些约束限制了这些使扩散通量最大化参数的改变。如表 2.1 所述,海洋中营养物质和微量元素的环境浓度和大小是有标称值的。而且,随着细胞大小的增加,对营养物质的需求量比扩散通量增加更快。代谢率对细胞大小的依赖可以用异速生长关系来预测[54-57]。代谢率(R)与生物体质量(M)的关系:$R = aM^{b\,[52]}$。假定非线性代谢率随细胞大小而变化,即 $r_0^a (1<a<3)^{[52,58]}$。一般情况下,硅藻的质量比代谢率方程($R^* = aM^b$)中 a 和 b 的值分别为 0.48 和 -0.13[55]。而对于鸟类和哺乳动物等,b 的值为 -0.25[55]。

扩散通量、吸收率和代谢率必须能够匹配上,以使细胞核生长达到最大可能,如图 2.5 中 1a 和 1b 两个点所示。对于扩散受限情况来说,其吸收速率取决于向细胞扩散的速率,而且存在一个细胞大小的最佳值,其中吸收速率和代谢速率之间的差异是最大的,并且细胞的能量效率最高,如图 2.5 中 2a 和 2b 两个点所示。

细胞单位体积的非扩散通量随细胞大小的增加而减少,会导致细胞尺寸受到限制,如图 2.6 所示。这是因为扩散通量与细胞尺寸 r_0 成正比,而细胞体积与 r_0^3 成正比。比表面积与体积的比值会随细胞尺寸的增大而减小[49,53,59-60]。然而,与代谢率的指数增长相比,细胞尺寸上限变化所产生的影响要小一些[58]。

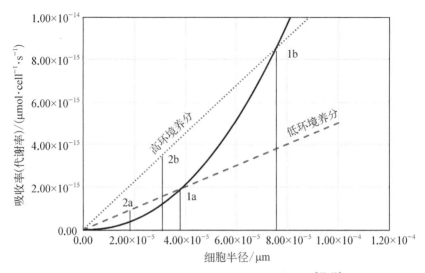

图 2.5　吸收率或代谢率与细胞大小的关系图[52,58]

la 和 1b 分别为环境养分浓度低和高时最大细胞尺寸,2a 和 2b 分别为环境养分浓度低和高时最有效细胞尺寸,虚线为扩散受限吸收率,实线为细胞代谢率。

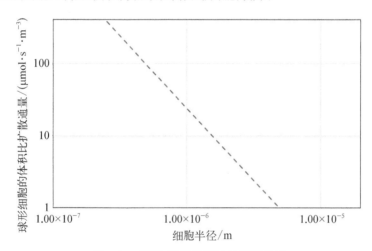

图 2.6　球形细胞的体积比扩散通量图

　　在扩散情况下,这种小尺寸细胞的优势可以体现在硅藻繁殖周期中,在该周期中,子细胞总是比母细胞小。在细胞分裂过程中,它的尺寸大小会受到母细胞内子细胞形成的限制[6]。随着硅藻的继续生长,营养水平下降,新的细胞尺寸比之前产生的子细胞更小,这在衰竭的环境中可能是一个小优势[58]。然而,有一种称为“小而大”的理论,硅藻在增加细胞大小的同时,也会将离子导入和导出到细胞的液泡中,使维持细胞所需的能量达到最小化[58,61]。

2.2.2.2 壳体的养分吸收

我们已经介绍了朝向或远离球形细胞的扩散性质,我们接下来将探讨壳体的吸收过程。壳体中的运输蛋白有助于溶解离子的传输,该传输会通过壳体沿电化学梯度转移到硅藻细胞中[30,49]。最近的研究讨论了离子通过动作电位途径在壳体上的运输,包括钾的吸收[62-63]、硝酸盐和铵的吸收[31]以及钠和钙的吸收[30,62,64]。动作电位的特征是膜电位会迅速上升然后下降,这种特征与离子通过膜的运输相对应。

硅藻壳体吸收营养物质的量由这些有限的活性吸收位点以及离子吸收时间决定[49]。此外,许多实验研究表明[65-68],浮游植物吸收营养物质的速率还取决于环境营养物质浓度,如图 2.7 所示。在实验中,通过测量 V_{max} 和 K_{sat} 来描述养分吸收速率相对于环境养分浓度的行为。V_{max} 是最大养分吸收速率,K_{sat} 是 $V_{max}/2$ 时的浓度[69-70]。

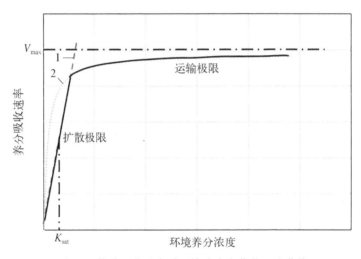

图 2.7　养分吸收速率随环境浓度变化的理论曲线

本图反映了 Michaelis-Metern 曲线,该曲线通常是经验拟合的[49],虚线 1 是扩散受限时的吸收速率,虚线 2 是运输体受限时的细胞养分吸收速率,实线是结合了低环境浓度下的吸收上限和扩散上限以及高高环境浓度下的运输体上限两种情况下的曲线

如图 2.7 所示,在低环境养分浓度下,线性扩散通量限制了细胞的吸收,如式(2.3)所示。当细胞吸收速率远大于扩散通量时,细胞外表面的浓度会降低($C_\infty \gg C_0$)。从式(2.2)中,可以用这个浓度条件定义吸收速率:

$$V = 4\pi D_{fs} r_0 C_\infty \tag{2.3}$$

相反,随着环境浓度的增加,细胞外的营养梯度将减小($C_\infty \approx C_0$)。在这个限度内,细胞周围有丰富的营养物质,而唯一的限制因素是细胞的物理吸收机制。这种吸收可以近似用 Michaelis-Menten 方程来表示:

$$V = V_{\max}\left(\frac{C_0}{K_{\mathrm{sat}} + C_0}\right) \tag{2.4}$$

其中，C_0 是细胞表面的浓度。

由于环境浓度和表面浓度大致相等，在高环境浓度范围内，我们得到以下关系：

$$V = V_{\max}\left(\frac{C_\infty}{K_{\mathrm{sat}} + C_\infty}\right) \tag{2.5}$$

用式(2.3)表示的吸收受限情形是图 2.7 中的虚线 1，用式(2.5)表示的运输限制情况是图中的虚线 2。实线代表两者的混合情况，该混合情况是由相关的极限通量决定的。

为了充分利用这些过剩的养分，活性吸收位点的数量随着环境养分浓度的增加而增加。但是，与前面讨论的相似，在两种情况下，活性吸收位点的覆盖率将是最佳和最大的。超过这个最大值，制造和维护运输的成本将会大于维持细胞结构和运行的流量增量所带来的收益。在图 2.7 中，在运输受限的情况下，吸收速率会逐渐接近最大值($V_{\max}$)。

目前，已经有越来越多的研究来探索壳体中吸收位点密度和吸收时间的定量效应[52,71-72]。Berg 和 Purcell[71] 提出了另一种表达方式来描述这些活性吸收位点密度对细胞吸收率的影响，其形式与式(2.5)相似：

$$Q_{\mathrm{Diff_{Mod}}} = Q_{\mathrm{Diff}}\left(\frac{Ns}{Ns + \pi r_0}\right) \tag{2.6}$$

其中，N 和 $s(\mathrm{m})$ 分别是壳体表面活性吸收位点的数目和半径。$r_0(\mathrm{m})$ 是细胞到其壳体的半径。它不需要许多活性位点，大约占覆盖表面的 2%，仅相当于扩散通量，如式(2.2)所示。

进一步分析细胞的离子吸收情况，Aksnes 和 Egge[72] 按下式计算吸收位点的运输时间：

$$V = \frac{nAhC}{1 + tAhC} \tag{2.7}$$

式中，V 为细胞的离子吸收速率，$A(\mathrm{m}^2)$ 为吸收点的表面积，n 为壳体上运输点数目，$h(\mathrm{m \cdot s^{-1}})$ 为传质系数，C 为溶质浓度，$t(\mathrm{s})$ 为单个离子运输点的运输时间。

他们提出了与前期研究者相同的限制因素。在低浓度条件下时，细胞吸收速率接近 $nAhC$ 的扩散极限。在富含运输体的水环境中，吸收速率会更加接近 n/h。

更重要的是，Aksnes 和 Egg[72] 提出了六个假设，基于在实验中测得吸收参数（即 $V_{\max}$ 和 K_{sat}）、细胞大小以及温度之间的联系，给出了定义。

（1）V_{max} 与细胞半径的平方呈线性增长；

（2）K_{sat} 与细胞半径呈线性增长；

（3）V_{max}/K_{sat} 与细胞半径呈线性增长；

（4）V_{max} 随温度升高呈指数增长；

（5）K_{sat} 随温度升高而增加；

（6）V_{max}/K_{sat} 随温度的升高而升高，与分子扩散的情况相似。

Pasciak 和 Gavis[48]进一步阐明了吸收速率与环境浓度的关系。针对扩散受限的营养物质运输和通过流体平流对扩散边界层的补给，他们评估了这两者对多种硅藻物种壳体上营养物质吸收的影响。假设在稳态情况下，式（2.5）给予的营养物质吸收与式（2.2）表示的营养物质向细胞的扩散运输相等。使用此方法，他们定义了参数来评估系统：

$$P = \frac{4\pi r_0 D_{fs} K_{sat}}{V_{max}} \tag{2.8}$$

对于较大的 P 值，细胞吸收养分的速度很慢，其中 $1/P \ll |1-(C_\infty/K_{sal})|$，可以用式（2.5）来表示，其中 $C_\infty \approx C_0$。对于较小的 P 值，细胞扩散会限制其吸收速率，其中 $1/P \gg |1-(C_\infty/K_{sal})|$。在这种情况下的吸收率：

$$V = V_{max}\left(\frac{PC_\infty}{K_{sat} + PC_\infty}\right) \tag{2.9}$$

P 值、相对吸收速率 V/V_{max} 和相对浓度 C_∞/K_{sat} 之间的关系如图 2.8 所示。

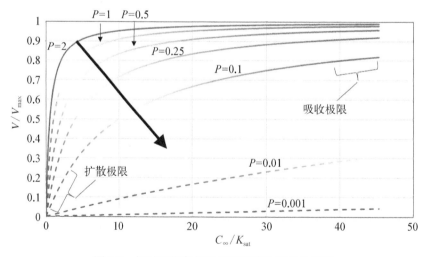

图 2.8　相对吸收率与无量纲环境浓度的关系图

实线为吸收限制曲线，虚线为扩散限制曲线，黑色箭头表示磷的减少值，颜色的强弱表明限制细胞吸收的程度

从图 2.8 可以推断,在较低的环境浓度下,细胞吸收受扩散限制,在较高的浓度下,细胞吸收受运输限制。但是这种关系是由 P 值决定的。接下来,我们将讨论 P^* 值,该值可以解释相对于细胞的流体平流。

2.2.2.3 流体平流、湍流和细胞形态对细胞物质迁移和吸收的影响

如前一节所述,对于一个静止流体动力学环境中不活动的细胞,朝向或远离细胞的物质传输将由扩散决定。此外,如果细胞被认为是一个完整的养分吸收器,那么它将受到扩散限制。如果营养物质的吸收比通过扩散输送到细胞内的速度快,则这种微生物是扩散受限型的[53]。

如前面章节所述,扩散通量与球形细胞大小成比例。当硅藻生长时,细胞尺寸的增加可以提升湍流和平流的效果,增强了物质向细胞传输的效果,并降低了被较小的微生物吞噬的可能性[58]。

海水与细胞表面的相对运动可以补充邻近细胞表面的营养物质衰竭情况,并沿径向细胞的方向增加浓度梯度,从而增加扩散通量[53]。这种相对的流体运动既可以由湍流产生,也可以由硅藻在水中的下沉和上升产生。研究者在小型非游动生物的相对流体运动对扩散通量的影响方面进行了理论研究[52-53,58,73-75]。Karp-Boss 和 Boss[53] 提供了这一研究领域的批判性结果,而 Guasto 和 Rusconi[76] 提供了较为全面的综述结果。

早期的研究发现,对于直径大于 20 μm 的细胞,流体与细胞之间的相对运动(如在 10 个细胞直径长度下沉),使扩散通量增加了大约 100%[71,77]。虽然湍流也能显著地增强该扩散通量,但仅对在强湍流中大于 100 μm 的静止生物体和在弱湍流中小于 1 mm 的静止生物体有效[74]。这些研究都是基于假设在恒定浓度和稳态条件下发生的。

在相同的稳态条件下,Pasciak 和 Gavis[48] 发现了另一个 P(即 P^*)的表达式,其中也包括平流情况,这与他们定义单扩散情况下细胞吸收率的研究工作是类似的,由式(2.10)表示:

$$P^* = P\left(1 + \frac{r_0 u}{2D_{fs}}\right) \tag{2.10}$$

其中,$u(\mathrm{m \cdot s^{-1}})$ 是流体与硅藻细胞之间的相对速度,P 是式(2.8)中定义的无量纲参数。

舍伍德数(Sh)是一个无量纲的量,它定义了总净通量和物质扩散而产生的净通量之间的比率[53]。这是流体平流增强通量的一个标志[53]。例如,如果 $Sh = 1.4$,则平流运输的物质比扩散运输的物质增强了 40% 物质的输运。舍伍德数是由雷诺数(Re)和贝克来数(Pe)决定的。由公式 $Re = \rho u L/\mu$ 可知,雷诺数是惯性力与黏性力的比值,它描述的是湍流的状态。Pe 是平流与扩散的比值。式(2.10)括号中的

第二项实际上是 $Pe/2$。对于球形硅藻细胞周围的层流情况而言，当 $Pe<1$ 时，$Sh \approx 1$；当 $Pe \approx 1$ 时，Sh 的值开始增大。

流体的平流，无论是来自扰动层，还是下沉层，都可以增强朝向或远离受限细胞的扩散通量。基于模拟工程师传热分析的经验，Peclet-Sherwood 关系更准确地说明了流体平流是如何增强物质通量的[53,78]。对于大小为 40~85 μm 的细胞而言，为了使下沉球形硅藻细胞的物质通量增加到其原始值的 100%，这取决于下沉时细胞与其流体环境之间的密度变化[53]。此外，当物质通量增加 100% 时，受小尺度湍流影响的微生物的临界尺寸为 160~200 μm；当物质通量增加 50% 时，临界尺寸为 60~100 μm[53]。在这些尺度范围内，平流对物质传输没有显著的增强作用。在早期研究中关于浮游植物细胞在低 Re 物质通量增强的情况，Karp-Boss 等[53]进一步阐明了很多不足之处。

这些发现对硅藻来说是至关重要的，因为它们不能通过游动或移动周围的水来提供它们自己的相关流体动力。硅藻可以看作是被动食物供应者，如果不能补充其表面耗尽的颗粒浓度，它们就有可能受到扩散限制[53,73]。基于此，有利条件是那些能增强在湍流水中朝向细胞传质，硅藻细胞在有利条件中暴露的时间和频率是很重要的，而湍流的间歇性值得我们关注[53]。

2.3 硅藻的动态流体环境

2.3.1 平流

如前所述，硅藻不像它的竞争对手（如细菌和其他浮游植物）那样拥有推进系统来寻找营养物质或光线[42]。它们的大部分时间都是在动荡的上层混合层和水生环境的透光区受固有流体运动的支配[42,50]，如图 2.9 所示。

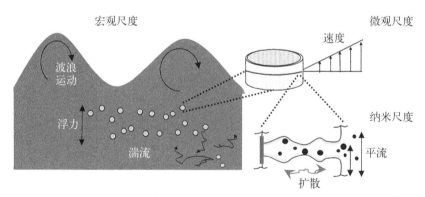

图 2.9　远洋海洋硅藻从宏观到纳米尺度所经历的不同类型的流体运动[9]

海洋中的湍流(包括洋流、潮汐或波浪)会引起大小不同的涡流[79]。动能会从较大的涡旋向较小的涡旋转移[58]。最小的涡流与湍流的强度成反比,其特征可以用 Kolmogorov 长度表达式解释:

$$\eta = \left(\frac{v^3}{\varepsilon}\right)^{\frac{1}{4}} \tag{2.11}$$

其中,$\eta > \eta_b$。假设海洋在上层混合层的能量耗散为 10^{-5} $m^2 \cdot s^{-3}$,风速为15~20 $m \cdot s^{-1}$,在海洋深处能量耗散为 10^{-9} $m^2 \cdot s^{-3}$,最小涡流的尺度通常为 1~10 mm[53,58,80]。在 Kolmogorov 长度以下的涡流受黏性力控制,这种流动可以用线性剪切场来描述。最终,这些涡流通过分子间的相互作用以热量的形式传递能量[81]。最小漩涡的尺寸仍然比硅藻的微观尺寸大得多,所以硅藻会经历层流移动,如图 2.9 所示[9,74,80]。

Kolmogorov 长度以下的线速度场,其不稳定性可表示为[74,78,82]

$$\tau = 2\pi \left(\frac{v}{\varepsilon}\right)^{\frac{1}{2}} \tag{2.12}$$

它表征了局部剪切流场的相关时间[73,78,83]。由上述能量耗散值可知,海洋中 Kolmogorov 涡流切变场的相关时间为 0.6~200 s[78,80]。

Kolmogorov 长度以下湍流两点之间的特征速度差(u_{shear})由下式给出[84]:

$$u_{\text{shear}} = 0.42Gd = 0.42d\left(\frac{\varepsilon}{v}\right)^{\frac{1}{2}} \tag{2.13}$$

其中,d(m)是两点之间的距离,G(s)是剪切速率。在向心状海洋硅藻的长度尺度上,这种剪切速度的典型取值范围为 40~130 $\mu m \cdot s^{-1}$。可使用雷诺数($Re = pul/A$)来表示惯性力与黏性力的比值,进而表征该流动。低速度和小空间尺度意味着该流动受黏性力($Re < 1$)支配,并且该流动为层流。

硅藻既可以是圆柱形的,也可以是椭圆形的,但肯定不会是球形,因此在描述硅藻与流体流动的物理相互作用时,必须考虑硅藻的形状。利用椭球体的 Jeffery 轨道模型,我们可以在线性剪切场中模拟由湍流产生的细长硅藻细胞的三维运动轨道。图 2.10 展示了一种可能存在的

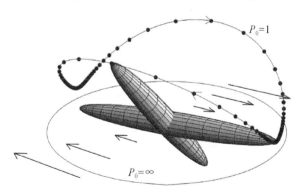

图 2.10 经历线状切变的长椭球体的位置轨迹——Jeffery 轨道[85]

图中显示了一个长形细胞在其最高和最低速度旋转时的两个位置,分别对应于黑点之间的最大和最小间距,轨道参数 P_0 表明延长细胞所经历的轨道[86]

轨迹图[85-86]。

该轨道的周期定义式为[86]

$$T_{\text{JO}} = \frac{2\pi}{G}(r_{\text{a}} + r_{\text{a}}^{-1}) \tag{2.14}$$

其中,r_{a}是硅藻细胞的长宽比。其剪切速率$G(\text{s}^{-1})$可定义为

$$G = \left(\frac{\varepsilon}{v}\right)^{\frac{1}{2}} \tag{2.15}$$

预期G的值为$0.03\sim10\text{ s}^{-1[58]}$。如图2.11所示,对于海洋中能量耗散率的经典值,轨道周期比线性剪切场的停留时间要长,因此剪切场的间歇现象提供了硅藻在其自然环境中的主导力。然而,这是一个复杂的相互作用现象,Jeffery轨道运动仍将在硅藻运动中发挥作用。

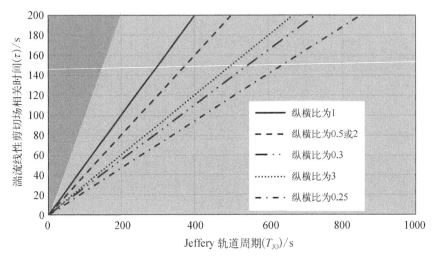

图2.11　不同长径比硅藻的Jeffery轨道周期(T_{JO})与
湍流线性剪切场相关时间(τ)的关系图

相对于硅藻表面,硅藻的旋转运动和湍流剪切场的间歇性产生了流体平流[85]。这有助于平流输送($L>\eta$ 和 $\eta>L>\eta_{\text{b}}$)和扩散输送($L<\eta_{\text{b}}$),并影响硅藻细胞外表面营养物质的供应。下一阶段是通过细胞气孔和壳体吸收营养物质,这反过来又影响到下一阶段的养分运输。

与湍流海洋中的养分混合类似,湍流产生的剪切场也能将养分输送到更靠近硅藻细胞的地方。如图2.12所示的情况,其中营养"热点"被线性流体剪切场拉长。

当硅藻与原始营养中心的距离D_1相同时,由于剪切场的作用,羽流逐渐变薄,使营养物质更接近于硅藻细胞(距离为D_2),物质扩散会在更小的空间尺度上到达细胞。

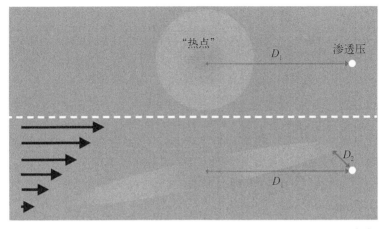

图 2.12　线性流体剪切场对水环境中渗养者营养物质间距离的影响[58]
渗养者是主要依靠扩散来觅食的生物体;顶部无剪切场,底部施加线性剪切场

2.3.2　下沉/浮力

硅藻的二氧化硅壳体的存在通常使硅藻比水密度更大,因此它们可以在水柱中下沉。据报道,圆筛藻的沉降速率为 $80 \sim 350\ \mu\mathrm{m} \cdot \mathrm{s}^{-1}$,其特征是层流[87-89]。

$Re \approx 0.002 \sim 0.02$[53,88]。在低雷诺数时,下沉的硅藻壳体不会为了使其阻力最大化而重新改变其方向,但在高雷诺数时,除非在下沉过程中质心在细胞内重新分布,否则它将一直保持其最初的任意方向[90]。

此外,单个硅藻细胞可以通过与其他单个细胞形成链的方式来控制其下沉速率,或者可以通过在二氧化硅壳体上生长体刺来增加水动力阻力[17,76]。细胞链的形成还可能是由其他的原因(如提高营养吸收、防止捕食者和提高受精机会等)导致的[78]。

Stokes 定律预测下沉速率与下沉球体半径的平方成正比:

$$\nu_{\mathrm{s}} = \frac{2}{9} \cdot \frac{\rho_{\mathrm{p}} - \rho_{\mathrm{f}}}{\mu} g R^2 \qquad (2.16)$$

其中,$\nu_{\mathrm{s}}(\mathrm{m} \cdot \mathrm{s}^{-1})$ 是沉降速度,ρ_{p} 和 $\rho_{\mathrm{f}}(\mathrm{kg} \cdot \mathrm{m}^{-3})$ 分别是球体密度和流体密度,$R(\mathrm{m})$ 是球体半径。由于硅藻细胞密度会随尺寸增加而降低,所以半径对硅藻沉降速度的影响较弱[76,91]。Miklasz 和 Denny[91]表明硅藻细胞的孔隙率及其表面黏液层对下沉速率的影响并不显著,不过这一假设尚待证实。

除下沉外,一些较大的硅藻还具有控制其在水柱内浮力的能力。硅藻细胞一般由硅藻囊泡(直径大于 $20\ \mu\mathrm{m}$)中的碳水化合物的填充或硅藻囊泡(直径小于 $20\ \mu\mathrm{m}$)中的离子置换来控制其浮力[16,92-94]。

Gemmell 等[18]发现,根据不同的营养消耗/补充条件,圆筛藻的瞬时下沉速率

为 $10 \sim 750 \ \mu m \cdot s^{-1}$。实验结果表明,较大的硅藻可以很好地控制其下沉速率以及朝向细胞的营养通量,可以反映出其细胞代谢等信号。流体平流对硅藻营养通量的影响将在后面的章节中进一步阐述。

因此,硅藻和周围环境之间的相对平流是由以下原因导致的。

(1)来自洋流、波浪或潮汐的湍流都会对硅藻引起流体剪切,该剪切区域可视为线性剪切场。这种线性剪切可以促进细长硅藻在 Jeffery 轨道上的旋转。由于湍流引起的线性剪切场的平均相关时间小于 Jeffery 轨道的周期,所以硅藻的运动将表现在部分 Jeffery 轨道和来自线性剪切场平流的共同作用。

(2)引起下沉和上升的可控瞬时浮力。

2.3.3 成链效应

我们已经证实,影响单个硅藻吸收养分的因素有很多,其中包括湍流环境中的流体平流、细胞形态和细胞旋转等。然而,硅藻通常形成由黏性多糖排泄物附着的链[6,73,78,85,95]。在平流情况下,与球形细胞相比,单个细长细胞有更多营养供给,而细胞链比细长椭球体细胞有更多营养供给[85]。这是因为在 Jeffery 轨道上细长椭球体细胞会产生不稳定的"翻转"现象[80]。尽管如此,硅藻链的扩散通量有所减少,并且考虑到这点,细胞链的总营养供给相对于单个球形细胞来说是减少的[85]。然而,高营养浓度和湍流条件对细胞链的形成是有利的。这些主要反映在非自然海洋生态系统中。在浮游植物旺盛期的时候,会有较高浓度的养分和湍流水平,链的形成加快且链会更短[85]。有趣的是,这些链被模拟成具有恒定半径的刚性长椭球,其中长宽比的变化会改变链的长度[85]。

在均匀和非均匀环境养分浓度的湍流中,Musielak 和 Karp-Boss[78] 完成了相似的硅藻链和单细胞的养分吸收分析。他们在二维空间进行分析,即细胞间的间距和链刚度。刚性链比单个细胞更容易获得营养成分。此外,在异质营养环境中,刚性链比其他软链具有更强的吸收效果。

随着细胞链的相对切向流动,我们会观察到 Sh 的局部变化,该变化会导致在较高的 Sh 值下扩散边界层变薄。

Musielak、Karp-Boss[78]、Pahlow 和 Riebesell[85] 只考虑剪切流中中性浮力对硅藻营养盐通量的影响,而没考虑下沉效应的影响。

此外,如图 2.13 所示,也有人提出,水在硅藻链上的相对运动,会在链中的硅藻单元之间产

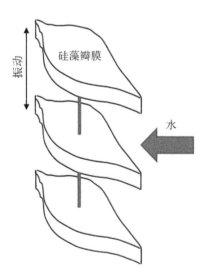

图 2.13 硅藻在链中的振动图[95]
硅藻作为泵,通过它们的瓣膜传输质量

生一维振荡,在相邻硅藻的瓣膜之间形成泵送流[95]。

所有这些关于平流、湍流、扩散和吸收对硅藻细胞内外质量输运的影响的研究都没有考虑或者区分刚性细胞的影响。

2.4 硅藻壳体对物质运输的影响

在本节中,我们考察了瓣膜和环带孔的形状以及整体形态对物质传输的影响,并特别参考了两种向心状硅藻物种,即圆筛藻属和海链藻属。

2.4.1 圆筛藻和海链藻的瓣膜结构形态

如图 2.14 所示,中心硅藻瓣膜包括一个微型腔室,称为气孔,其一端由多孔筛板(多孔板)束缚,而另一端未束缚[10]。这些气孔的特征接近圆柱形。

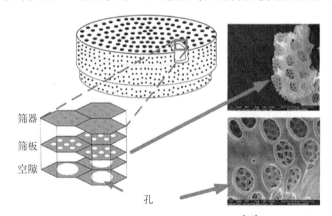

图 2.14 圆筛藻微观结构示意图[14]

左侧图为圆筛藻硅藻细胞结构的瓣膜结构;右侧图为圆筛藻瓣膜孔结构的扫描电镜图

圆筛藻在其瓣膜结构中分为三层:筛板(外部)、筛板(中间)和通气室(内部)①。每一层的孔隙率和孔径都由外部向内部逐渐增大。海链藻具有与圆筛藻相似的结构。但是多孔层的顺序是相反的,并且它只有两个筛孔室和通气室[10]。

当无机二氧化硅壳体在位于细胞原生质体的硅沉积囊泡内生成时,有机层也包围着无机二氧化硅壳体[6]。硅藻壳体周围的有机层被认为可以防止二氧化硅壳体在其水环境中溶解[6,96]。

此外,在壳体和壳体之间发现了一种有机多糖的透光层。该层的作用尚不完全清楚,但有人认为其可以用于帮助容纳细胞的内部结构[97]。

这两种有机层也被认为会减小壳体中孔的有效尺寸,从而改变其渗透性[6,97]。表 2.2 给出了圆筛藻和海链藻的一般外形尺寸的总结,它们具有非常相似的孔径。

——————————

① "内部"和"外部"分别指邻近壳体或周围海洋环境的位置。

表 2.2　两种中心物种壳体结构的一般尺寸[10-11]

中心的硅藻物种	结　构	单一空隙评估			孔隙率/%
		最小直径/nm	最大直径/nm	长度/厚度/nm	
圆筛藻	全部壳体结构(不同细胞之间的变化)	6×10^4	15×10^4	1×10^3	—
	筛板孔径(外部)	45±9	45±9	50	7.5±1.2
	筛板孔径(中间)	192±35	192±35	200	25.2±2.5
	小孔孔径(内部)	1 150±130	1 150±130	—	35±3
	通气室	2×10^3	2×10^3	800	与孔相同
	束带孔	100	250	每单元 500	32±5
海链藻	全部壳体结构(不同细胞之间的变化)	3×10^4	5×10^4	1×10^3	—
	内部孔径	43±6	43±6	—	10±2.5
	小孔孔径(内部)	770±38	770±38	—	35±3
	通气室	1×10^3	1×10^3	700	与孔相同
	束带孔	—	—	—	—

2.4.2　圆筛藻环带的形态

环带孔隙是轴对称的,并且具有不对称的轮廓[9,13-14]。孔隙的不对称性与孔隙沿轴线的尺寸变化有关,如图 2.15 所示。一般来说,在束带的整个厚度中只有

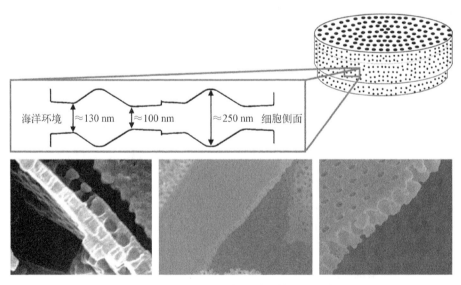

图 2.15　孔隙的不对称性与孔隙沿轴线的尺寸变化

上侧为轴对称重叠束带孔的一部分的示意图;下侧为圆筛藻环带结构的 SEM 图

一个重复的不对称单元,但是在束带彼此重叠的区域中,可以连续存在两个重复的不对称单元。

2.4.3 通过瓣膜孔的传质

如前一节所述,Losic 和 Rosengarten 使用 AFM 和 SEM 对两个向心状硅藻物种(圆筛藻和海链藻)进行了详细的结构研究并描述硅藻壳体对颗粒物的分类和过滤的能力。关于该能力已经进行了以下研究。

(1)对于两个壳体而言,最小的孔的直径为 45 nm,这可能表明其相同大小的颗粒过滤能力[10]。

(2)圆筛藻的壳体瓣膜内部孔周围的脊柱从瓣膜中心形成径向通道[14]。

(3)通过壳体孔道的几何形状变化可能产生熵壁垒,从而影响扩散[98]。

通过上述观察结果,可知硅藻壳体中孔隙的大小和形状仍不清楚。如表 2.2 所示:允许通过壳体屏障的颗粒尺寸存在物理限制下限,这取决于瓣膜的筛板中 45 nm 和在环带孔中 100 nm 的最小孔径。在活体硅藻中,由于二氧化硅上有一层有机层,这些开口尺寸可能较小。Losic 等[11]认为壳体瓣膜中的硅藻筛板的功能是用于分子和胶体分类。该尺寸限制对应于图 2.3 所示的超滤/纳滤体系。感染硅藻的病毒典型大小为 25~220 nm[99]。因此,虽然小病毒有机会进入孔隙,但小于最小孔径的实体更有可能是对硅藻生长有用的离子物种,而不是有害的病毒[10]。或者,最小孔隙的生成可能是由第一次形成壳体时沉淀的二氧化硅结节排列限制所致。在圆筛藻和海链藻细胞壳体中二氧化硅结节的平均直径范围为 20~70 nm[14]。在这两种物种中,二氧化硅结节的尺寸都朝着外部多孔层增加,但目前还不清楚其原因[14]。

根据 Losic 等[13]和 Hamm 等[100]的力学测试,圆筛藻的筛板层和束带是壳体最脆弱的部分,因为实际上筛板层并不是一个承重结构,有人认为它只有一个替代功能(如作为筛板)[10]。它也可能是装饰华丽的硬壳结构(如空气室),被用来维持这个非常薄且脆弱的筛板结构完整性。然而,这就产生了一个问题,为什么这种三明治式结构在上述两种硅藻中是相反的?为什么能覆盖一半以上表面积的束带孔与瓣膜孔不同?

前一个问题的答案可能已经被 Mitchell 等解释了[42],他们提出,由于化学物质在海洋中的不均匀分布,圆筛藻瓣膜中不同多孔层的顺序适合于营养脉冲条件。脉冲消散后,空气室充当养分的临时保存室。相比之下,以反向多孔层为特征的海链藻瓣膜比圆筛藻更适合于同质营养环境,如图 2.16 所示[42]。

这项工作表明,在不同营养元素的分布下,壳体可以在环境中起到有利的作用。也存在着横流或者湍流流过孔隙的可能性,产生小的涡旋协助物质的运输[101]。到目前为止,尚未针对壳体的这一理论进行过研究。

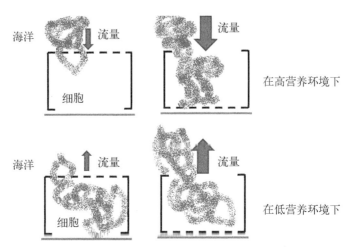

图 2.16　两种藻类对同质和异质营养环境的区别

左侧为圆筛藻更适合异质营养环境;右侧为海链藻更适合同质营养环境

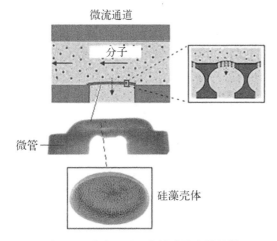

图 2.17　溶液通过硅藻瓣膜的有效扩散

圆筛藻瓣膜的连接物在微柱管的开口上方,观察到通过硅藻瓣膜的横流过滤

为了解释壳体层对扩散传质的影响,许多实验已经评估了溶液通过硅藻瓣膜的有效扩散。如图 2.17 所示,来自圆筛藻的硅藻瓣膜连接到微毛细管末端,通过将 20 nm 的颗粒扩散穿过硅藻瓣膜,同时阻止了 100 nm 的颗粒穿过瓣膜,证明了滤液的尺寸选择性。这也证明了将硅藻瓣膜直接应用于错流微滤装置的可行性。这是硅藻瓣膜在微流体装置中的第一个已知的直接应用,并证明未来在微流体装置中用于过滤目的。但是,破碎的硅藻壳体确实有以硅藻土形式被用作高效宏观过滤器的情况[102-104]。

通过从圆筛藻中提取的硅藻瓣膜,研究了 1 nm 大小的染料小颗粒的扩散系数。在这个实验中只有瓣膜孔隙存在(孔隙率为 29%,最小孔径为 1 μm)和只有筛板(细筛板)层被去除(孔隙率为 14%,最小孔径为 200 nm)这两种情况[105]。这样就可以确定壳体对小颗粒与小孔径比的溶质的影响。从图 2.18 可以看出,随着弯度的增大,孔隙率减小,或者说随着平均孔径的减小,扩散系数比自由空间扩散系数减小了一个数量级。

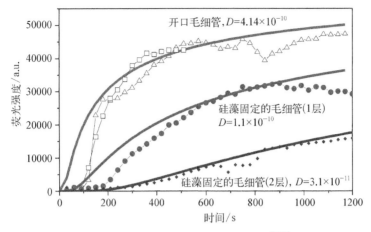

图 2.18　扩散和自由扩散的实验对比[105]

通过两个不同硅藻瓣膜扩散和自由扩散的实验分析,将理论曲线(实线)拟合到
实验数据中来计算出相应的扩散系数

另一个更详细的实验研究了约 0.6 nm 的小染料颗粒通过一个单独的气孔和筛膜层的扩散,发现扩散系数几乎是自由空间扩散系数的一半[106]。他们发现对于直径为 0.6 nm 的俄勒冈绿色染料颗粒,通过硅藻孔的扩散系数为 $8.9 \times 10^{-10}\,\mathrm{m^2 \cdot s^{-1}}$[106]。这个结果相比先前实验中测量的 $3.1 \times 10^{-11}\,\mathrm{m^2 \cdot s^{-1}}$ 的扩散系数很相似。由于染料分子比孔径小得多(约 80 倍),因此扩散受阻,所以不太可能得到该结果。

这些实验确实表明,由于孔隙大小的突然变化,扩散会受到细胞壁的影响或者甚至会因为熵的限制而受影响。扩散系数如何因相对扩散系数而变化的例子如图 2.19 所示。

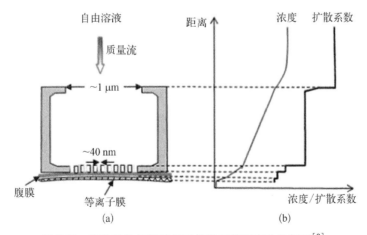

图 2.19　扩散系数如何随相对扩散系数而变化的例子[9]

(a)硅藻瓣膜的横截面示意图;(b)预测通过这些空隙的浓度梯度和扩散系数

尽管溶质扩散通过壳体的可用面积减少,但壳壁实际上改变了扩散系数。从 Carbajal-Tinoco 等[107]进行的实验中我们可以看到,刚性微粒扩散系数的垂直和平行分量取决于与刚性壁的最小距离。扩散越接近壁越趋近于零,而越远离壁则越趋向于自由空间扩散系数。颗粒扩散系数的这种空间变化是颗粒与固体壁之间润滑力的结果,从他们的实验结果中表明靠近实心壁的平行和垂直扩散系数都有这种变化(见图 2.20)[107]。

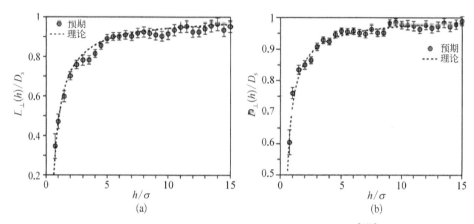

图 2.20　靠近实心壁的平行和垂直扩散系数的变化[107]

(a)与刚性壁垂直;(b)垂直和平行的扩散系数的依赖关系;D 为自由扩散系数,h 为从粒子中心到壁面的最小距离,δ 为粒子的直径

如图 2.14 所示,壳体的孔壁随着瓣膜壁的收缩和膨胀发生变化,扩散系数在距壁面 5 个半径的区域开始减小。

为了说明浓度场随时间的变化,图 2.21 中显示了有无壳体的硅藻的浓度分布

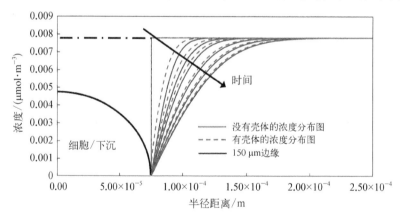

图 2.21　有无壳体的硅藻的浓度分布变化

具有壳体(虚线)和无壳体(实线)的细胞的一维浓度分布随时间的变化,壳体被建模为 $D = 1 \times 10^{-11}\ \mathrm{m^2 \cdot s^{-1}}$ 的 1 μm 范围,自由空间扩散为 $D = 1 \times 10^{-9}\ \mathrm{m^2 \cdot s^{-1}}$

变化,我们将有壳体或无壳体的结果进行了比较,在数值模拟中,细胞周围的扩散系数低于自由空间的扩散系数。从图 2.21 可以看出,有无壳体改变扩散系数后,扩散边界层也发生了变化。

目前还不完全清楚颗粒通过透气孔的输运主要是扩散还是平流的结果。此外,如果平流是输运现象的重要组成部分,那么它是由横流还是湍流决定的就不清楚了,横流更可能是由于细胞内部的壳体阻碍了直接通过孔的流动。横流的直接作用是补充扩散边界层,并可能操纵外瓣膜表面上的颗粒,这将在下一节中讨论。通过瓣膜孔长度扩散的特征时间约为 1×10^{-3} s,这对孔隙内的平流是否有利取决于壳体的限制吸收速率。

2.4.4　壳体外表面对传质的影响

如前所述,在自然界中有两种机制可以在硅藻和海洋之间产生相应的流动:湍流和下沉。这些相对流动在壳体的外表面产生一个横流,这意味着粗糙的多孔表面结构会影响物质的扩散或平流。

硅藻壳体的多孔性和微观性质意味着它具有很高的比表面积。这说明在评估壳体的控制、分选和分离特性时,壳体表面粒子的相互作用变得很重要。利用 AFM 和 SEM 成像技术,Losic 等[11]确定了圆筛藻的壳体表面的微观特征,包括孔洞周围的凸起脊柱和圆筛藻的外部筛板的小丘形地形。

为了测试这种效果,Hale 等[12]进行了现象学实验,在一个壳体瓣膜上观察到平流和扩散的微粒。图 2.22 显示了两种中心硅藻瓣膜脊柱周围的颗粒局部浓度情况,圆筛藻和海链藻只存在扩散现象[12]。

微粒的行为可以归因于表面诱导的阻力,这证实了微粒孔隙半径比值的重要性[108]。小的比例导致粒子在脊线上停留的时间更长,如图 2.22 所示。Hale[108]提出了硅藻壳体表面可能被用作无菌过滤系统,并发现表面对不同大小颗粒行为的影响。

当在瓣膜表面施加横流来表示相对流动时,颗粒的横向流动、反向流动和局部速度等行为均取决于远场的流速、表面微流体密度和颗粒的大小[109]。

研究者在硅藻瓣膜表面建立了流动的非球面颗粒横向偏转与贝克来数(Pe)之间的现象关系。正如所预料的那样,以扩散($Pe<1$)为主导的流动中的颗粒比以平流($Pe>1$)为主导的流动中的颗粒具有更大的横向偏转[109]。

浮游植物典型的 Pe 值是引用自 Karp-Boss[53],利用硅藻半径的特征长度确定 $Pe \approx 5.7 \sim 24$。然而,由于湍流或下沉情况造成的流体平流的间歇性,会出现以扩散为主的流动($Pe<1$)。

由于表面阻力的变化,微颗粒在孔隙边缘停留时间的增加可能会影响颗粒进入孔隙并最终向细胞迁移的机会。因此在未来的研究中,建议使用 Stroock 等[110]

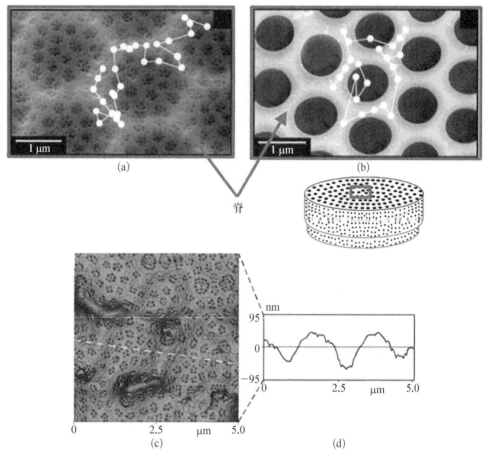

图 2.22　两种中心硅藻瓣膜的脊柱周围颗粒的局部浓度

（a）微球在圆筛藻和海链藻[14]；（b）瓣膜脊上的扩散，亚微米粒子在细胞附近和微加工表面的运动以布朗运动为主；（c）圆筛藻筛板层外表面的 AFM 图像；（d）穿过图（c）上虚线的剖面

提出的定量流可视化技术来更好地理解硅藻颗粒上的流动，并可能推导出一个理论模型来预测这一行为[109]，然而这一研究尚未完成。

2.4.5　通过带状孔隙传物

虽然通过束带的传质可能受瓣膜的阻碍扩散所支配，但 Losic 等[11]也提出了带孔圆筛藻环的几何形状是类似于流体动力漂移棘轮的外观。流体动力漂移棘轮使用不对称/轴对称孔隙内的振荡流体流动，根据流体的大小来分离嵌在该流体中的微小物，而不产生流体的净位移。漂移棘轮必须在布朗运动显著且流体流动的特征是低雷诺数（$Re<1$）时起作用[111-113]。根据束带孔的几何形状与流体动力漂移

棘轮的几何形状之间的比较,认为硅藻可能采用相同的机制,根据粒子的大小选择性地将物质运入和运离硅藻细胞。

如图 2.15 所示,这些带状孔隙位于瓣膜之间的壳体中部。束带区域主导着中心硅藻胞体的总表面积,在细胞间的传质中起着重要的作用。

虽然 Matthias 等[113]定义的流体动力漂移棘轮孔与硅藻的带状孔隙可能存在相似之处,但两者之间存在着根本的差异,如图 2.23 和表 2.3 所示,这些差异如下:

(1)硅藻带状孔隙比 Kettner 等研究的漂移棘轮孔小 10 多倍[111-113]。

(2)与大规模平行漂移棘轮膜的 17~33 个串联单元相比,带状孔隙的最大重复单元只有 2 个[见图 2.23(a)]。

(3)硅藻的振荡流体频率和振幅与大棘轮中的振动流体频率和振幅有很大的不同。

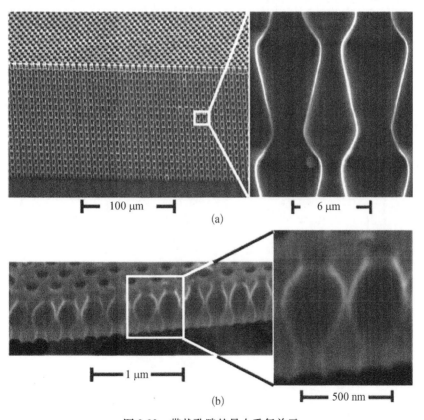

图 2.23　带状孔隙的最大重复单元

(a)大规模平行的具有不对称孔的二氧化硅 SEM 图[113];(b)带孔圆筛藻的 SEM 图[11]

表 2.3　流体动力漂移棘轮[111–113]与带状孔隙的孔隙剖面几何形状的对比

几 何 特 征	漂移棘轮孔隙	带状孔隙
最大直径	$\approx 4\ \mu m$	$\approx 0.25\ \mu m$
最小直径	$\approx 1.5\ \mu m$	$\approx 0.1\ \mu m$
重复单元的长度	$6\ \mu m$	$0.5\ \mu m$
连续重复单元的数量	$17 \sim 33$	$1 \sim 2$

配置文件如图 2.23 所示

近年来,Herringer 等[114]定性地证明了带状孔隙不能形成漂移棘轮机制,因为带状孔隙的尺度很小,以至于平流中扩散运输占主导地位,并且一个棘轮状的单元不足以产生颗粒整流。

我们为带状孔隙形状提出了另一种解释,该形状可促进二氧化碳吸收进入壳体中,同时排除病毒和病原体。我们假设由于扩散电泳,带状孔隙内出现了如图 2.24 所示的大量循环流,这同时促进了二氧化碳的吸收,并且排除了较大的病毒和病原体。由于硅藻生活在海洋的离子环境中,高密度的荷电离子与图 2.13 中所示的带状孔隙中带负电荷的无定形二氧化硅相邻形成了一个带电双层(EDL)。这可能允许离子越过光合作用所需的壳体壁垒,并防止较大的有害粒子通过束带孔进入。Herringer 等[114]提出碳酸氢盐离子在碳酸氢酶和质子的存在下被转化为二氧化碳。这种二氧化碳会更有效地穿过壳体从而用于光合作用。这种碳酸氢盐和二氧化碳吸收的转化产生了一种碳酸氢盐离子和质子的浓度梯度。这就产生了电场,并产生电渗透和电泳,其有利于吸收有益的碳酸氢盐离子并阻碍病毒传输的机会。

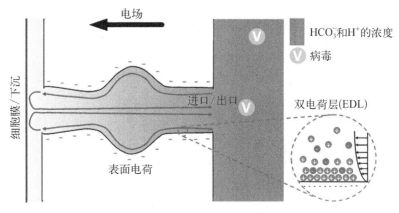

图 2.24　不连通孔隙的一般扩散电泳情况示意图[114]

关于细胞原生质体内的关键细胞器,我们仍然缺乏从外部环境中吸收微量元素的认识。该信息将有助于更好地了解扩散电泳模型以及说明硅藻为何在阻止病毒感染方面具有很高的成功率,从而在活动性更强的真核生物中占据主导地位。例如,如果我们可以具体描述外部碳酸酐酶相对于壳结构的位置,即它们是否位于瓣膜孔和带状孔隙或这两个孔周围,这可能使我们更深入地了解这些孔对于关键元素吸收的不同作用,这些带状孔隙是否适合用于光合作用下的碳酸氢盐吸收,据我们所知这种分析尚未尝试进行。

2.5　结论

很明显硅藻和它们的流体环境之间存在复杂的相互作用,其范围从宏观尺度的湍流到纳米尺度的扩散,为了生存,硅藻需要在周围流体动力学和营养物质不均匀性质的支配下有效地收集营养物质。它们独特的细胞结构可以影响流体和颗粒在它们周围和通过它们向壳体的传输过程。硅藻从环境中吸收基本营养物质的速率取决于营养物质的可利用量,这些营养元素是如何到达孔隙外表面的,以及这些营养物质是如何穿过细胞壳的,细胞如何在化学方法上处理这些营养物质,所有这些过程必须平衡,同时其有一种机制来防止有害生物,例如细胞外的细菌和病毒。虽然目前还没有得到证实,但我们提出了一种选择性传输孔隙的模型来促进这一过程的可能机制。为此需要更多的研究来验证硅藻壳体在细胞间特定运输中的作用。

术语

AFM	原子力显微镜
TEM	透射电子显微镜
SEM	扫描电子显微镜
PAR	光合成有效辐射
POM	颗粒有机物
DOM	溶解有机物
Fe^{3+}	铁离子
Fe^{2+}	亚铁离子
H^+	氢离子
Cl^-	氯离子
K^+	钾离子
Na^+	钠离子
NH_4^+	铵离子
NO_3^-	硝酸根离子

PO_4^{3-}	磷酸根离子
$Si(OH)_4$	硅酸/硅酸盐
HCO_3^-	碳酸氢根离子
pCO_2	溶解二氧化碳
Cu	铜
Cd	镉
Zn	锌
η_b	巴彻勒长度
D_{fs}	自由空间扩散系数
v	运动黏度
ε	动能耗散率
Q_{Diff}	总扩散运输质量
r_0	细胞半径
C_∞	环境浓度
C_0	细胞表面浓度
R	代谢率
M	生物体质量
V	细胞吸收速率
V_{max}	最大细胞吸收速率
K_{sat}	最大细胞吸收速率一半的环境浓度
N	壳体表面活性吸收位点数量
s	壳体表面活性吸收位点半径
A	吸收点的表面积
T	运输器中单个离子的处理时间
τ	局部剪切场的相关时间
u	流体速度
η	Kolmogorov 长度
G	剪切速率
d	距离
r_a	细胞的长宽比
v_s	球体的沉降速度
ρ_p	粒子密度
ρ_f	流体密度
μ	动态黏滞度
g	重力加速度

参 考 文 献

［ 1 ］ Armbrust E V. The life of diatoms in the world's oceans. Nature, 2009, 459: 185 - 192.

［ 2 ］ Agusti S, Kalff J. The influence of growth conditions on the size dependence of maximal algal density and biomass. Limnol. Oceanogr., 1989, 34: 1104 - 1108.

［ 3 ］ Smetacek V. Diatoms and the ocean carbon cycle. Protist, 1999, 150: 25 - 32.

［ 4 ］ Azam F, Malfatti F. Microbial structuring of marine ecosystems. Nat. Rev. Microbiol., 2007, 5: 782 - 791.

［ 5 ］ Cermeño P, Dutkiewicz S, Harris R P, et al. The role of nutricline depth in regulating the ocean carbon cycle. Proc. Natl. Acad. Sci. USA, 2008, 105: 20344 - 20349.

［ 6 ］ Round F E, Crawford R M, Mann D G. The diatoms: biology & morphology of the genera. Cambridge: Cambridge University Press, 1990.

［ 7 ］ Schmid A-M M. Aspects of morphogenesis and function of diatom cell walls with implications for taxonomy. Protoplasma, 1994, 181: 43 - 60.

［ 8 ］ Kooistra W H C F, Gersonde R, Medlin L K, et al. The origin and evolution of the diatoms: their adaptation to a planktonic existence//Falkowski P G, Knoll A H. Evolution of primary producers in the sea. Burlington: Academic Press, 2007: 207 - 249.

［ 9 ］ Yang W, Lopez P J, Rosengarten G. Diatoms: self assembled silica nanostructures, and templates for bio/chemical sensors and bio-mimetic membranes. Analyst, 2011, 136: 42 - 53.

［10］ Losic D, Rosengarten G, Mitchell J G, et al. Pore architecture of diatom frustules: potential nanostructured membranes for molecular and particle separations. J. Nanosci. Nanotechnol., 2006, 6: 982 - 989.

［11］ Losic D, Mitchell J G, Voelcker N H. Diatornaceous lessons in nanotechnology and advanced materials. Adv. Mater., 2009, 21: 2947 - 2958.

［12］ Hale M S, Mitchell J G. Functional morphology of diatom frustule microstructures: hydrodynamic control of brownian particle diffusion and advection. Aquat. Microb. Ecol., 2001, 24: 287 - 295.

［13］ Losic D, Short K, Mitchell J G, et al. AFM nanoindentations of diatom biosilica surfaces. Langmuir, 2007, 23: 5014 - 5021.

［14］ Losic D, Pillar R J, Dilger T, et al. Atomic force microscopy (AFM) characterisation of the porous silica nanostructure of two centric diatoms. J. Porous Mater., 2007, 14: 61 - 69.

［15］ Pascual Garcia C, Burchardt A D, Carvalho R N, et al. Detection of silver nanoparticles inside marine diatom thalassiosira pseudonana by electron microscopy and focused ion beam. PLoS One, 2014, 9: e96078.

［16］ Fisher E, Berges J A, Harrison P J. Does light quality affect the sinking rates of marine diatoms? J. Phycol., 1996, 32: 353 - 360.

［17］ Raven J A, Waite A M. The evolution of silicification in diatoms: inescapable sinking and sinldng as escape? New Phytol., 2004, 162: 45 - 61.

[18] Gemmell B J, Oh G, Buskey E J, et al. Dynamic sinking behaviour in marine phytoplankton: rapid changes in buoyancy may aid in nutrient uptake. Proc. R. Soc. B, 2016, 283: 20161126.

[19] Hamm C E. The evolution of advanced mechanical defenses and potential technological applications of diatom shells. J. Nanosci. Nanotechnol., 2005, 5: 108 – 119.

[20] Milligan A J, Morel F M M. A proton buffering role for silica in diatoms. Science, 2002, 297: 1848 – 1850.

[21] Morant-Manceau A, Nguyen T L N, Pradier E, et al. Carbonic anhydrase activity and photosynthesis in marine diatoms. Eur. J Phycol., 2007, 42: 263 – 270.

[22] Tommasi E De, Stefano L De, Rea I, et al. Light micro-lensing effect in biosilica shells of diatoms microalgae. Internaternal Society for Optics and Photonics, 2008: 69920F – F – 5.

[23] Fuhrmann T, Landwehr S, El Rharbi-Kuckl M, et al. Diatoms as living photonic crystals. Appl. Phys. B, 2004, 78: 257 – 260.

[24] Hsu S-H, Paoletti C, Torres M, et al. Light transmission of the marine diatom coscinodiscus wailesii. SPIE smart structures and materials + nondestructive evaluation and health monitoring. International Society for Optics and Photonics, 2012: 83390F – F – 8.

[25] Ingalls E, Whitehead K, Bridoux M C. Tinted windows: the presence of the UV absorbing compounds called mycosporine-like amino acids embedded in the frustules of marine diatoms. Geochim. Cosmochim. Acta, 2010, 74: 104 – 115.

[26] Noyes J, Sumper M, Vukusic P. Light manipulation in a marine diatom. J. Mater. Res., 2008, 23: 3229 – 3235.

[27] Yamanaka S, Yano R, Usami H, et al. Optical properties of diatom silica frustule with special reference to blue light. J. Appl. Phys., 2008, 103: 074701.

[28] Raven J A. The transport and function of silicon in plants. Biol. Rev., 1983, 58: 179 – 207.

[29] Sunda W G, Huntsman S A. Interrelated influence of iron, light and cell size on marine phytoplankton growth. Nature, 1997, 390: 389 – 392.

[30] Taylor A R. A fast Na^+/Ca^{2+}-based action potential in a marine diatom. PLoS One, 2009, 4: e4966.

[31] Boyd C M, Gradmann D. Electrophysiology of the marine diatom coscinodiscus wailesii III. uptake of nitrate and ammonium. J. Exp. Bot., 1999, 50: 461 – 467.

[32] Melkikh A, Bessarab D. Model of active transport of ions through diatom cell biomembrane. Bull. Math. Biol., 2010, 72: 1912 – 1924.

[33] Kamykowski D, Zentara S-J. Nitrate and silicic acid in the world ocean: patterns and processes. Mar. Ecol.: Prog. Ser., 1985, 26: 47 – 59.

[34] Wischmeyer A G, Del Amo Y, Brzezinski M, et al. Theoretical constraints on the uptake of silicic acid species by marine diatoms. Mar. Chem., 2003, 82: 13 – 29.

[35] Tortell P D, Reinfelder J R, Morel F M. Active uptake of bicarbonate by diatoms. Nature, 1997, 390: 243 – 244.

[36] Morel F M M, Hudson R J M, Price N. Limitation of productivity by trace metals in the sea. Limnol. Oceanogr, 1991, 36: 1742 – 1755.

[37] Hochella M F, Lower S K, Maurice P A, et al. Nanominerals, mineral nanoparticles, and earth systems. Science, 2008, 319: 1631 - 1635.

[38] Brenner B M, Hostetter T H, Humes H D. Glomerular permselectivity: barrier function based on discrimination of molecular size and charge. Am. J. Physiol.: Renal Physiol., 1978, 234: F60 - F455.

[39] Goodrich J S, Sanderson S L, Batjalrns I E, et al. Branchial arches of suspension-feeding oreochromis esculentus: sieve or sticky filter? J. fish Biol., 2000, 56: 858 - 875.

[40] Pralcash S, Piruska A, Gatimu E N, et al. Nanofluidics: systems and applications. IEEE Sens. J., 2008, 8: 441 - 450.

[41] Yu M, Falconer J L, Noble R D. Characterizing nonzeolitic pores in MFI membranes. Ind. Eng. Chem. Res., 2008, 47: 3943 - 3948.

[42] Mitchell J G, Seuront L, Doubell M J, et al. The role of diatom nanostructures in biasing diffusion to improve uptake in a patchy nutrient environment. PLoS One, 2013, 8: e59548.

[43] Seuront L. Hydrodynamic and tidal controls of small-scale phytoplankton patchiness. Mar. Ecol.: Frog. Ser., 2005, 302: 93 - 101.

[44] Mojica K D, van de Poll W H, Kehoe M, et al. Phytoplankton community structure in relation to vertical stratification along a north-south gradient in the northeast atlantic ocean. Limnol. Oceanogr, 2015, 60: 1498 - 1521.

[45] Reid Jr J L. Intermediate waters of the Pacific Ocean. DTIC Document, 1965.

[46] Smayda T J. Patterns of variability characterizing marine phytoplankton, with examples from Narragansett Bay. ICES J Mar. Sci.: J Cons., 1998, 55: 562 - 573.

[47] Conkright M E, Locarnini R A, Garcia H E, et al. World ocean atlas 2001: objective analyses, data statistics, and figures: cd-ram documentation, US department of commerce, national oceanic and atmospheric administration, national oceanographic data center. Ocean Climate Laboratory, 2002.

[48] Pasciak W J, Gavis J. Transport limitation of nutrient uptake in phytoplanktonl. Limnol. Oceanogr, 1974, 19: 881 - 888.

[49] Williams R G, Follows M J. Ocean dynamics and the carbon cycle: principles and mechanisms. Cambridge: Cambridge University Press, 2011.

[50] Stocker R. Marine microbes see a sea of gradients. Science, 2012, 338: 628 - 633.

[51] Batchelor G. Small-scale variation of convected quantities like ternperature in turbulent fluid Part 1. general discussion and the case of small conductivity. J. Fluid Mech., 1959, 5: 113 - 133.

[52] Jumars P A. Concepts in biological oceanography: an interdisciplinary primer. Limnol. Oceanogr., 1993, 38: 1842 - 1843.

[53] Karp-Boss L, Boss E, Jumars P. Nutrient fluxes to planlctonic osmotrophs in the presence of fluid motion. Oceanogr. Mar. Biol., 1996, 34: 71 - 108.

[54] Edwards K F, Thomas M K, Klausmeier C A, et al. Allometric scaling and taxonomic variation in nutrient utilization traits and maximum growth rate of phytoplankton. Limnol. Oceanogr, 2012, 57: 554 - 566.

[55] Maranon E. Cell size as a key determinant of phytoplankton metabolism and community structure. Ann. Rev. Mar. Sci., 2015, 7: 241 – 264.

[56] Verdy A, Follows M, Flierl G. Optimal phytoplankton cell size in an allometric model. Mar. Ecol.: Prag. Ser., 2009, 379: 1 – 12.

[57] Marbà N, Duarte C M, Agusti S. Allometric scaling of plant life history. Proc. Natl. Acad. Sci. USA, 2007, 104: 15777 – 15780.

[58] Kiørboe T. A mechanistic approach to plankton ecology. Princeton: Princeton University Press, 2008.

[59] Roberts A. Hydrodynamics of protozoan swimming. biochemistry and physiology of protozoa. Academic Press, Inc., New York, USA & London, 1981: 5 – 66.

[60] Smetacek V. Oceanography: the giant diatom dump. Nature, 2000, 406: 574 – 575.

[61] Menden-Deuer S, Lessard E J. Carbon to volume relationships for dinoflagellates, diatoms, and other protist plankton. Limnol. Oceanogr., 2000, 45: 569 – 579.

[62] Gradmann D, Boyd C M. Electrophysiology of the marine diatom Coscinodiscus wailesii IV: types of non-linear current-voltage-time relationships recorded with single saw-tooth voltage-clamp experiments. Eur. Biophys. J., 1999, 28: 591 – 599.

[63] Gradmann D, Boyd C M. Electrophysiology of the marine diatom Coscinodiscus wailesii II. Potassium currents. J. Exp. Bot., 1999, 50: 453 – 459.

[64] Gradmann D, Boyd C M. Three types of membrane excitations in the marine diatom coscinodiscus wailesii. J. Membr. Biol., 2000, 175: 149 – 160.

[65] Paasche E. Silicon and the ecology of marine plankton diatoms. II. silicate-uptake kinetics in five diatom species. Mar. Biol., 1973, 19: 262 – 269.

[66] Eppley R W, Thomas W H. Comparison of half-saturation constants for growth and nitrate uptake of marine phytoplankton. J. Phycol., 1969, 5: 375 – 379.

[67] Eppley R W, Rogers J N, McCarthy J J. Half-saturation constants for uptake of nitrate and ammonium by marine phytoplanktonl. Limnol. Oceanogr., 1969, 14: 912 – 920.

[68] Falkowski P G. Nitrate uptake in marine phytoplankton: comparison of half-saturation constants from seven speciesl. Limnol. Oceanogr., 1975, 20: 412 – 417.

[69] Wheeler P A, Glibert P M, McCarthy J J. Ammonium uptake and incorporation by chesapeake bay phytoplankton: short term uptake kineticsl. Limnol. Oceanogr., 1982, 27: 1113 – 1119.

[70] Harrison P J, Parslow J S, Conway H L. Determination of nutrient uptake klnetic parameters: a comparison of methods. Mar. Ecol.: Prog. Ser., 1989, 52: 301 – 312.

[71] Berg H C, Purcell E M. Physics of chemoreception. Biophys. J., 1977, 20: 193 – 219.

[72] Aksnes D, Egge J. A theoretical model for nutrient uptake in phytoplankton. Marine Ecology: Progress Series, 1991, 70: 65 – 72.

[73] Karp-Boss L, Jumars P A. Motion of diatom chains in steady shear flow. Limnol. Oceanogr., 1998, 43: 1767 – 1773.

[74] Lazier J, Mann K. Turbulence and the diffusive layers around small organisms. Deep-Sea Res., Part A, 1989, 36: 1721 – 1733.

［75］ Gavis J. Munk and riley revisited: nutrient diffusion transport and rates of phytoplankton growth. J. Mar. Res., 1976, 34: 161 - 179.

［76］ Guasto J S, Rusconi R, Stocker R. Fluid mechanics of planktonic microorganisms. Annu. Rev. Fluid Mech., 2012, 44: 373 - 400.

［77］ Munk W H. Absorption of nutrients by aquatic plants. J. Mar. Res., 1952, 11: 215 - 240.

［78］ Musielak M M, Karp-Boss L, Jumars P A, et al. Nutrient transport and acquisition by diatom chains in a moving fluid. J. Fluid Mech., 2009, 638: 401 - 421.

［79］ Gregg M. The microstructure of the ocean. Sci. Am., 1973, 228: 64 - 77.

［80］ Koehll M, Jumars P A, Karp-Boss L. Algal biophysics, 2003.

［81］ Kolmogorov A N. Dissipation of energy in locally isotropic turbulence. Dokl. Akad. Nauk SSSR, 1941: 16 - 18.

［82］ Mitchell J G, Okubo A, Fuhrman J A. Microzones surrounding phytoplankton form the basis for a stratified marine microbial ecosystern. Nature, 1985, 316: 58 - 59.

［83］ Tennekes H, Lumley J L. A first course in turbulence. Massachusetts: MIT press, 1972.

［84］ Hill P S. Reconciling aggregation theory with observed vertical fluxes following phytop lankton blooms. J. Geophys. Res.: Oceans, 1992, 97: 2295 - 2308.

［85］ Pahlow M, Riebesell U, Wolf-Gladrow D A. Impact of cell shape and chain formation on nutrient acquisition by marine diatoms. Limnol. Oceanogr., 1997, 42: 1660 - 1672.

［86］ Kim S, Karrila S J. Microhydrodynamics: principles and selected applications. New York: Dover Publications, 2005.

［87］ Eppley R W, Holmes R W, Strickland J D. Sinldng rates of marine phytoplankton measured with a fluorometer. J. Exp. Mar. Biol. Ecol., 1967, 1: 191 - 208.

［88］ Smayda T J. The suspension and sinking of phytoplankton in the sea. Oceanogr. Mar. Biol. Annu. Rev., 1970, 8: 353 - 414.

［89］ Smayda T J. Normal and accelerated sinking of phytoplankton in the sea. Mar. Geol., 1971, 11: 105 - 122.

［90］ Sournia A. Form and function in marine phytoplankton. Biol. Rev., 1982, 57: 347 - 394.

［91］ Miklasz K A, Denny M W. Diatom sinkings speeds: improved predictions and insight from a modified Stokes'law. Limnol. Oceanogr, 2010, 55: 2513 - 2525.

［92］ Moore J, Villareal T. Buoyancy and growth characteristics of three positively buoyant marine diatoms. Mar. Ecol.: Prog. Ser., 1996, 132: 203 - 213.

［93］ Anderson L W, Sweeney B M. Role of inorganic ions in controlling sedimentation rate of a marine centric diatom ditylum brightwelli1, 2. J. Phycol., 1978, 14: 204 - 214.

［94］ Gross F, Zeuthen E. The buoyancy of plankton diatoms: a problem of cell physiology. Proc. R. Soc. London, Ser. B, 1948, 135: 382 - 389.

［95］ Srajer J, Majlis B Y, Gebeshuber I C. Microfluidic simulation of a colonial diatom chain reveals oscillatory movement. Acta Bot. Croat., 2009, 68: 431 - 441.

［96］ Lewin J C. The dissolution of silica from diatom walls. Geochim. Cosmochim. Acta, 1961, 21: 182 - 198.

[97] Von Stosch H-A. Structural and histochemical observations on the organic layers of the diatom cell wall//Rossin R. Proceedings of the 6th International Symposium on Recent and Fossil Diatoms Budapest, Koenigstein, Germany, 1981: 231 - 252.

[98] Rosengarten G. Can we learn from nature to design membranes? The intricate pore structure of the diatom, ASME 2009 7th International Conference on Nanochannels, Microchannels, and Minichannels. American Society of Mechanical Engineers, 2009: 1371 - 1378.

[99] Nagasaki K. Dinoflagellates, diatoms, and their viruses. J. Microbial., 2008, 46: 235 - 243.

[100] Hamm C E, Merkel R, Springer O, et al. Architecture and material properties of diatom shells provide effective mechanical protection. Nature, 2003, 421: 841 - 843.

[101] Cardenas M B. Three-dimensional vortices in single pores and their effects on transport. Geophys. Res. Lett., 2008, 35: L18402.

[102] Barron W C, Young J A, Munson R E. New concep-thigh density brine filtration utilizing a diatomaceous earth filtration system. Proceedings-SPE Symposium on Formation Damage Control. Society of Petroleum Engineers of AIME, 1982: 29 - 45.

[103] Farrah S R, Preston D R, Toranzos G A, et al. Use of modified diatomaceous earth for removal and recovery of viruses in water. Appl. Environ. Microbiol., 1991, 57: 2502 - 2506.

[104] Schuler P F, Ghosh M M, Gopalan P. Slow sand and diatornaceous earth filtration of cysts and other particulates. Water Res., 1991, 25: 995 - 1005.

[105] Bhatta H, Kong T K, Rosengarten G. Diffusion through diatom nanopores. J. Nano Res., 2009: 69 - 74.

[106] Bhatta H, Enderlein J, Rosengarten G. Fluorescence correlation spectroscopy to study diffusion through diatom nanopores. J. Nanosci. Nanotechnol., 2009, 9: 6760 - 6766.

[107] Carbajal-Tinoco M D, Lopez-Fernandez R, Arauz-Lara J L. Asym-metry in colloidal diffusion near a rigid wall. Phys. Rev. Lett., 2007, 99: 138303.

[108] Hale M S, Mitchell J G. Motion of submicrometer particles dominated by Brownian motion near cell and microfabricated surfaces. Nano Lett., 2001, 1: 617 - 623.

[109] Hale M S, Mitchell J G. Effects of particle size, flow velocity, and cell surface microtopography on the motion of submicrometer particles over diatoms. Nano Lett., 2002, 2: 657 - 663.

[110] Stroock A D, Dertinger S K W, Ajdari A, et al. Chaotic mixer for microchannels. Science, 2002, 295: 647 - 651.

[111] Kettner C, Reimann P, Hänggi P, et al. Drift ratchet. Phys. Rev. E, 2000, 61: 312 - 323.

[112] Klaus M, Frank M, Ulrich G. Particle transport in asymmetrically modulated pores. New J. Phys., 2011, 13: 033038.

[113] Matthias S, Muller F. Asymmetric pores in a silicon membrane acting as massively parallel brownian ratchets. Nature, 2003, 424: 53 - 57.

[114] Herringer J W, Lester D R, Dorrington G E, et al. Can diatom pores act as drift ratchets? J. R. Soc., Interface, 2017.

第 3 章

硅藻表面纳米工程的新兴应用

范德纳·维纳亚克(Vandana Vinayak),

哈塔米·布拉博·乔希(Khashti Ballabh Joshi),

理查德·戈登(Richard Gordon),博努瓦·舍夫勒(Benoit Schoefs)

3.1 引言

　　硅藻是单细胞微藻的组成部分,它们贡献了地球上约 25% 的初级生产[1-2]。硅藻的三维外壳(硅藻壳体)是由二氧化硅构成,可用于诸多从微观尺度到纳米尺度的纳米工程产品或模板,硅藻壳体可以被视为自然界的纳米工程师,它们激发了仿生制造的进程[3-5],硅藻壳体的大小从 1 μm 到 5 mm,孔径从 50 nm 到 1 μm 不等,这使得它们在纳米技术中受到研究者的广泛关注[6-7],其主要应用于压印光刻、生物传感器、化学太阳能电池、纳米传感器等[8-10]。他们具有图案多孔结构[见图 3.1(a)],并且根据硅藻两侧和中心的对称性将它们分为两类[11-12]。硅藻壳体由两部分组成,他们以类似于培养皿的方式相互配合,外部较大的一部分为下壳,内部较小的一部分为上壳[见图 3.1(b)][13]。每个膜由一个瓣膜和一个或多个带环组成。在复制过程中,每个子细胞在细胞内的硅沉积囊泡(SDV)中合成新的膜,一个用于每个瓣膜,一个用于每个束带。由于 SDV 与以前的壳体相适应,它们通常在每次分裂时更小。每一次分裂时缩小的尺寸通过偶尔的有性繁殖得以恢复[3,11,13](见图 3.1)。

　　非晶态二氧化硅粒子是由二氧化硅运输囊泡输送到 SDV 的外围,然后在 SDV 内部被胞吞,其中二氧化硅胶体聚集[1]形成一般光滑和烧结的表面[3,14]。某些二氧化硅相关成分加速硅酸聚合。这些化合物是与腐胺连接的长链多肽,这种聚阳离子多肽被称为硅烷蛋白。例如,附着在赖氨酸残基的 ε-氨基基团上的长链多胺被合并成三种圆筛藻(格式圆筛藻,威式圆筛藻,星脐圆筛藻)[7]。在以氟化氢从

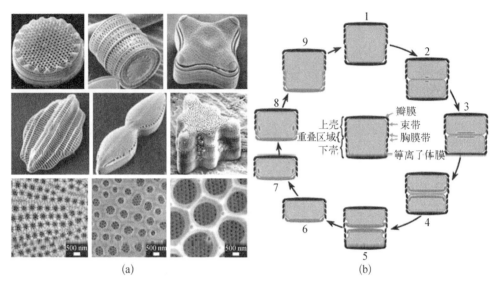

图 3.1　硅藻壳体的生物起源

(a) 不同种类硅藻壳体的扫描电镜图,顶部和中部的图像提供了硅藻壳体的概况,而底部的图像显示了不同的孔隙模式;(b) 硅藻壳体分裂的示意图,灰色区域代表原生质体,而黑色线条代表二氧化硅

圆筛藻中提取这些化合物时,长链多胺占主导地位,而与硅烷蛋白相关的肽不存在。在格式圆筛藻和威式圆筛藻中,长链多胺在格式圆筛藻中以 16 -丙胺单元为中心,而在威式圆筛藻以 19 -丙胺单元为中心,表明了多胺类化合物在生物二氧化硅纳米模式中的物种特异性[7]。活的和死的硅藻在纳米材料科学中都扮演着重要的角色。活硅藻的多孔结构是通过对金、镉、钛、锗等金属的代谢工程或在微流体、传感器、芯片实验室技术和制药工程中使用原位制造技术来改变的[15-19]。硅藻的硅衍生物对农药有很大的降解作用[15]。硅藻壳体形态的改变有助于污染物的生态监测[16-18]。硅藻生物燃料可在减少化石燃料消耗方面发挥重要作用[3,19]。

其中硅藻化石是硅藻土(DE)的沉积物[20]。DE 是几种硅藻物种的化石遗骸与黏土、泥土和矿物的混合物。诺贝尔在 1867 年用 DE 制作炸药,这是一种使用 DE 吸收碳酸钠稳定剂的硝化甘油爆炸混合物[21]。自然生成的 DE 成分不均匀是因为它具有不同孔径和形状的破碎硅藻壳体。同时,DE 在水过滤装置中有着广泛的应用,可以制造为特定等级的过滤器。

硅藻壳体中孔尺寸大小决定 DE 的渗透性,因此,一种特别的硅藻种群被用来制备均匀的 DE 混合物,如具有 $0.5\sim0.6~\mu m$ 孔径大小的海链藻或其他大于 $2.5~\mu m$ 孔径的相关物种[22]。硅藻壳体的孔径可以通过改变温度[3]或盐浓度[23]、掺杂镍[24]、锗[25-26]、盐[27]或二氧化钛[28]以及基因工程等纳米工程方法。根据孔径大小,可以实现对目标分子的选择性过滤。所述微孔可涂有所需要的药物或受体,并可作为运输特定尺寸分子的合适载体。硅藻壳体也可以用于生物相容性移植[29]。

3.2 光刻：硅藻的仿生结构

二氧化硅壳体已被开创性的利用金属和聚合物对其在材料科学、纳米生物技术和微流体中进行操作和转化。就这一点而言，硅藻作为仿生结构的自然模板，可有助于制造廉价和环保的光刻模板。材料工程师利用硅藻的不同几何形状，使用硅藻模板进行压印光刻。使用硅藻进行光刻的方法为纳米压印光刻，其中软光刻技术使用聚二甲基硅氧烷（PDMS Sylgard 184），在涂有聚合物的玻璃表面上模拟硅藻的微观和纳米形态图案，从而产生反向的硅藻复制品[30]。圆筛藻二氧化硅壳体呈马蜂窝状几何结构，由呈六边形排列的垂直网孔壁组成。蜂房的顶部和底部是由具有许多特定穿孔的平板构成。他们在生物二氧化硅纳米化的过程中加入了多胺，两个复制步骤是，首先使用软树脂（如 PDMS），然后将软 PDMS 图案转移到硬的紫外可固化聚合物上［如 NOA60（诺兰德光学胶黏剂 60）］[30]。以这种方式形成的复制品可以用于许多纳米级的装置（如生物传感装置、纳米生物反应器等）。Stefano[31] 的研究表明，在不同的卵形藻中的微纳米有序排列可以作为光刻工艺的模板。例如，假边卵形藻瓣膜可以作为微通道研究的模板。硅藻壳体的几何结构被转化为新的成分，通过碳热还原将硅藻的预制体转化为新的氧化物或抗氧化物的复合材料，可以用于某些特定的应用，并保留了原始物种的形态特征[32-33]。在 900℃下与气态镁反应 4 h 后，海链藻壳体保留了完整的形状[32]。

3.2.1　纳米压印光刻（NIL）

NIL 是一种可以用廉价和无缺陷的模板来获得印迹的技术。有两种不同的方法来形成 NIL 模板。第一种是使用软光刻技术。在这项技术中，硅藻基模板是由硅藻单一栽培并且硅藻的有机物质已经用浓酸去除了。在这一过程中，硅藻壳体分离成两个瓣膜，然后瓣膜旋转涂覆在玻璃基板上以暴露其内外表面。在软光刻法中，低黏度的树脂穿透孔洞。用软树脂制成的复制品比用软 PDMS 制成的更好。将软图案转移到硬聚合物上是实现正向复制的最后一个步骤（见图 3.2）。

一种单一培养的圆筛藻经过 98% 的浓硫酸彻底处理后，在 65℃ 水浴中加热 40 min，以确保有机物完全去除。随后用去离子水清洗和漂洗，将硅藻瓣膜与束带分离[35]。随后，无菌硅藻瓣膜注入硅片上以实现硅藻的"上凹"的单层。干燥的单层膜用作模板光刻和电子束金沉积的掩模。形成的纳米到亚微米尺度的硅藻结构在表面增强拉曼散射（SERS）、表面修饰以减少 MEMS/NEMS 器件的摩擦以及使用金纳米修饰的基底调控生物传感器的疏水性和亲水性等方面具有广泛的应用[36-39]。利用硅藻壳体在亚微米到纳米尺度的大面积刻印的机械方法作为下一代纳米制造工具具有巨大的潜力。

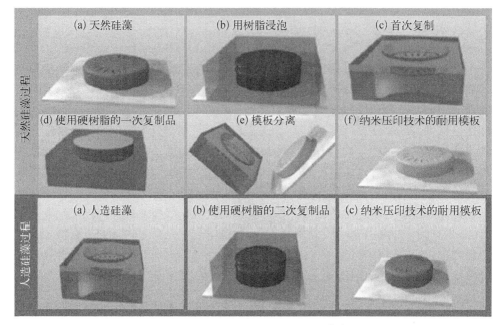

图 3.2　硅藻细胞的正向复制过程[34]

天然硅藻模板复制：(a)首先通过软光刻(b)复制,然后反转的第一次的复制品(c)被复制(d)~(f)。人造硅藻模板复制:对于耐用的硬模板 NIL(纳米压印光刻),人造硅藻模板显示的是逆向设计(a),只需要复制一次即可获得耐用的 NIL 硬模板(b)和(c)

　　虽然天然复制的过程很简单,但也存在一定的局限性。天然模板的形成需要硅藻单一培养物的制备,需要进一步专业知识和保持温度、湿度、光照和无菌环境条件的实验室条件。此外,从商业上讲,可用单一栽培不适合大量的细胞,也没有效益[40]。另一个缺点是由于单株栽培是通过无性繁殖形成的,细胞的大小会随着细胞的每一次分裂而减小,因此细胞大小不均匀。完整的和高质量的模板进一步需要大量完整和干净的壳体。然而,清洗过程会导致大量硅藻的破坏。另一个问题就是硅藻的团聚及杂质也会影响硅藻的排列,为了达到单层的而不是浇筑的硅藻,Jeffrey 等[41]在氢氧化钠清洁过的 FTO(氟掺杂氧化锡)板上种植了活的单层硅藻,在保留无机纳米结构的前提下,用氧等离子体蚀刻去除了硅藻中生物有机化合物。硅藻以这种方式生长在 FTO 板上,形成无随机取向的微尺度和纳米尺度模板。活的硅藻在 FTO 板上形成多层结构,当温和冲刷时,多层结构的上层脱落,在FTO 板上留下一个定向良好的图案单层结构。

3.2.2　三维激光光刻(3DLL)

　　采用三维激光光刻技术制作硅藻形态结构的正、反设计(见图3.3)。在这项

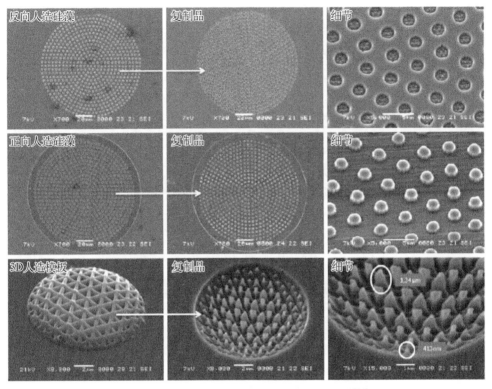

图 3.3　受硅藻启发的正反向复制品几何图形[34]

技术中,用丙酮和 IPA(异丙醇)或氧等离子体清洁过的玻璃表面涂上光敏树脂,然后用三维激光蚀刻技术进行蚀刻。

　　三维激光光刻需要复杂的平板图案,例如基于双光子吸收的 3D 激光光刻(3DLL)。使用 CAD(计算机辅助设计)软件(Rhinoceros 4.0, McNeel)设计人工硅藻结构。通过观察 SEM 图进行初步设计,得到相应的 CAD 模型。在一种名为 Rhinoceros 的 CAD 模型中得到了很好组织和设计的硅藻形状(见图 3.4)。该仪器通过高空间分辨率的双光子聚合将三维形状加密到感光材料上。写入的激光波长(780 nm)与光刻胶的光谱吸收范围不重叠。

　　由于激光扫描速度的影响,人工硅藻模板与天然硅藻模板存在微小的偏差。在速度小于 50 μm·s^{-1}时,激光写入设计与 CAD 模板很吻合。所有人造模板形状均匀,稳定性好,重复性好。但是人造模板的制备过程也有一定的局限性,这是因为使用 3DLL 制作人造硅藻模板的过程受到从微米到亚微米尺寸的限制。从平方毫米到平方厘米的面积范围内,每个人造硅藻都是由激光单独写入的,这是一个非常稳定和可再生的过程。然而,有一个互补的大面积图案化方法被称为激光干涉光刻(LID),由于它应用了多道干扰激光束,所以 LIL 速度很慢,扫描区域从亚微米

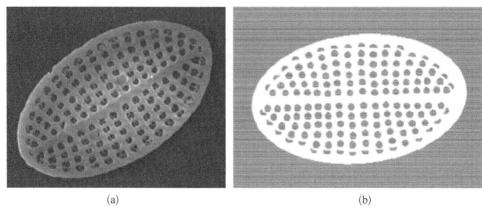

(a)　　　　　　　　　　　　　　　　(b)

图 3-4　硅藻形状[34]

(a) 3DLL；(b) 负色调抗蚀剂的几何逆模型

到平方厘米。因此 LIL 有助于制造复杂的结构,安排和模拟不同孔径的硅藻结构,例如威式圆筛藻[42]。硅藻基仿生结构的潜在应用包括机械保护[43]、气体和营养物质交换,例如在 10 万多种大小在 1 μm 到 5 mm 的硅藻中,只有少数硅藻(如伪矮海链藻、三角褐指藻、隐秘小环藻、梭形筒柱藻、舟形藻和海洋硅藻)的完整基因组进行测序[44-49]。了解硅藻的基因组可能会提供一个巨大的机会来改变硅藻的孔径大小,以满足各种生物启发的纳米结构所需的几何形状/结构[7,50]。

3.3　生物模板：蛋白质定向的模板形成

与所有涉及化学和热加工的光刻工艺不同,蛋白质的胶凝作用于二氧化硅三维(3D)结构的仿生制造,并且复制模板的体积没有变化。这项技术在体外沉淀二氧化硅,而不是使用来自硅藻的二氧化硅[51]。在这种掩模导向的多光子光刻(MDML)方法中,一种 3D 写入技术被用于用户定义架构[52-53]的快速原型制作。脉冲激光聚焦在数字镜装置(DMD)上,该装置反射三维物体的一系列二维(2D)图像切片,这种反射进一步落在蛋白质光敏剂溶液上,形成三维蛋白质水凝胶结构。如图 3.5 所示,通过 AFM 进一步监视蛋白质支架向二氧化硅和进一步向硅的化学转化[51]。使用正硅酸甲酯(TMOS)水解在 1 mmol/L 的盐酸中得到硅酸,以 BSA(牛血清白蛋白)、抗生物素蛋白和溶菌酶为原料,在不同 pH 下制备浓缩蛋白质支架获得硅。蛋白质导向的二氧化硅模板的最佳制备 pH 为 2~3[54],然后在 500℃ 煅烧 3 h 去除蛋白质以获得二氧化硅复制品。

虽然在模拟硅藻的天然和人工模板方面已经取得了很大的进展,但利用天然硅相关的生物分子在体外复制类硅产品特征方面的研究却很少。Khripin 等[51]利用 MDML 技术制作硅藻模板,从而形成三角形的人造"硅藻"中二氧化硅结构。

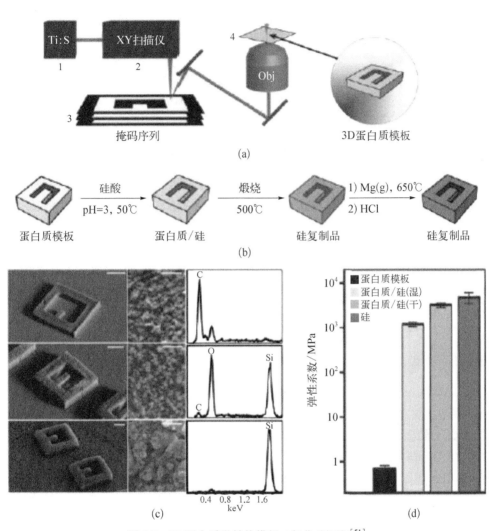

图 3.5 3D 蛋白质微结构模板二氧化硅沉积[51]

(a) 蛋白质模板制作的简化示意图;锁相 Ti:S 激光器(1)的输出在描述 3D 对象的 2D 反射图像(3 个,由数字微镜设备显示)的整个截面上进行光栅扫描(2),将掩模的反射率聚焦到蛋白质制造溶液中以在基板上产生 3D 微观结构(4);(b) 蛋白质微观结构-模板二氧化硅缩合形成蛋白质/二氧化硅杂化结构,500 ℃煅烧可除去蛋白质成分,剩下二氧化硅仿品,并通过镁的镁热还原法转化为硅胶;(c) 蛋白质,二氧化硅和硅微悬臂梁的 SEM 图(从上到下的左图,比例尺为 10 μm),更高分辨率的表面形貌(中图,比例尺为 1 μm)以及相应的 EDS 光谱(右图面板显示相对强度);(d) 通过 AFM 在相应的悬臂上测量蛋白质,蛋白质/二氧化硅(干湿)和二氧化硅材料的弹性模量,并使用悬臂梁模型进行分析

3.3.1　芯片实验室技术

微尺度全分析系统(μTAS)或芯片上实验室(LOC)技术的发展利用了硅藻壳体表面的游离羟基,它们可以与抗体共价连接从而作为强健稳定的药物载体。多孔硅藻壳体使得生物分子可以很容易地通过,小到直径 7 nm 的 BSA 生物分子,因此是各种靶向抗原抗体标记方法的药物传递载体。Townley 等[35]研究了抗体通过初级胺基与硅藻体的共价连接。硅藻壳体富含负电羟基基团和氨基基团,与 3 -氨基丙基三乙氧基硅烷(APS)共孵育,其中 APS 是专门为固定硅藻而设计的二氧化硅表面抗体。由于 APS 没有反应官能团,因此它用 N - 5 -叠氮基 3 -硝基苯甲酰氧琥珀酰亚胺(ANB - NOS)交联剂标记。该交联剂促进了抗体在二氧化硅表面上的强力结合。因此,当 IgY 抗体与改性硅藻孵育时,它们会被牢牢地束缚住[35]。Townley 等[35]证明了抗体的碳水化合物部分也可以通过抗体的 Fc 区(部分结晶区)的羟基氧化而拴在硅藻表面上形成醛。该方法还可与小鼠抗微管蛋白和继代山羊抗小鼠 IgG - HRP(免疫球蛋白 G 辣根过氧化物酶)结合。除了结合单个生物分子外,双抗体还可以在硅藻表面进行标记,并通过共聚焦显微镜用荧光素异硫氰酸酯(FTTC)进行检测。硅藻的改性硅壁实际上起到了 μTAS(微尺度总分析系统)作用,其抗体阵列用于免疫沉淀等。硅藻制造的硅模板价格低廉、易于复制、坚固耐用和机械强度高并且只需要基本用于生长的营养物质和光照。

3.3.2　肽和二氧化钛在硅藻壳体中沉积

Jeffryes 等[55]研究了通过在硅藻质二氧化硅表面添加多肽涂层 PLL(聚赖氨酸)来增强钛在硅藻表面的沉积[56]。当 PLL 已经吸附到 TiO_2 上时,TiO_2 在预包覆的 TiO_2 上的沉积量可以进一步增加。当 PLL 被均匀的固定在硅藻壳体上时,TiO_2 可以均匀吸附在所有硅藻壳体表面,促进 PLL 介导 Ti - BALDH(钛双乳酸二氢铵)沉淀制备 TiO_2[57]。另一方面,Kumar 等[58]使用生物素色氨酸肽段来促进金纳米颗粒(AuNPs)与死亡硅藻的结合。此外,由于染料敏化太阳能电池(DSSCs)[59]的高介电对比度,研究人员提出了聚赖氨酸促进掺杂 TiO_2 的硅藻提高染料敏化太阳能电池的效率。硅藻壳体的三维纳米生物工程在纳米材料和生物光子学方面有着广泛的应用。硅藻壳体的硅-肽结构对不同种类的有机和无机材料具有结合力,如金属纳米颗粒和短肽两亲体,这种沉积导致硅藻表面形成精确的纳米阵列结构。Kumar 等[58]利用生物素化的双色氨酸肽段研究了该肽段与硅藻的相互作用。该肽在有机溶剂和水有机溶剂中呈囊泡状形态,并且也为金、银等贵金属纳米粒子的合成提供了模板。光谱和显微分析证实了该肽与硅藻表面具有良好的结合力。这种相互作用的 AFM 图像显示了肽泡的纳米阵列(见图 3.6)。这种肽的仿生模式清楚地表明,这类合成肽可以作为各种硅藻介导应用纳米颗粒的载体。

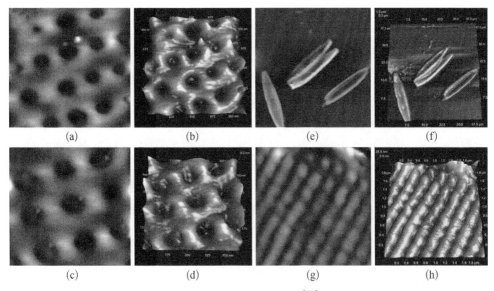

图 3.6　肽泡的纳米阵列[58]

左图：开孔的高分辨率原子力显微图像(a)和对应的 3D 显微照片(b)，描绘了扩张子孔的均匀有序排列，(c)为(a)和(d)的高分辨 2D 图像以及相应的 3D AFM(原子力显微镜)图，显示了肽的选择性和精确沉积，该沉积始于硅藻孔附近和内部(标记为箭头)；右图：长时间使用生物素化肽处理后硅藻的 AFM 显微照片，(e) 充满了肽囊泡的完整硅藻的 2D 图像，(f) 相应的 3D 图像，(g) 硅藻壳体的高分辨率 2D 和(h) 相应的 3D 图像，表明硅藻表面上形成了分层纳米阵列而硅藻结构不受影响

　　Kumar 等[58]展示一个重要的亮点，即纳米颗粒的热等离子体热可能会打开壳体的孔，使硅藻体内的油流出，为通过生物插入金纳米颗粒使硅藻出油而获得生物燃料提供了一个简单而经济的模型[60]。这种沉积可用于促进金纳米粒子(AuNPs)与死亡硅藻的结合，并可用于各种硅藻介导的应用。

3.4　太阳能电池(热/电/生物燃料)

　　生物二氧化硅图层在材料科学中有着广泛的应用。前期对生物嵌入钛[56,69]、银[61]和金[28]形成金属生物复制物进行了讨论。利用气固反应从氧化锆[62]、Mg_2-Si(s)[63-64]和 TiO_2[65-66]中形成生命必需的生物二氧化硅藻壳体被它们在玻璃基板上的随机取向限制了。如前所述[41]，在 FTO 玻璃板上制造天然硅藻复制品是非常有利的，它们可以提高太阳能电池应用的能源效率。尽管硅藻壳体的无定形二氧化硅不是一种很好的半导体材料，但已经证明二氧化钛涂层可以提高壳体的半导体效率，并在包括太阳能电池在内的许多器件中发挥作用。在改良的 f/2 培养基中，代谢插入发生在两个阶段的培养过程中[67]，该培养基在表面掺杂钛用于染料敏化太阳能电池的热电产生[68]。显微镜和光谱研究也证实了二氧化钛纳米粒子的掺入。

图 3.7 显示了在不改变其他参数的情况下,钛在沉积过程中精确地融入孔隙中形成纳米阵列。这是一种构建用于电流、热量和生物燃料发电的活性硅藻太阳能电池的有效方法。Jeffryes 等[41,69] 和 Gautam 等[68] 演示了通过两步培养使钛代谢插入活硅藻来构建硅藻染料敏化太阳能电池(DSSC)。结果表明,与未掺杂的硅藻壳体制成的对照 DSSC(4.20%)相比,掺钛的 DSSC 的功率效率(9.45%)是后者的两倍。他们还利用放大器研究了电流形式下的功率效率。此外,从 DSSC 产生的电流会破坏硅藻细胞,使油从中流出。Reep 等[70] 还利用脉冲电流刺穿微藻的壳体来产生油,而实际上并没有杀死它们[57]。据推测,如果硅藻 DSSC 太阳能电池中活着的硅藻细胞产生一个电流脉冲,这就会刺穿细胞让油从细胞中流出,而不会杀死细胞。因此,在活的硅藻中代谢插入钛并制造一个活的 DSSC 可能是一种更便宜和可替代的方法,它可以形成一个太阳能电池用于收集油而不杀死细胞。一旦活着的硅藻被转化成有生命的 DSSC,产生的电流将破坏硅藻的壳体并足以提取藻

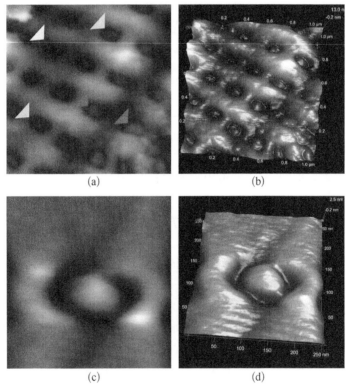

图 3.7　钛处理后的谷皮菱形硅藻的原子力显微镜图[68]

(a)表明二氧化钛的沉积非常精确和有选择性,这在相应的 3D 图(b)中也清晰可见;(c)和(d)Ti 填充孔的 2D 和 3D 放大图

类细胞中的液体而不杀死细胞。图 3.8 所示为生物法制备的二氧化钛(TiO_2)在谷皮菱形藻中的 DSSC 模型。

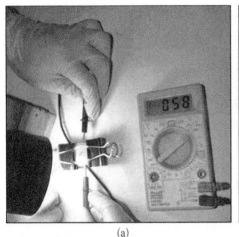

(a)

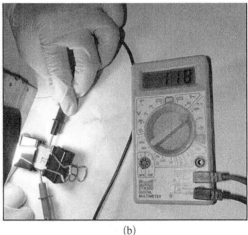

(b)

(c)

图 3.8　生物法制备的二氧化钛在谷皮菱形藻中的 DSSC 模型[68]

由没有硅藻壳体的对照 DSSC(a)和具有 TiO_2 掺杂硅藻壳体的测试 DDSC(b)产生的电流，该实验清楚地表明，由 TiO_2 掺杂的硅藻制成的 DSSC 比对照 DSSC 更有效；(c) 通过将 TiO_2 代谢插入含有光敏染料钌和电解质中游离碘离子的 f/2 介质中而制备的硅藻作为 DSSC 的模型，该假设模型表明在有光的情况下，硅藻会渗出油，同时会产生电脉冲

因此，这种简单、高效、实用的肽基材料和二氧化钛纳米粒子与硅藻在生理条件下相互作用的方法可以提高硅藻油的产量。这种类型的相互作用和均匀的无机/有机材料的沉积/插入对于硅藻生物燃料的生产非常有用，并且可以作为

一种独特的能源/集光组件模型。此外,这种特殊类型的杂化结构由于其具有稳定性而易于操作,因此也可用于各种疾病的诊断和治疗。这些结果可能会引起人们极大的兴趣,而且这将生物燃料作为可持续能源的生产提供一种新的模式。

3.5 无机纳米材料的合成

硅藻表面可以用纳米粒子进行操纵,具有广泛的应用前景。除此之外,由于硅藻材料在生物化学、物理、生物医学和磁性等方面的特性,硅藻纳米粒子和纳米材料工程的生物合成在集成电路中有着广泛的应用[71-76]。硅藻纳米颗粒生物合成的关键生物分子是光合色素岩藻黄素。在多晶银纳米粒子(SNPs)的生物合成中起还原剂的作用,它首先在双眉硅藻中被研究[77]。虽然各种物理化学方法可用于诸多纳米粒子的制备,但是它们不能生物降解及危险的性质导致了化学污染[78]。因此,近年来纳米粒子的绿色合成由于其在生物标记、太阳能电池表面涂层、电子器件、表面增强拉曼散射(SERS)、玻璃和陶瓷着色颜料以及抗菌试剂等方面的广泛应用而受到广泛关注。多晶银纳米颗粒在生物医学应用中具有优势,因为它们在低浓度时非常有效,可用于消灭抗生素耐药菌。在众多细菌、放线菌、真菌、植物提取物和光合藻类等生物资源中,活的或死的硅藻被开发用来进行纳米生物材料的合成。金属纳米颗粒(MNPs)在硅藻中的生物合成机制尚不清楚[79]。Jena等[79]首次在双眉硅藻水细胞提取物中通过光依赖反应研究了色素岩藻黄素在多晶银纳米颗粒生物合成中的作用。根据Jena等提出的方案,将硅藻水细胞提取物与硝酸银在明暗条件下(明暗分别为16 h、8 h)孵育,并用丙酮提取硅藻细胞颗粒。以正己烷和乙酸乙酯(体积比为60:40)为洗脱剂对丙酮提取物进行薄层色谱,在薄层色谱(TLC)板上得到一种称为纯岩藻黄质的黄色化合物,该化合物被收集、干燥并溶解于丙酮中用于SNP的合成。溶液提取物由浅黄色变为褐色,表明SNP开始形成[79]。紫外-可见光谱通过观察到中心在430 nm的比表面等离子体共振(SPR)波段,进一步证实了生物合成和SNPs的形成。

图3.9所示岩藻黄素的结构在C7处的双烯丙基碳和两个羟基,这是一种还原剂和有效的抗氧化剂[80-81]。Schröfel等[82]通过实验研究了金纳米颗粒在四氯金酸盐(HAuCl$_4$)中对蔷薇藻和舟形藻培养物的作用。在随后的潜伏期,即起始的12 h后,在细胞小球中出现了AuNPs。两种藻类的光学显微镜图显示有一个特征的颜色变化[见图3.10(c)和(d)],表明与对照样品相比,测试的硅藻样品中存在AuNPs。

透射电子显微镜(TEM)图证实了纳米粒子的形状和尺寸在两种硅藻菌株中是不同的。与DG合成的NPs(22 nm)相比,NA合成的NPs(9 nm)更小,更均匀,并且

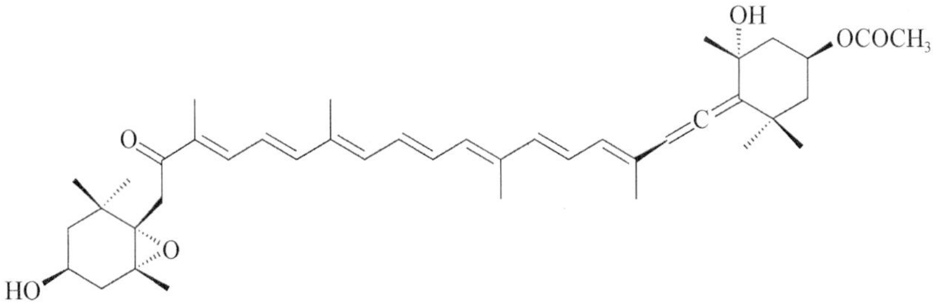

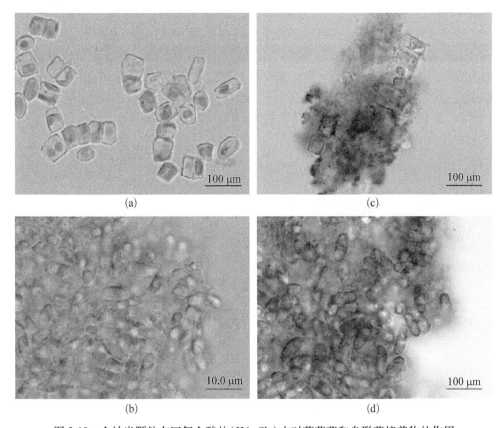

图 3.9 岩藻黄素的结构

图 3.10 金纳米颗粒在四氯金酸盐(HAuCl₄)中对蔷薇藻和舟形藻培养物的作用

(a)用四氯金酸盐培养 12 h 前;(b)孵育 12 h 后的蔷薇藻(DG)和舟形藻(NA)的光学图;(c)和(d)为光学显微镜下两种藻类的光学图

尺寸范围更广[82]。然而,SEM 研究了 NPs 的空间分布,发现 NPs 在 DG 中的分布更加松散和密集,并且观察到 NPs 嵌入的壳体相邻的胞外多糖表面(EPS)的纤维网络。

3.6 氧化物基纳米颗粒

氧化物基纳米颗粒生物合成的生物来源可以是细菌、硅藻或其他藻类。Bellini[83]报道了沿磁场线游动的水生运动细菌;这些细菌被命名为趋磁细菌(MTB)[84-85]。据报道,从巴西里约热内卢[77]附近的湖中分离得到的绿色微藻属衣藻和巴西东北部红树林沼泽中的一种茴香裸藻属已被证实具有趋磁行为[86]。人们发现 MTB 携带 Fe_3O_4(磁铁矿)或被称为磁小体的 Fe_3S_4(硫复铁矿)的磁性纳米晶体,它们使地球磁场中的细胞排列成一条直线。

莱茵衣藻和微拟球藻是基因工程上的趋磁微藻,它们表达对细菌亚铁转运蛋白 MagA 编码的核酸,MagA 在铁转运中起作用,其他基因编码存在于 MTB 胞内膜的细菌磁铁矿结合蛋白 Mms6 中。MT(趋磁)微藻的优点之一是可以使用磁铁将发酵罐或光生物反应器(PBR)中的 MT 微藻与体相分离。例如,如果对 MT 硅藻进行榨取,且在磁场作用于含有 MT 微藻的 PBR 附近时,PBR 培养基中的脂质可以从细胞中分离出来,如图 3.11 所示[86-88]。

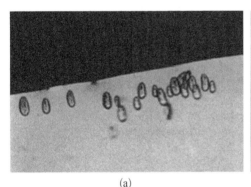
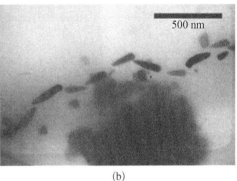

(a)　　　　　　　　　　　　　　(b)

图 3.11　磁场中的异鞭藻细胞的特性

(a) 异鞭藻细胞对外部磁场的反应;(b) 显示 Fe_3O_4 NP 的单个细胞内的磁小体链

除此之外,磁性纳米颗粒在润滑油、打印、磁共振成像(MRI)和生物分离热疗等方面具有广泛的应用前景[89-94]。磁性超顺磁性纳米粒子可以固定在硅藻的壳体上。Losic 等[95]用多巴胺修饰氧化铁纳米颗粒,使其在 Fe_3O_4 表面形成稳定的阳离子锚定物。二羟基苯丙氨酸的伯胺可与感兴趣的分子进一步固定,作为微载体应用于药物输送。磁铁矿覆盖的硅藻壳体不仅有助于增加血液中囊泡的半衰期,从而用于各种生物医学设备,而且 MTD(趋磁硅藻)也有助于从液体溶剂中去除磷酸盐,其去除率是野生硅藻的 9 倍[87]。

3.7 结论

本章我们介绍了许多纳米工程材料表面的探索方法,并着重介绍了一些用于生物技术应用的纳米材料合成的例子。硅藻表面可以通过有机和无机材料纳米工程制成,因此它们最终可能作为"芯片上的实验室",例如用于检测抗体、疾病标记和其他化学物质等。通过对硅藻表面进行理想的化学改性和生物功能化,可以制备出一种新型的生物活性二氧化硅纳米结构,这种结构可以与多种生物分子结合,这些杂化纳米结构在纳米器件的制备领域为传感应用开辟了全新的、令人振奋的研究方向。各种光刻技术可用于表面具有有机和无机材料硅藻的制备。将基本的测试溶液与纯化的硅藻培养,可以精确和选择性地沉积金属和氧化物,从而形成各种无机材料基纳米器件、纳米传感器和高效催化剂,可以用于多种生物和化学过程。此外,工程硅藻具有从能源生产到医药的广泛应用范围。硅藻还被认为是新一代光学和太阳能电池的潜在候选材料,硅藻表面的特定金属涂层可以捕获比标准涂层多几倍的电子。

参 考 文 献

[1] Gordon R, Losic D, Tiffany M A, et al. The glass menagerie: diatoms for novel applications in nanotechnology. Trends Biotechnol., 2009, 27: 116 - 122.

[2] Field C B, Behrenfeld M J, Randerson J T, et al. Primary production of the biosphere: integrating terrestrial and oceanic components. Science, 1998, 281: 237 - 240.

[3] Parkinson J, Gordon R. Beyond micromachining: the potential ofdiatoms. Trends Biotechnol., 1999, 17: 190 - 196.

[4] Gordon R, Parkinson J. Potential roles for diatomists in nanotechnology. J. Nanosci. Nanotech., 2005, 5: 35 - 40.

[5] Yang W, Lopez P J, Rosengarten G. Diatoms: self assembled silica nanostructures, and templates for bio/chemical sensors and biomimetic membranes. Analyst, 2011, 136: 42 - 53.

[6] Kern W. The evolution of silicon wafer cleaning technology. J. Electrochem. Soc., 1990, 137: 1887 - 1892.

[7] Sumper M. A phase separation model for the nanopatterning of diatom biosilica. Science, 2002, 295: 2430 - 2433.

[8] Losic D, Mitchell J G, Voelcker N H. Diatomaceous lessons innanotechnology and advanced materials. Adv. Mater., 2009, 21: 2947 - 2958.

[9] Lin K-C, Kunduru V, Bothara M, et al. Biogenic nanoporous silica-based sensor for enhanced electrochemical detection of cardiovascular biomarkers proteins. Biosens. Bioelectron., 2010,

25: 2336 - 2342.

[10] Gordon R. Diatoms and nanotechnology: early history and imagined of future as seen through patents. The Diatoms: Applications for the Environmental and Earth Sciences, 2010, 2: 585 - 602.

[11] Round F E, Crawford R M, Mann D G. Diatoms: biology and morphology of the genera. Cambridge: Cambridge University Press, 1990.

[12] Hoek V D C, Jahns H, Mann D. Algen, george thieme verlag. Stuttgart, 1993.

[13] Kröger N, Poulsen N. Diatoms-from cell wall biogenesis to nano gantechnology. Annu. Rev. Genet., 2008, 42: 83 - 107.

[14] Gordon R, Drum R W. The chemical basis of diatom morphogenesis. Int. Rev. Cytol., 1994, 150: 243 - 372.

[15] Metcalf R L, Sangha G K, Kapoor I P. Model ecosystem for the evaluation of pesticide biodegradability and ecological magnification. Environ. Sci. Technol., 1971, 5: 709 - 713.

[16] Gautam S, Pandey L K, Vinayak V, et al. Morphological and physiological alterations in the diatom Gomphonema pseudoaugur due to heavy metal stress. Ecol. Indic., 2017, 72: 67 - 76.

[17] Pandey L K, Kumar D, Yadav A, et al. Morphological abnormalities in periphytic diatoms as a tool for biomonitoring of heavy metal pollution in a river. Ecol. Indic., 2014, 36: 272 - 279.

[18] Gold C, Feurtet-mazel A, Coste M, et al. Effects of cadmium stress on periphytic diatom communities in indoor artificial streams. Freshwater Biol., 2003, 48: 316 - 328.

[19] Ramachandra T, Mahapatra D M, Gordon R. Milking diatoms for sustainable energy: biochemical engineering versus gasoline-secreting diatom solar panels. Ind. Eng. Chem. Res., 2009, 48: 8769 - 8788.

[20] Whitehouse J. Geologic evolution of miocene diatomite occurences. New South Wales, Australia, Zeomin Technologies Pty. Ltd., 2015: 53.

[21] Quarles W. Diatomaceous earth for pest control. IPM Pract., 1992, 14: 1 - 11.

[22] Kilham S S. Relationship of phytoplankton and nutrients to stoichiometric measures. Heidelberg: Springer, 1990: 403 - 413.

[23] Vrieling E G, Sun Q, Tian M, et al. Salinity-dependent diatom biosilicification implies an important role of external ionic strength. Proc. Nat. Acad. Sci., 2007, 104: 10441 - 10446.

[24] Townley H E, Woon K L, Payne F P, et al. Modification of the physical and optical properties of the frustule of thediatom Coscinodiscus wailesii by nickel sulfate. Nanotechnology, 2007, 18: 295101.

[25] Chiappino M L, Azam F, Volcani B. Effect of germanic acid on developing cell walls of diatoms. Protoplasma, 1977, 93: 191 - 204.

[26] Azam F, Hemmingsen B B, Volcani B E. Germanium incorporation into the silica of diatom cell walls. Arch. Microbiol., 1973, 92: 11 - 20.

[27] Gordon R, Brodland G W. On square holes in pennate diatoms. Diatom Res., 1990, 5: 409 - 413.

[28] Losic D, Triani G, Evans P J, et al. Controlled pore structure modification of diatoms by atomic

layer deposition of TiO₂. J. Mater. Chem., 2006, 16: 4029 - 4034.

[29] Jung E K, Langer R, Leuthardt E C. Diatom device. Google Patents, US Patent 8, 354, 258, 2013.

[30] Losic D, Mitchell J G, R. Lal, et al. Rapid fabrication of micro-and nanoscale patterns by replica molding from diatom biosilica. Adv. Funct. Mater., 2007, 17: 2439 - 2446.

[31] De Stefano L, De Stefano M, De Tommasi E, et al. A natural source of porous biosilica for nanotech applications: the diatoms microalgae. Phys. Status Solidi C, 2011, 8: 1820 - 1825.

[32] Sandhage K H, Dickerson M B, Huseman P M, et al. Novel, Bioclastic route to self-assembled, 3D, chemically tailored meso/nanostructures: shape-preserving reactive conversion of biosilica (diatom) microshells. Adv. Mater., 2002, 14: 429 - 433.

[33] Breslin M, Ringnalda J, Xu L, et al. Processing, microstructure, and properties of co-continuous alumina-aluminum composites. Mater. Sci. Eng., A, 1995, 195: 113 - 119.

[34] Belegratis M, Schmidt V, Nees D, et al. Diatom-inspired templates for 3D replication: natural diatoms versus laserwritten artificial diatoms. Bioinspiration Biomimetics, 2013, 9: 016004.

[35] Townley H E, Parker A R, White-cooper H. Exploitation of diatomfrustules for nanotechnology: tethering active biomolecules. Adv. Funct. Mate., 2008, 18: 369 - 374.

[36] Cottin-Bizonne C, Barrat J-L, Bocquet L, et al. Low-friction flows of liquid at nanopatterned interfaces. Nat. Mater., 2003, 2: 237 - 240.

[37] Maitra T, Antonini C, der Mauer M A, et al. Hierarchically nanotextured surfaces maintaining superhydrophobicity under severely adverse conditions. Nanoscale, 2014, 6: 8710 - 8719.

[38] Städler B, Solak H H, Frerker S, et al. Nanopatterning of gold colloids for label-free biosensing. Nanotechnology, 2007, 18: 155306.

[39] Atwater H A, Polman A. Plasmonics for improved photovoltaic devices. Nat. Mater., 2010, 9: 205 - 213.

[40] Chepurnov V A, Mann D G, Von Dassow P, et al. In search of new tractable diatomsfor experimental biology. BioEssays, 2008, 30: 692 - 702.

[41] Jeffryes C S. Biological insertion of nanostructured germanium and titanium oxides into diatom biosilica. Corvallis: Oregon State University, 2010.

[42] Lasagni A, Menendez-ormaza B. Two-and three-dimensional micro-and sub-micrometer periodic structures using two-beam laser interference lithography. Adv. Eng. Mater., 2010, 12: 54 - 60.

[43] Hamm C E, Merkel R, Springer O, et al. Architecture and material properties of diatom shells provide effective mechanical protection. Nature, 2003, 421: 841 - 843.

[44] Falciatore A, Casotti R, Leblanc C, et al. Transformation of nonselectable reporter genes in marine diatoms. Mar. Biotechnol., 1999, 1: 239 - 251.

[45] Armbrust E V, Berges J A, Bowler C, et al. The genome of thediatom Thalassiosira pseudonana: ecology, evolution, and metabolism. Science, 2004, 306: 79 - 86.

[46] Poulsen N, Berne C, Spain J, et al. Silica immobilization of anenzyme through genetic engineering of the diatom Thalassiosira pseudelderonana. Angew. Chem., Int. Ed., 2007, 46: 1843 - 1846.

[47] Fischer H, Robl I, Sumper M, et al. Targeting and covalent modification of cell wall and membrane proteins heterologously expressed inthe diatom Thalassiosira pseudonana (Bacillariophyceae). J. Phycol., 1999, 35: 113 – 120.

[48] Apt K E, Grossman A, Kroth-Pancic P. Stable nuclear transformation of the diatom Phaeodactylum tricornutum. Mol. Gen. Genet., 1996, 252: 572 – 579.

[49] Heydarizadeh P, Marchand J, Chenais B, et al. Functional investigations in diatoms need moreatomthan a transcriptomic approach. Diatom Res., 2014, 29: 75 – 89.

[50] Bozarth A, Maier U-G, Zauner S. Diatoms in biotechnology: modern tools and applications. Appl. Microbiol. Biotechnol., 2009, 82: 195 – 201.

[51] Khripin C Y, Pristinski D, Dunphy D R, et al. Protein-directed assembly of arbitrary three-dimensional nanoporous silica architectures. ACS Nano, 2011, 5: 1401 – 1409.

[52] Kaehr B, Shear J B. Mask-directed multiphoton lithography. J. Am. Chem. Soc., 2007, 129: 1904 – 1905.

[53] Nielson R, Kaehr B, Shear J B. Microreplication and design of biological architectures using dynamic-mask multiphoton lithography. Small, 2009, 5: 120 – 125.

[54] Connell J L, Wessel A K, Parsek M R, et al. Probing prokaryotic social behaviors with bacterial "lobsterAltaictraps". mBio., 2010, 1: e00202 – e00210.

[55] Jeffryes C, Gutu T, Jiao J, et al. Peptide-mediated deposition of nanostructured TiO_2 into the periodic structure of diatom biosilica. J. Mater. Res., 2008, 23: 3255 – 3262.

[56] Li H, Jeffryes C, Gutu T, et al. Peptide-mediated deposition of nanostructured TiO_2 into the periodic structure of diatom biosilica and its Integration into the fabrication of a dye-sensitized solar cell device. MRS Proceedings, Cambridge Univ Press, 2009, 1189: MM02 – MM05.

[57] Roddick-lanzilotta A D, McQuillan A J. An in situ infrared spectrocopic investigation of lysine peptide and polylysine adsorption to TiO_2 from aqueous solutions. J. Colloid Interface Sci., 1999, 217: 194 – 202.

[58] Kumar V, Gupta S, Rathod A, et al. Biomimetic fabrication of biotinylated peptide nanostructures upon diatom scaffold: a plausible model for sustainable energy. RSC Adv., 2016, 6: 73692 – 73698.

[59] O'regan B, Grätzel M. A low-cost, high-efficiency solar cell based on dye-sensitized colloidal TiO_2 films. Nature, 1991, 353: 737 – 740.

[60] Vinayak V, Manoylov K, Gateau H, et al. Diatom milking: a review and new approaches. Marine Drugs, 2015, 13: 2629 – 2665.

[61] Payne E K, Rosi N L, Xue C, et al. Sacrificial biological templates for the formation of nanostructured metallic microshells. Angew. Chem. Int. Ed., 2005, 44: 5064 – 5067.

[62] Shian S, Cai Y, Weatherspoon M R, et al. Three-dimensional assemblies of zirconia nanocrystals via shape preserving reactive conversion of diatom microshells. J. Am. Ceram. Soc., 2006, 89: 694 – 698.

[63] Cai Y, Allan S M, Sandhage K H, et al. Three-dimensional magnesia-based nanocrystal assemblies via low-temperature magnesio-thermic reaction of diatom microshells. J. Am.

Ceram. Soc., 2005, 88: 2005 – 2010.

[64] Szczech J R, Jin S. Mg₂Si nanocomposite converted from diatomaceous earth as a potential thermoelectric nanomaterial. J. Solid State Chem., 2008, 181: 1565 – 1570.

[65] Unocic R R, Zalar F M, Saros P M, et al. Anatase assemblies from algae: coupling biological self-assembly of 3D nanoparticle structures with synthetic reaction chemistry. Chem. Commun., 2004, 7: 796 – 797.

[66] Lytle J C, Yan H, Turgeon R T, et al. Multistep, low-temperature pseudomorphic transformations of nanostructured silica to titania via a titanium oxyfluoride intermediate. Chem. Mater., 2004, 16: 3829 – 3837.

[67] Vinayak V, Gordon R, Gautam S, et al. Discovery of a diatom that oozes oil. Adv. Sci. Let., 2014, 20: 1256 – 1267.

[68] Gautam S, Kashyap M, Gupta S, et al. Metabolic engineering of TiO₂, nanoparticles in nitzschia palea to form diatom nanotubes: an ingredient forsolar cells to produce electricity and biofuel. RSC Adv., 2016, 6: 97276 – 97284.

[69] Jeffryes C, Gutu T, Jiao J, et al. Metabolic insertion of nanostructured TiO₂ into the patterned biosilica of the diatom Pinnularia sp. by a two-stage bioreactor cultivation process. ACS Nano, 2008, 2: 2103 – 2112.

[70] Reep P, Green M P. Procedure for extracting of lipids from algae without cell sacrifice. Google Patents, US Patent Application 20120040428 A1, 2011.

[71] De M, Ghosh P S, Rotello V M. Applications of nanoparticles in biology. Adv. Mater., 2008, 20: 4225 – 4241.

[72] Jain P K, Huang X, El-Sayed I H, et al. Noble metals onthe nanoscale: optical and photothermal properties and some applications in imaging, sensing, biology, and medicine. Acc. Chem. Res., 2008, 41: 1578 – 1586.

[73] Boisselier E, Astruc D. Gold nanoparticles in nanomedicine: preparations, imaging, diagnostics, therapies and toxicity. Chem. Soc. Rev., 2009, 38: 1759 – 1782.

[74] Shipway A N, Katz E, Willner I. Nanoparticle arrays on surfaces foremelectronic, optical, and sensor applications. ChemPhysChem, 2000, 1: 18 – 52.

[75] Cuenya B R. Synthesis and catalytic properties of metal nanoparticles: size, shape, support, composition, and oxidation state effects. Thin Solid Fims, 2010, 518: 3127 – 3150.

[76] Guo S, Wang E. Noble metal nanomaterials: controllable synthesis and application in fuel cells and analytical sensors. Nano Today, 2011, 6: 240 – 264.

[77] Dahoumane S A, Mechouet M, Wijesekera K, et al. Algae-mediated biosynthesis of inorganic nanomaterials as a promising route in nanobiotechnology-a review. Green Chem., 2017, 19: 552 – 587.

[78] Amaladhas T P, Usha M, Naveen S. Sunlight induced rapid synthesis and kinetics of silver nanoparticles using leaf extract of Achyranthes aspera L. and their antimicrobial applications. Adv. Mater: Lett., 2013, 4: 779 – 785.

[79] Jena J, Pradhan N, Dash B P, et al. Mediated biogenic synthesis of silver nanoparticles using

diatom Amphora sp. and its antimicrobial activity. J. Saudi Chem. Soc., 2015, 19: 661 - 666.

[80] Yan X, Chuda Y, Suzuki M, et al. Fucoxanthin as the major antioxidant in Hijikia fusiformis, a common edible seaweed. Biosci. Biotechnol. Biochem., 1999, 63: 605 - 607.

[81] Gateau H, Solymosi K, Marchand J, et al. Carotenoids of microalgae used in food industry and medicine. Mini-rew. Med. Chem., 2017, 17: 1140 - 1172.

[82] Schröfel A, Kratosova G, Bohunicka M, et al. Biosynthesis of gold nanoparticles using diatoms-silica-gold and EPS-gold, bionanocomposite formation. J. Nanopart. Res., 2011, 13: 3207 - 3216.

[83] Bellini S. Ulteriori Studi Sui "Batteri Magnetosensibili" Salvatore Instituto di Microbiologia dell'universita di Pavia, 1963.

[84] Frankel R B, Papaefthymiou G C, Blakemore R P, et al. Fe_3O_4 precipitation in magnetotactic bacteria. Biochim. Biophys. Acta-Mol. Cell Res., 1983, 763: 147 - 159.

[85] Blakemore R P. Magnetotactic bacteria. Annu. Rev, Microbiol., 1982, 36: 217 - 238.

[86] De Araujo F T, Pires M, Frankel R B, et al. Magnetite and magnetotaxis in algae. Biophys. J., 1986, 50: 375 - 378.

[87] Toster J, Kusumawardani I, Eroglu E, et al. Superparamagnetic imposed diatom frustules for the effective removal of phosphates. Green Chem., 2014, 16: 82 - 85.

[88] Dahoumane S A, Wujcik E K, Jeffryes C. Noble metal, oxide and chalcogenide-based nanomaterials from scalable phototrophic culture systems. Enzyme Microb. Technol., 2016, 95: 13 - 27.

[89] Weller D, Doerner M F. Extremely high-density longitudinal magnetic recording media. Annu. Rev. Mater. Sci., 2000, 30: 611 - 644.

[90] Yoon T J, Yu K N, Kim E, et al. Specific targeting, cell sorting, and bioimaging with smart magnetic silica core-shell nanomaterials. Small, 2006, 2: 209 - 215.

[91] Willner I, Katz E. Magnetic control of electrocatalytic and bioelectrocatalytic processes. Angew Chem. Int. Ed., 2003, 42: 4576 - 4588.

[92] Hinds K A, Hill J M, Shapiro E M, et al. Highly efficient endosomal labeling of progenitor and stem cells withlarge magnetic particles allows magnetic resonance imagingels. Blood, 2003, 102: 867 - 872.

[93] Doyle P S, Bibette J, Bancaud A, et al. Self-assembled magnetic matrices for DNA separation chips. Science, 2002, 295: 2237.

[94] Veiseh O, Gunn J W, Zhang M. Design and fabrication of magneti nanoparticles for targeted drug delivery and imaging. Adv. Drug Delivery Rev., 2010, 62: 284 - 304.

[95] Losic D, Yu Y, Aw M S, et al. Surface functionalisation of diatoms with dopamine modified ironoxide nanoparticles: toward magnetically guided drug microcarriers with biologically derived morphologies. Chem. Commun., 2010, 46: 6323 - 6325.

第4章

硅藻细胞培养的细胞壳体功能化的光电性质

罗勒(G. L. Rogger)

4.1 引言

硅藻是一种单细胞藻类,它的细胞壁由生物二氧化硅构成,被称为"细胞壳体",这些壳体在亚微米和纳米尺度上形成复杂的图案。例如,图 4.1 显示了从羽纹藻属中分离出来的分层结构。这个硅藻壳体具有一个亚微米尺度(200 nm)有序的矩形孔阵列和一个在纳米尺度有序的次级孔阵列。生物二氧化硅固相本身也具有纹理、纳米结构的表面形态。

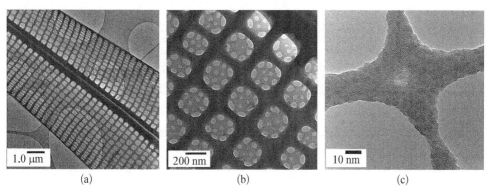

(a)	(b)	(c)

图 4.1 从羽纹藻中分离出的生物二氧化硅的透射电子显微镜(TEM)图[22]

(a)亚微米孔结构;(b)纳米级细孔结构;(c)细孔内的生物二氧化硅纳米结构

人们在快速发展的"硅藻纳米技术"领域寻求利用活硅藻细胞的独特能力来制造具有独特性质的分层生物二氧化硅结构,然后赋予这种纳米结构材料特殊的功能,以实现其广泛的应用。自 2007 年以来,许多研究都集中在硅藻纳米技术的各个方面,从基础生物学到器件应用。

新兴应用领域包括冷光显示器、太阳能电池和光响应涂层或器件[1],用于氧化有机废水[2]或将水分解为氢气的光催化剂[3]以及各种其他微器件光电材料[4]。生物纳米技术和生物医学的新兴应用领域包括靶向药物输送[5-6]和生物传感[7-8]。因此,硅藻纳米技术可能对社会许多重要的领域产生影响,包括可再生能源、废物处理和医疗保健。

尽管硅藻壳体自组装的过程为仿生纳米材料的合成提供了深刻的见解[9],但目前的纳米结构自组装技术不能复制硅藻细胞生物合成所提供的精确度和再现性[10]。由硅藻细胞制造的壳体是纳米技术应用中可再生、分层纳米材料的可持续来源,因为活细胞能够从地球上丰富的元素、光和二氧化碳中自我复制相同的纳米结构[11]。这些材料也是在环境条件下使用环保工艺生产的。

光电子学领域研究的是具有发射、调制、传输和感测光的光学和电学特性的材料。光电子学利用光的量子力学效应影响电子材料,特别是半导体。硅藻壳体生物二氧化硅本身并不是半导体材料。然而,硅藻壳体生物二氧化硅具有两种固有而独特的光学性质。首先,硅藻壳体具有光子性质,这在最近的一篇综述中得到了强调[12]。例如,威氏圆筛藻的胞体具有类似于二维光子晶体的高度有序的孔阵列,并且具有光子和光学特性,这可以被应用于波导和光学换能器[13]。此外,如果壳体材料包含具有更高介电对比度的半导体二氧化钛,那光子带隙就会出现[12-13]。其次,硅藻壳体具有光致发光特性,从培养的硅藻细胞中分离出来的壳体在紫外光激发下发出强烈的蓝光,光致发光的强度取决于壳体的纳米结构[14]。

虽然硅藻壳体在纳米尺度上是错综复杂的图案,但它仍然主要由非晶态 SiO_2 组成,其材料性能有限。因此,需要新的方法对硅藻衍生的纳米结构进行功能化,以扩大其有用性能的范围。为了使硅藻壳体能够用于广泛的纳米技术和生物纳米技术应用,生物二氧化硅必须以一种保留或适当修改天然分级纳米结构的方式进行功能化。为此,有两个主要途径来提高硅藻质二氧化硅的性能。

第一种途径是赋予硅藻壳体半导体、光电、光催化或电化学性质。这可以通过将金属相、类金属相或金属氧化物相嵌入到分层的壳体结构中来实现。具有这些特性的纳米复合硅藻可以在光电子器件或光催化中得到应用。为此,生物方法利用硅藻细胞的生物矿化能力,通过代谢将金属直接插入到硅藻纳米结构中,而化学方法则依赖于金属在硅藻晶体表面的共形沉积。

第二种途径是用生物分子来功能化纳米结构的硅藻壳体,这些生物分子作为分子识别元件应用于纳米生物技术和生物医学,包括靶向药物传递[5-6]和生物传感[7-8]。为此,硅藻质二氧化硅的表面硅醇基团可以与诸如胺基的活性部分进行化学功能化,以促进它们与生物分子的交联[15]。硅藻细胞也可以通过基因工程的方式在壳体表面上表达生物分子[16]。

　　本章重点介绍了自 2007 年以来硅藻壳体在上述纳米技术应用中的功能化方面的进展,特别侧重于它们的光电特性。图 4.2 展示了实现这些应用程序的途径,并强调了本章的关键思路。共同的出发点是利用硅藻细胞培养来制造纳米结构的生物二氧化硅壳体。本章介绍的生物学方法强调金属氧化物纳米相的代谢插入到活硅藻细胞正在发育的生物二氧化硅壳体中,而化学方法强调半导体纳米相可控地沉积到生物二氧化硅壳体上,特别是通过基于溶液的过程。本章还强调了用生物分子功能化硅藻质二氧化硅的尝试。为了与本章的光电特性主题保持一致,本章还强调了生物分子与纳米结构硅藻壳体的相互作用如何改变光致发光特性,以实现独特的生物传感应用。最后对纳米硅藻球体功能化这一新兴领域如何向前发展提出了建议。

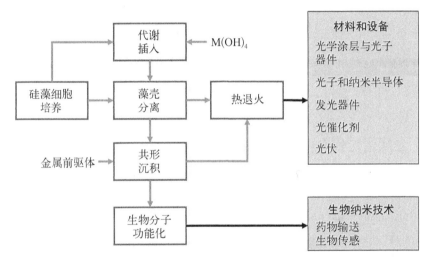

图 4.2　硅藻生物和化学功能化实现光电和生物纳米技术应用的途径(M＝Si,Ge,Ti)

4.2　金属在硅藻壳体中的代谢插入

　　本节描述了金属在活硅藻细胞中的代谢插入,以及将纳米光电或半导体特性赋予硅藻土(硅藻质生物二氧化硅)纳米复合材料的后处理步骤。

4.2.1　二氧化硅生物矿化

　　利用硅藻细胞的生物矿化能力,通过代谢方式将金属氧化物插入到壳体纳米结构中。研究者报道了硅藻中二氧化硅的生物矿化过程,这为硅藻细胞中硅的吸收、生物二氧化硅组装成复杂的纳米孔结构提供了有价值的见解,并对这些过程的基因结构进行了概述[10,17-19]。二氧化硅生物矿化主要过程概述如下。硅藻二氧化硅细胞壁在细胞分裂前通过吸收以 $Si(OH)_4$（硅酸）形式存在的可溶性硅进行生物合成。并在硅沉积囊泡（SDV）内缩合成生物二氧化硅，从而实现硅藻细胞的生物合成。$Si(OH)_4$ 通过壳体中的硅转运通道（SIT）进入细胞，然后向 SDV 扩散。低于一个阈值溶解的 Si 浓度，通常是 30 μmol/L，Si 通过 SIT 吸收是活跃的。在较高的 Si 浓度下，分子扩散是主要的输运方式，作为质量传递的场地，可溶性的硅凝聚成固体的二氧化硅。

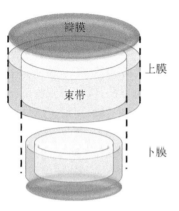

图 4.3　硅藻壳体的结构成分

SDV 形成于细胞分裂的平面，位于细胞分裂的两侧。$Si(OH)_4$ 向 SiO_2 的转化是由 SDV 内的"硅烷"蛋白调控的。在 SDV 内，沉积过程也被模板化，将纳米结构的二氧化硅前驱体自组装成具有复杂孔阵列的细胞壁结构，每个壳体包括两个排列在一起的上、下两部分（见图 4.3）。每个膜包含一个瓣膜，形成了细胞壁表面，围绕着瓣膜有一个壳环带，它会在细胞分裂后继续形成。在细胞分裂后，每个子细胞在分裂平面上都有一个新的膜，旧的膜层从母细胞上继承下来。

4.2.2　金属通过代谢插入硅藻细胞的策略

将金属插入硅藻壳体中的主要策略是用类似于 $Si(OH)_4$ 的可溶性金属四氢氧化物喂养硅藻细胞，因为硅转运体是为这种基板设计的[20]。候选金属包括含锗（Ge）的 $Ge(OH)_4$，含钛（Ti）的 $Ti(OH)_4$。表 4.1 比较了 $Si(OH)_4$ 和 $Ge(OH)_4$ 在水溶液中的溶解性和形态参数。推测金属（M）必须以四羟基形式进入硅藻细胞，即 $M(OH)$ 类似于 $Si(OH)_4$。图 4.4 给出了 $Si(OH)_4$ 和 $Ge(OH)_4$ 与溶液 pH（0.5 mol/L 的 NaCl）的平衡形态。在 pH 为 7~10 的培养条件下，$Si(OH)_4$ 和 $Ge(OH)_4$ 的有效性存在显著性差异，这是在金属吸收过程中必须考虑的因素。羟基钛在水溶液中的形态比 Si 和 Ge 复杂，但在 pH>6 时，以 $Ti(OH)_4$ 为主要存在形式的可溶性钛仅微溶于水中[21]。在水溶液中形成稳定的金属四羟基的其他元素，如 $Ga(OH)_4^-$ 形式的镓，也是潜在的候选元素。

表 4.1　$Si(OH)_4$ 和 $Ge(OH)_4$ 的水形态分析

参　数	可溶性 Si	可溶性 Ge
可溶性形式	$Si(OH)_4$（从无定形 SiO_2 中溶解）	$Ge(OH)_4$（从六边形 GeO_2 中溶解）
溶解度	1.5 ~ 1.7 mmol/L，20℃ 海水[82-83] 1.9 mmol/L in H_2O at 20℃[83]	43 mmol/L，25℃[84-85]水

续 表

参 数	可溶性 Si	可溶性 Ge
化学形态[21]	$Si(OH)_4 \rightleftharpoons Si(OH)_3O^- + H^+$ $pK_{a,1} = 9.66(H_2O, 25℃)$ $pK_{a,1} = 9.51(0.5\ mol/L\ NaCl, 25℃)$ $Si(OH)_3^- \rightleftharpoons Si(OH)_2(O)_2^{-2} + H^+$ $pK_{a,2} = 11.70(H_2O, 25℃)$ $pK_{a,2} = 12.37(0.5\ mol/L\ NaCl, 25℃)$	$Ge(OH)_4 \rightleftharpoons Ge(OH)_3O^- + H^+$ $pK_{a,1} = 8.59(H_2O, 25℃)$ $pK_{a,1} = 9.02(0.5\ mol/L\ NaCl, 25℃)$ $Ge(OH)_3O^- \rightleftharpoons Ge(OH)_2(O)_2^{-2} + H^+$ $pK_{a,2} = 12.72(H_2O, 25℃)$ $pK_{a,2} = 11.96(0.5\ mol/L\ NaCl, 25℃)$

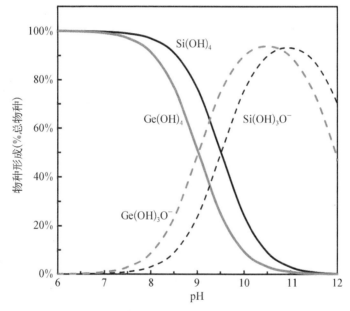

图 4.4 $Si(OH)_4$ 和 $Ge(OH)_4$ 在 25℃,0.5 mol/L NaCl 水溶液中的形态

　　代谢插入过程如图 4.5 和图 4.6 所示。在硅藻壳体中加入锗或钛有两种工艺要求。首先,硅藻细胞最初必须处于缺乏硅的状态,在这种状态下,介质中没有可溶硅,而且由于缺乏硅的存在,硅藻细胞的分裂已经停止。其次,$Si(OH)_4$ 和 $Ge(OH)_4$[或 $Ti(OH)_4$]必须与缺硅硅藻细胞共同培养。在缺硅硅藻细胞悬液中加入的 $Si(OH)_4$ 的含量要保证至少一次细胞分裂。外源金属,如 $Ge(OH)_4$ 或 $Ti(OH)_4$,按一定的 Si:Ge 或 Si:Ti 比例加入硅藻中。在一次细胞分裂后,每个子细胞都会有一个含有掺杂金属的新壳体。表 4.2 提供了已发表的将金属代谢插入活硅藻壳体的研究综述,本章后面将重点介绍这些研究。

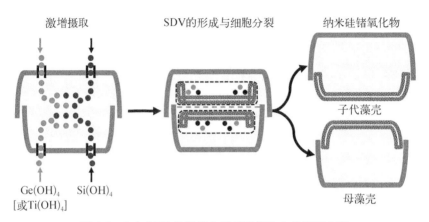

图 4.5 Ge(或 Ti)代谢插入活硅藻细胞内的假定方案

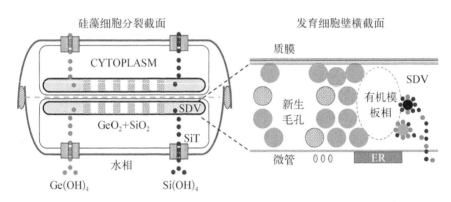

图 4.6 硅藻细胞共吸收 Si(OH)$_4$ 和 Ge(OH)$_4$ 或 Ti(OH)$_4$ 的假定方案

表 4.2 将金属和金属氧化物插入活硅藻细胞的纳米生物二氧化硅壳体中

金属	有机体	传 输 方 式	合并与形态	年份	参考文献
Ti	羽纹硅藻 (UTEX B679)	灌注加成 0.85~7.3 μmol Ti 每升每小时 & 48 μmol Si 每升每小时	2.3 g Ti 每 100 g SiO$_2$ 细孔结构中的靶向钛沉积 孔隙结构无变化	2008	[23]
	魏氏海藻	0.2~2.0 mmol/L TiBALDH（无 Si），逐步加法	0.24~0.34 Ti∶Si（11~16 g Ti 每 100 g SiO$_2$） 孔隙结构无变化	2013	[42]
	羽纹硅藻 (UTEX B679)	逐滴加法 130 μmol/L Si+3.8 μmol/L Ti	2.4 g Ti 每 100 g SiO$_2$ 孔隙结构无变化	2015	[43]

续　表

金属	有机体	传 输 方 式	合并与形态	年份	参考文献
Ti	羽纹硅藻	0.06 ~ 0.44 mmol/L Ti-BALDH(无 Si)	10.4 g Ti 每 100 g SiO_2	2016	[2]
Ge	羽纹硅藻	共加成 Si+Ge	生物二氧化硅中含 1% 质量分数 Ge	2008	[22]
	(UTEX B679)	(125∶1 to 14∶1 mol Si∶Ge)	去除细孔隙结构		
	三棱硅藻	共加成 Si+Ge (55∶1 to 16∶1 mol Si∶Ge)	生物二氧化硅中含 0.5%质量分数 Ge 将阵列合并为纳米梳阵列	2008	[30]
	偏心海链藻	共加成 Si+Ge (100∶1 to 20∶1 mol Si∶Ge)	生物二氧化硅中含 0.5%质量分数 Ge	2008	[29]
	辐节藻	共加成 Si+Ge(2∶1 & 1∶1 mol Si∶Ge)	Ge 含量未提供 无孔隙结构	2011	[34]
	尖针杆藻	共加成 Si+Ge(20∶1 mol Si∶Ge)	4.0 g Ge 每 100 g SiO_2	2012	[35]
Eu	舟形藻	共加成 Si+Eu (4∶1 mol Si/mol Eu)	600℃ 退火后 SiO_2 上的 Eu_2O_3 相	2013	[46]
Al	冠盖藻	0.01~1.0 mmol/L (Al∶Si 质量比 1∶10 ~ 10∶1)	Al∶Si 质量比 1∶15 孔隙结构的变化	2013	[44]
Ni	圆筛藻	0.003~0.032 mmol/L Ni	Ni 含量没有指定 老化孔径和形状	2007	[45]

4.2.3　硅藻细胞的后处理

　　从硅藻细胞中分离出细胞壳体并激活硅藻纳米复合材料细胞壳体的半导体或光电特性的处理步骤如图 4.2 所示。通过不同的环境温度处理,可以去除细胞壳体中有机细胞物质。分离完整二氧化硅细胞壳体的过程包括水氧化与过氧化氢[22]或洗涤剂[23]处理。对于附着在惰性表面的细胞,低温氧等离子体处理[24]或甲醇萃取与紫外线/臭氧处理相结合,可用于将与细胞壳体结合的有机物氧化为CO_2。纳米复合材料在孤立的完整的细胞壳体中由非晶金属氧化物组成。

　　在空气中热退火激活了掺杂 Ge 锗氧化物的细胞壳体的光致发光性能[25]和掺杂TiO_2的细胞壳体的半导体特性[26]。

4.2.4　锗通过代谢插入

在水溶液中,溶解的 GeO_2 会形成 $Ge(OH)_4$。有报道称,在溶解的 SiO_2 存在下,溶解的 GeO_2 可以抑制硅藻细胞的分裂,其抑制程度取决于溶解的 GeO_2 浓度、可溶性硅锗比和硅藻种类[27]。以 $Ge(OH)_4$ 形式存在的可溶性 Ge 可被硅藻细胞吸收,但没有可溶性的 Si,细胞内的 Ge 也不能与细胞壳体相结合[28-29]。

可溶性硅与锗(Ge)以 $Si(OH)_4$ 和 $Ge(OH)_4$ 的形式共喂给缺硅的硅藻细胞中,并将 Ge 并入到生物二氧化硅中。例如,使用可扩展的光生物反应器过程,以代谢方式将纳米 Ge 插入到羽纹藻属中,锗的质量分数为 0.25% ~ 1.0%[22]。使用同样的过程将 Ge 插入到谷皮菱形藻中[30]。栽培过程分两个阶段进行。在第一阶段,硅藻细胞培养到缺硅状态。第二阶段,将可溶性硅[溶解的 Na_2SiO_3 在培养中稀释后为 0.5 mmol/L $Si(OH)_4$ 溶液]和锗[溶解的 GeO_2 形成的 $Ge(OH)_4$ 的浓缩溶液]且 Si 和 Ge 以摩尔比为 125∶1 ~ 14∶1 同时注入缺硅的细胞培养中。硅的输送足以促进一个细胞分裂 Ge 吸收。在第二阶段,可溶性硅和锗通过激增吸收过程被输送到缺硅硅藻细胞中,而 Ge 的吸收先于 Ge 与细胞壳体的合成。

用双氧水处理从硅藻细胞中分离出完整的细胞壳体,并通过扫描透射电镜和能量色散 X 射线光谱(STEM - EDS)对其进行了表征。对壳体从新分裂的细胞中分离出的细胞壳体进行元素扫描后发现,Ge 均匀地与生物二氧化硅结合。通过 X 射线光电子能谱(XPS)鉴定出 Ge 氧化物的分子形态为无定形的 GeO_2 和 GeO 的混合物[25]。

4.2.5　锗氧化物通过代谢插入后壳体纳米结构的变化

硅藻中锗的掺入改变了硅藻细胞分裂后的壳体纳米分层结构。在原子水平,Ge 可能被替换成—O—Si—O—Si—O—四方晶格结构[31],形成—O—Ge—O—Si—O—缺陷[32]。由于非晶态[31]和晶态[32]的 O—Ge—O 和 O—Si—O 键角分布不同,导致复合金属氧化物基体变形。通过密度泛函理论(DFT)第一性原理模拟 Ge 在硅结构中的替代可以用来定义这些结构扭曲[32-33]。如果有目的地引入这些晶格畸变,Ge 的代谢插入将是一个潜在的强大工具,可以指导纳米结构的形成,并同时赋予硅藻壳体光电特性。Ge 掺杂到生物二氧化硅中的水平决定了异常但潜在有用的壳体状纳米结构的演化,如下所述。

羽纹硅藻具有孔阵列的层次结构,如图 4.1 所示。在低锗掺杂水平下,纳米级的孔结构消失,只形成亚微米级的孔阵列。在较高的 Ge 掺杂水平下,亚微米孔隙拉长,然后融合成狭缝,形成纳米梳状结构(见图 4.7)。例如,通过两个阶段的培养过程,将低水平的锗插入到菱形藻的壳体中,从而诱导了壳体的形成,这些结果类似于双面纳米梳状结构。两阶段培养的最终产物中含有 0.41% 质量分数的 Ge,包括具有 200 nm 孔的正常二维阵列的壳体瓣膜和具有纳米梳状结构的子瓣。纳米梳结构整体长度为 8 μm,棱宽为 200 nm,棱长为 500 nm,狭缝宽度为 100 nm。用羽纹藻属也得到了相似的结果[25]。通过 Ge 的代谢插入和自组装,这些研究表明利用硅藻细胞培养技术制造纳米梳状结构的研究进展。后来的研究重复了上述方法,并验证了 Ge 的吸收及其与硅藻的结合[29,34,35]。结果如表 4.2 所示。

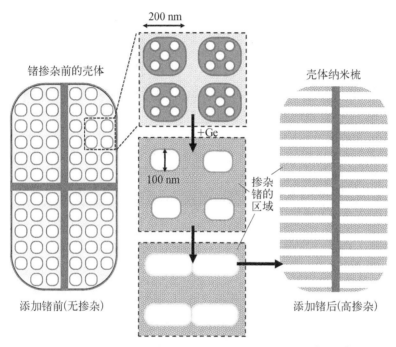

图 4.7 锗(Ge)代谢插入引起的硅藻瓣膜形态的变化[25,30,40]

4.2.6 代谢插入锗氧化物使硅藻壳体光致发光

光致发光是固体材料表面在高能量光的激发下,在材料的导带内自发发光的现象[36]。光致发光与固体材料的带隙有关,它定义了在不存在电子态的情况下,导带与价带之间的能量差(见图 4.8)。在这方面,光致发光是半导体和用于光电器件发光材料的基本特性。无定形 SiO_2 是一种电子绝缘体,其标称带隙为 9 eV[37]。在硅藻中,生物矿化过程使生物二氧化硅产生缺陷,如非桥联氧中心(SiO:)和硅烷醇(SiOH)基团[14,38]。高孔隙率和纹理表面形态为暴露缺陷提供了高表面积,从而降低了材料的导带。例如,在 337 nm(3.8 eV)的紫外光激发下,硅藻壳体自发发出蓝光,其波长集中在 450 nm(2.8 eV),具体如下所示。

硅藻细胞的可控培养决定了硅藻壳体纳米结构的细节水平。增加纳米结构的细节水平会增加表面缺陷密度,进而增加蓝色光致发光的强度。例如,在光生物反应器中把菱形藻的细胞悬浮培养成硅缺乏的状态,会引起硅藻壳体的纳米结构发

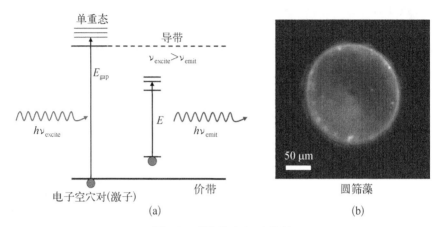

图 4.8　光致发光(PL)发射

(a) PL能量图;(b) 254 nm 紫外线照射下,圆筛藻单体可见光发光的显微照片

生变化,进而使经双氧水处理后的硅藻壳体产生蓝色光致发光[14]。

从培养周期的中指数到后期的固定相,光致发光强度峰值增加了 18 倍,而 PL 波长峰值从 440 nm 增加到 500 nm。TEM 分析发现,蓝色光致发光的出现与硅藻表面的精细结构的出现有关,包括排列在硅藻基部的 5 nm 纳米孔阵列,它们仅在两个光周期的硅消耗和细胞分裂完成后的后期才被观察到。

活硅藻细胞中的生物二氧化硅也是光致发光的[39]。使用共焦 μ-PL/拉曼显微镜测量,单个偏心海链藻的活细胞的微光致发光(μ-PL)在波长 325 nm 处被激光激发。一部分 μ-PL 发射光谱归因于单个硅藻活细胞的壳体,集中在 500~550 nm 左右,类似于硅藻细胞隔绝这些生物二氧化硅壳体。此外,活细胞中生物二氧化硅壳体的 PL 发射是在活细胞培养到硅耗尽状态后才出现的。

空气热退火会淬灭硅藻的光致发光,但增强了含代谢插入 Ge 的硅藻的光致发光。在锗插入之前,通过在空气中 800℃ 硅藻生物二氧化硅的热退火来淬灭光致发光,这与硅藻生物二氧化硅上的硅烷醇(SiOH)基团的损失相当,红外光谱证实了这一点[14]。因此,Ge 通过代谢插入前硅藻中蓝色光致发光的来源可能是硅藻表面的硅烷醇基团及其在硅藻壳体的分布。

Gale 等[25]在 Ge 代谢掺杂的羽纹藻壳体中发现了高光致发光中心。采用双氧水处理分离得到锗质量分数为 0.25%~1.0% 的硅藻壳体,在 250~600℃ 温度下在空气中热退火,然后用透射电镜、电子衍射、热重分析(TGA)和 X 射线光电子能谱(XPS)对其进行表征。XPS 和电子衍射结果表明,非晶态二氧化锗(GeO_2)和氧化锗(GeO)的混合物被掺杂进入孔隙结构内。在空气中的热退火将无定形的 GeO_2 转化为 GeO,与光致发光的增强相一致(见图 4.9)。掺杂和未掺杂 Ge 的 TGA 证实了退火生物发光来自光致发光中心,而不是来自生物二氧化硅本身的光致发光。

锗掺杂量和退火温度对 440~460 nm 处的蓝光发光强度和波长都有影响,在掺杂质量分数为 0.5%Ge,退火温度为 250℃的条件下,蓝光发光强度和波长最佳。

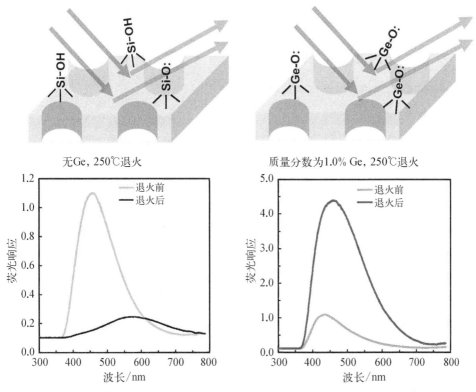

图 4.9 代谢插入锗及 250℃空气热处理后的羽纹藻属的光致发光光谱

4.2.7 代谢插入锗氧化物使硅藻壳体电致发光

利用掺杂锗的硅藻二氧化硅材料制备电致发光器件是可能的。生物二氧化硅中的锗氧化物缺陷充当在外加电流(AC)电场作用下以特定波长发光的磷光体,其孔结构有助于使发光达到顶点[40]。电致发光具有广泛的光电器件应用,包括 LED 照明和磷基平板显示器。下面重点介绍一种硅藻激活的电致发光器件的制造和独特性能。

图 4.10 为一种薄膜电致发光装置结构,其中包含一层作为荧光粉的锗掺杂硅藻壳体的物质。通过两阶段培养工艺制备的锗掺杂的晶须用作该装置的磷光层,掺锗的硅藻壳体用作器件中的荧光层。当一个 150 V 交流电场作用于薄膜电致发光器件的电极上时,荧光粉/绝缘体界面上的载流子被截留,并在荧光粉内部产生位移电流。荧光粉中的发光中心受到热电子的冲击激发,产生了光辐射。观察到两个波段的电致发光,一个在紫外到绿光波段,为 300~500 nm,另一个在红光到

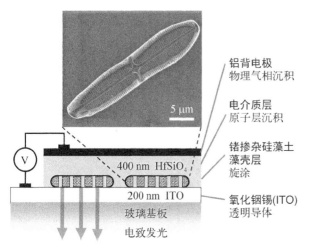

铝背电极
物理气相沉积

电介质层
原子层沉积

锗掺杂硅藻土
藻壳层
旋涂

氧化铟锡(ITO)
透明导体

400 nm HfSiO₄

200 nm ITO

玻璃基板

电致发光

图4.10 硅藻薄膜电致发光器件[40]
每个掺锗硅藻壳体作为一个发光体

近红外波段,为640~780 nm。在339 nm、359 nm和382 nm处,由于GeO缺陷产生三种强烈的紫外线信号。

在培养的第二阶段,Ge通过代谢插入到壳体生物二氧化硅后,所有添加Ge后细胞分裂产生的新硅藻壳体不再具有排列在硅藻基部的纳米孔阵列。去除这些细微的特征后,硅藻壳体孔阵列与二维光子晶体平板非常相似,平均孔径为124 nm,平均间距为338 nm。光子能带计算表明,虽然基于材料系统的介电对比度和几何孔阵列没有光子带隙,但该器件确实支持几种共振模式,这些模式解释了尖锐的高强度紫外发射带及其在红光波段(640~780 nm)的低强度2λ共振。

4.2.8 钛通过代谢插入

以Si(OH)₄存在的硅元素和以Ti(OH)₄形式存在的钛对缺硅的硅藻细胞的联合饲养可以使钛与壳体生物二氧化硅结合。25℃下Ti(OH)₄在100 mmol/L的NaCl溶液中的溶解度为3~8 μmol/L,且分子态Ti(OH)₄在pH>6时方完全溶解[21]。因此,系统需要适应Ti(OH)₄的低溶解性。为此,研究者设计了一种新型的两段式间歇式光生物反应器培养方案,钛通过代谢插入到羽纹藻属中。

两段式光生物反应器如图4.11所示,在第一阶段,硅藻细胞在可溶性硅上生长,直到达到缺硅状态。第二阶段,在光周期的光

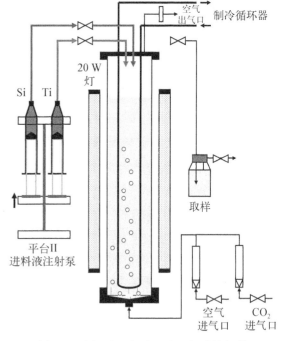

图4.11 用Si(OH)₄和Ti(OH)₄连续饲养硅藻细胞的光生物反应器

照阶段,将可溶性钛 Ti(OH)₄ 和可溶性硅 Si(OH)₄ 连续 10 h 供给缺硅的细胞悬浮液。将 30 mmol/L 的 SiO₂ 溶解于 500 mmol/L 的 NaOH 溶液中,使硅保持在溶液中溶解,制备出浓缩的硅进料溶液。以 TiOSiO₄ 和 NaOH 为原料合成 Ti(OH)₄,然后在 500 mmol/L HCl 中溶解 0.5 mmol/L 的 Ti,制备了高浓度的 Ti 进料溶液。当浓缩的 Si 和 Ti 进料溶液通过泵进入混合良好的培养系统时,它们立即被稀释到 Si(OH)₄ 和 Ti(OH)₄ 各自溶解度限值以下的浓度。可溶性钛的进料速率被设计成名义上与生长硅藻细胞悬浮液的 Ti 吸收速率相匹配,使培养基中的 Ti(OH)₄ 浓度不超过其溶解度限值。Si 的吸收速率设计为在累积 10 h 传送时间后能达到一个细胞分裂。

在培养基中加入的钛对细胞分裂率无影响,并保持了硅藻壳体的形态。可溶钛的进料速度在名义上是为了匹配生长中的硅藻细胞悬浮液对 Ti 的吸收速率,可溶性钛在细胞内的摄入量与 3.8 g Ti/g SiO₂ 的最终生物钛负载量呈线性关系。但是,加入生物二氧化硅中的钛量是每 100 g SiO₂ 对应 2.3 g Ti。

利用 TEM 和 STEM – EDS 分析了含有代谢插入钛的完整的生物二氧化硅壳体。钛优先以纳米相的形式沉积在每个壳体底部的细孔结构中,图 4.12 说明了钛与硅藻壳体结合的模式。随着 Si 被硅藻细胞的吸收,推测细胞内的 Si 以 SiO₂ 的形式沉积在壳体发瓣膜部分的 SDV 中并分三个阶段进行。首先,平行的肋状结构横跨于壳体的横顶形成轴对称结构并垂直于中缝的两侧。其次,二氧化硅填充骨架

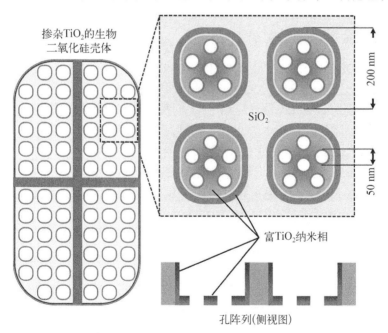

图 4.12　钛通过代谢插入后 TiO₂ 在硅藻壳体结构中的局部化沉积

之间,形成壳体的孔。最后,在 200 nm 壳体孔道及其相关的 50 nm 孔的底部形成一层薄薄的生物二氧化硅。由于在与二氧化硅沉积的最后阶段相关的精细结构中观察到最高浓度的钛酸盐,硅在壳体孔形成时耗尽,再加上 SDV 内可溶性钛冷凝到钛酸盐的速度较慢,这可能是这些富钛氧化物纳米相选择性沉积造成的。720℃空气热退火使生物钛酸盐转变为锐钛矿型 TiO_2,平均晶粒尺寸为 32 nm。在 950℃下继续热平衡将锐钛矿型 TiO_2 转化为金红石型 TiO_2。纳米晶 TiO_2 是一种多用途半导体材料,其标准带隙为 3.0 eV。它有各种各样的可再生能源应用,特别是在光电化学过程中,如光伏发电和水分解产生氢气[41]。

Jeffryes 等的开创性研究之后[23],后来的研究证实了这一结果并提出了新的策略[2,42-43],表 4.2 总结了这些成果。一项研究声称[42],Ti-BALDH 在水溶液中溶解性高,这种可溶性 Ti 可以被海链藻直接吸收,并在束带中以 0.34∶1 的 Si∶Ti 比水平并入壳体。结果表明,硅藻细胞可以在钛基底上单独生长和分裂。这项研究为考虑硅藻细胞生物矿化的高溶解性钛基底提供了有趣的可能性。然而,该系统还需要进一步的验证和研究,包括严格的钛材料平衡、晶胞内和细胞壳体拓扑的元素 Si/Ti 映射、溶液中 Ti-BALDH 形态形成后硅藻实际所含可溶性钛形态的鉴定。

基于上述研究,将外源金属(Ge 或 Ti)程序输送到硅藻细胞悬浮液中,对于将 Ge 或 Ti 纳米相输送到硅藻活体细胞的硅藻质二氧化硅壳体是至关重要的。这些研究最好在受控生物反应器中完成系统。简单的外源金属吸收的培养试验,如对锗吸收的实验[29],不能提供这种水平的控制。

4.2.9 其他金属通过代谢插入

先前的研究还表明,利用硅藻细胞培养来提取可溶性金属,并尝试将这种金属并入壳体生物二氧化硅的概念也可以应用于其他金属,包括铝[44]、镍[45]和铕[46]。表 4.2 进行了汇总。在光电器件应用中,人们特别感兴趣的是在细胞培养过程中,由舟形藻吸收可溶性铕(Eu)[46]。在硅藻细胞的培养基中加入混合的 $Na_2SiO_3 \cdot 9H_2O$ 与 $Eu(NO_3)_3 \cdot 6H_2O$(每 1 mol Eu 配 4 mol Si),培养 96 h。酒精萃取后加热至 1 000℃ 固相反应后形成 Eu_2SiO_5。Eu 在此生物二氧化硅中的含量和分布情况还未确定,但在 Eu_2SiO_5 中,退火后的完整壳体上的 Eu^{3+} 具有发光特性,或许可作为 LED 灯的应用。由于 Eu^{3+} 的 $^7F_0-^5L_6$ 转变,红外发射(614 nm,$^5D_0-^7F_2$)在 394 nm 被观测到。

4.3 硅藻壳体生物二氧化硅上的金属沉积

目前为止,我们讨论的重点是金属通过细胞培养基培养在硅藻壳体上通过代谢插入金属。除此之外,另一种更复杂的方法是培养硅质细胞,分离完整的生物二氧化硅,再将目标金属装饰在硅藻壳体的表面。此方法提供了一种跳过代谢过程直接在硅藻细胞壳体上插入大量金属的方法。

此部分着重于溶解基础上的思路研究金属、金属氧化物、类金属在硅藻细胞壳体上的沉积,特别关注其在光电设备及光催化方面的应用,亦做出了以硅藻细胞壳体为模板,制作这些材料的三维复制品的尝试。

本节着重介绍了基于溶液的方法,在硅藻壳体上共形沉积金属、金属氧化物或类金属相,特别关注其在光电器件或光催化应用。本节还以硅藻细胞壳体为模板,制作这些材料的三维复制品的尝试。

4.3.1　溶解基础上的金属沉积过程

以溶解原理为基础的方法(如肽转移沉淀法或化学洗涤沉淀法)具有简单性以及使用水反应系统,其确实是有希望的方法。下面描述两个例子。

Jeffryes 等[26] 设计了一种利用肽介导水解成可溶 Ti 的前驱体使 TiO_2 纳米结晶体在硅藻壳体沉积的方法,硅藻壳体由羽纹藻分离。首次将硅藻土的周期性孔阵列作为模板,将纳米粒子聚赖氨酸(PLL)共形吸附到硅藻土表面,如图 4.13 所示。硅藻壳体的周期性孔阵列成为沉积 TiO_2 纳米粒子的模板。多聚赖氨酸(PLL)第一次被发现吸附于壳体生物二氧化硅的表面上,吸附的 PLL 促进 Ti-BALDH 水解生

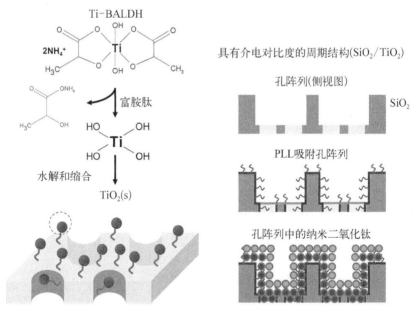

图 4.13　通过肽介导的 Ti-BALDH 在聚赖氨酸(PLL)上的水解与缩合,
使 TiO_2 纳米粒子共形沉积到硅藻壳体中

黑圈代表沉积的第一层,亮圈代表沉积的第二层

成无定形 TiO_2 纳米粒子,无定形 TiO_2 纳米粒子依然吸附于壳体的表面。此过程在两个连续的层中重复进行,最终在壳体表面每克 SiO_2 吸附了 1.3 g TiO_2。在这个吸附沉积过程中,TiO_2 纳米粒子填充直径为 200 nm 的硅藻壳体孔道,并且也覆盖了壳体的外表面。680℃退火使已经沉积的 TiO_2 转变成平均纳米尺寸为 19 nm 锐钛矿型,此数据已被 XRD、电子衍射及扫描隧道显微镜证明。

Lee 等[47]发明了一种溶解原理基础上的方法,使 $ZnSiO_4$ 与 Mn 的纳米结晶体在羽纹藻壳体上沉淀。过程如图 4.14 所示。首先使硅藻壳体悬浮于 $ZnCl_2$ 与 $MnCl_2$ 的溶解液中,然后加热至 105℃形成 ZnOCl 吸附。干燥使液体形成粉末状固体,随后加热至 900℃。TGA 分析显示,在 400~500℃被吸附的固体形成了 ZnO,其后在 600°后开始发生固相反应,与硅反应生成 $ZnSiO_4$:Mn。$ZnSiO_4$:Mn 纳米结晶体最终均匀覆盖于硅藻壳体表面,此材料在 254 nm 的 UV 光激发下呈现亮绿色光致发光,表明 Mn^{2+} 的 $^4G-^6S$ 转变。

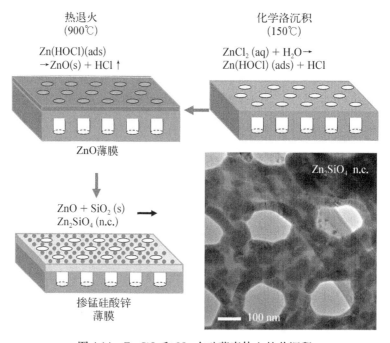

图 4.14 Zn_2SiO_4 和 Mn 在硅藻壳体上的共沉积

4.3.2　金属包覆硅藻质生物二氧化硅器件

许多研究开发了多种化学和仿生方法来制备 TiO_2 包裹硅藻壳体,用于催化[2,48-51]、染料敏化太阳能电池[1,52]和电化学气体检测[53]。表 4.3 和表 4.4 汇总这些应用领域中的研究成果。

表 4.3　金属功能化硅藻壳体的光电和光子应用

硅藻+金属或官能团	功能化过程	设备或功能	年份	参考文献
羽纹硅藻 + Zn_2SiO_4：Mn	Zn_2SiO_4 的沉积：液相沉积法制备纳米 Mn 晶体	绿色光致发光	2007	[47]
羽纹硅藻 + Ge 氧化物	氧化锗在活细胞硅藻土中的代谢插入及壳体的分离	用于近激光紫外发射的电致发光器件	2008	[40]
羽纹硅藻+CdS	CdS 纳米晶在壳体上的沉积	纳米半导体	2009	[55]
羽纹硅藻+TiO_2	TiO_2 纳米粒子在聚赖氨酸包覆的壳体上的共形沉积	染料敏化太阳能电池(DSSC)	2011	[1]
羽纹硅藻 + Ge 氧化物	氧化锗在活体细胞中的代谢插入和热退火	蓝色光致发光	2011	[25]
圆筛藻	在圆台生物二氧化硅上层沉积 Ag、Au、CdTe 纳米粒子	表面增强拉曼光谱(SERS)	2012	[56]
羽纹硅藻 + 金属 Ag	胺基功能化生物二氧化硅表面银纳米粒子的沉积	光增强 SERS	2013—2017	[58]，[60-61]
硅藻土材料 + TiO_2	纳米粒子直接沉积在壳体上	光增强 DSSC	2013	[52]
舟形藻+Eu 氧化物	Eu 在活细胞硅藻土中的代谢,插入及细胞团热退火为硅藻-Eu_2O_3	红色发光	2013	[46]
羽纹硅藻 + 磁铁矿	溶剂热法在藻壳上制备 Fe_3O_4 磁性纳米粒子	近红外背散射	2014	[57]
硅藻土材料 + MoS_2	热分解法在壳体上制备 MoS_2 纳米片	纳米二维半导体	2016	[54]

表 4.4　功能化硅藻壳体用于光催化和电化学

硅藻+金属或官能团	功能化过程	设备或功能	年份	参考文献
海链藻 + TiO_2（硅藻土）	蛋白质介导 Ti－BALDH 水解制备 TiO_2 涂层	电化学 H_2 检测	2009	[53]
扁圆卵形藻 + TiO_2(硅藻土)	溶胶-凝胶法在壳体生物二氧化硅表面包覆二氧化钛	光催化剂	2013	[48]
硅藻土材料 + TiO_2	钛前驱体水热法在壳体生物二氧化硅上沉积纳米 TiO_2	光催化剂	2014	[49]
硅藻土材料 + TiO_2	TiO_2 前驱体超声化学缩合制备介孔 TiO_2	光催化剂	2014	[50]

续　表

硅藻+金属或官能团	功　能　化　过　程	设备或功能	年份	参考文献
羽纹硅藻+TiO_2（细胞培养）	不同 TiO_2 前驱体在藻壳生物二氧化硅上的 TiO_2 沉积	光催化剂	2016	[2]
硅藻土材料 + TiO_2	溶胶-凝胶法在碳掺杂藻壳生物二氧化硅表面包覆 TiO_2	光催化剂	2016	[51]
硅藻土材料 + B/InP	镀 InP 纳米晶层的掺硼硅藻藻壳复制品	H_2 -光电化学水解制氢	2016	[3]

除了 TiO_2 以外,利用生物和化学技术研究者已经在硅藻圆盘上沉积纳米结构的二硫化钼(MoS_2)[54]、硫化镉(CdS)[55]和碲化镉(CdTe)[56]以获得半导体特性。在光学特性方面,其他值得注意的研究工作包括沉积磁铁矿以获得光学特性用于红外散射的带隙[57],或者利用贵金属(Ag,Au)纳米粒子的沉积以影响等离子体特征[56,58-61]。硅藻细胞壳体也具有磁性,可用于化疗[62]。

4.3.3　生物塑料替代工艺

取代功能化的另一种方法是让硅藻壳体作为一种囊式模板,用于合成具有分层、三维结构的非硅酸盐高级材料[63-65]。例如,用镁热法将硅藻壳体还原为单质硅[66],随后在硅质壳体上化学沉积贵金属以产生金属离子[67]。这种"生物塑性"策略已应用于其他材料系统,包括硼[68]和半导体碳酸钡[69]。同样,也可以在硅藻生物二氧化硅上通过化学气相沉积(CVD)在元素碳中制备壳体复制品,然后在氟化氢中溶解二氧化硅[70],或通过 CVD 在二氧化硅溶解后制备金属壳体复制品[71]。这些过程可能很复杂且很难扩大规模,可能无法保持纳米结构或将目标材料并入最精细的纳米结构中。然而,它们却为各种应用提供了广泛的材料系统。

4.4　硅藻质生物二氧化硅的生物分子功能化

硅藻壳体为生物纳米技术的应用提供了三个关键特征:具有高度有序的亚微米和纳米孔阵列的层次结构、由此结构衍生的光学和光子特性,以及生物二氧化硅与生物分子功能化的反应性。将生物分子附着在硅藻质壳状生物二氧化硅上,利用其独特的特性,实现靶向给药和生物传感应用。例如,当修饰有靶向生物分子时,纳米孔阵列用作靶向药物递送的载体,纳米孔用作药物载体,附着的生物分子用作识别或结合元件。研究者描述了硅藻壳体如何作为定向输送应用[5,6,72-73]和生物传感器[7,8]。本节重点介绍了硅藻壳体与生物分子功能化的研究进展,特别强调了利用光致发光和表面增强拉曼散射(SERS)效应进行生物传感的应用。

4.4.1　基于硅藻质二氧化硅的光致发光生物传感

在基于光致发光生物的传感中,硅藻壳体既是显微检测平台又是传感器。不同于介孔硅酸盐,硅藻壳体可以想象成一个圆盘形显微镜,其具有在亚微米和纳米尺度上分层排列的周期性孔结构(见图 4.1)。如前所述,孔阵列可以作为光子晶体来增强特定波长的光吸收导模。此外,环境中的二氧化硅生物矿化过程在生物二氧化硅氧化物结构中造成缺陷,例如非桥连氧中心($SiO:$)和硅醇($SiOH$)基团。这些缺陷降低了材料的导带,使蓝光($450\sim500\ nm$)在更高能量的紫外光激发下自发发射,这一过程称为光致发光。如 4.2 所述,通过控制细胞培养,可以调整硅藻壳体纳米结构的细节水平和表面缺陷数量,以控制光致发光强度。

附着在硅藻壳体上的生物分子充当生物传感元件,硅藻质生物二氧化硅孔阵列上的表面硅醇基团可以与作为生物传感识别元件的抗体等生物分子进行二元功能化[15]。一个典型的功能化方案如图 4.15 所示。

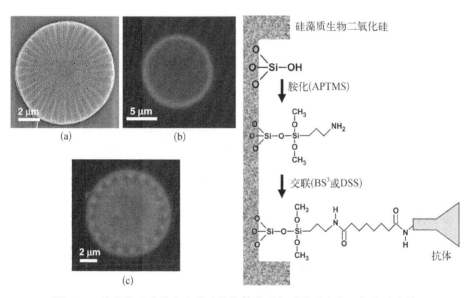

图 4.15　胺基化硅醇共价交联法将抗体分子与硅藻质生物二氧化硅连接

(a) 小环藻属壳体扫描电镜图;(b) 荧光素标记的 NH_2-生物二氧化硅的光学显微镜图;(c) 免疫复合物形成的荧光图

在该方案中,硅烷醇基与 3 -氨基丙基三甲氧基硅烷(APTMS)衍生成胺基,然后通过双功能交联试剂(如二琥珀酰亚油酸酯)共价连接抗体,该双功能交联试剂将生物二氧化硅上的表面胺基与赖氨酸上的氨基酸残基(如赖氨酸上的—NH_2 部分)偶联抗体。这种功能化方法由 Townley 等[74]和其他研究者描述[75-77]。鉴于目前人们对生物分子纳米图案化新方法的兴趣[78],硅藻壳体纳米结构可能特别适用于复合生物传感应用,并着眼于微型"芯片上实验室"应用。为此,我们提出的用喷墨打印法在微型阵列中沉积硅藻壳体已经被证明[79]。

纳米半导体材料与生物分子相互作用后,其发光性质发生变化[80]。这一现象为无标记光学检测抗体功能化硅藻壳体的免疫复合物形成奠定了基础。一般来说,反应的敏感性是基于抗原上亲核或亲电位点相对于抗体的比例,如图 4.16 所示。我们已经证明,在硅藻壳体表面共价附着抗菌剂可以增加硅藻生物的光致发光[15,77]。这是由于抗体上的亲核氨基酸残基向硅藻表面的非辐射缺陷位点提供电子,从而减少非辐射电子衰变和增加辐射发射。亲核抗原与其互补抗体的结合进一步增强了这种光致发光发射,使选择性检测免疫复合物的形成成为可能。相反,亲电抗原与其互补抗体的结合抑制了光致发光发射,这也使选择性检测成为可能。表 4.5 总结了目前检测抗体功能化硅藻壳体免疫复合物形成的工作。

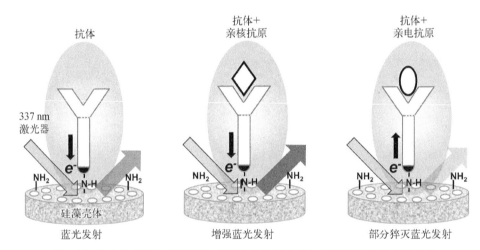

图 4.16　抗生物抗体与硅藻壳体表面的共价结合增加了硅藻生物的光致发光

表 4.5　硅藻的生物功能化及其在光电生物传感免疫复合物形成中的应用

功能化硅藻	功能化过程	检测	年份	参考文献
小环藻+抗体	IgG 抗体 交联到胺官能化的藻壳生物二氧化硅	光致发光	2009, 2016	[25], [77]
小叶连翘+肽	G23 肽 交联到胺官能化的藻壳生物二氧化硅	光致发光	2009	[75]
硅藻土 海链藻+蛋白质	镁热法将壳体生物二氧化硅转化为硅,然后进行蛋白质功能化	光致发光	2016	[76]
羽纹藻 + Ag + 抗体	胺类功能化生物二氧化硅表面沉积纳米银,银表面吸附 IgG	光子+表面增强拉曼光谱(SERS)	2015	[59]

抗体功能化硅藻壳体的两个实例表明，与亲核抗原结合时，光致发光增强，与亲电抗原结合时，光致发光猝灭（见图 4.16）。第一个例子说明了通过增强的光致发光选择性地检测一个大的亲核生物分子，生物二氧化硅壳体是从小环藻属的培养细胞中分离出来的。模型抗体兔免疫球蛋白 G（IgG）通过硅醇胺化和交联步骤共价连接到壳状生物二氧化硅上，其表面密度约为 4 000 个 IgG 分子。利用亲核 IgG 抗体分子对硅藻进行功能化，使硅藻的本征蓝光发光强度提高了 6 倍。此外，与互补抗原形成的免疫复合物进一步增加了至少 3 倍的峰值光致发光强度，而非互补抗原则没有。蓝光发光强度的增加与抗原浓度有关，其中免疫复合物的结合用 Langmuir 等温线描述，结合常数为 2.8×10^{-7} mol/L，与已知的结合常数相当。

第二个例子说明通过光致发光的部分猝灭选择性地检测小亲电分子[77]。爆炸性化合物尤其难以通过远距离探测进行探测。2,4,6-三硝基甲苯（TNT）是一种亲电分子，由于其含有三个缺电子硝基（—NO_2）。从培养的羽纹藻属细胞中分离出硅藻壳体，通过硅烷醇胺化和交联步骤，用抗肿瘤单克隆抗体衍生的单链可变片段（scFv）进行功能化。当 TNT 与 scFv 功能化的反 TNT 硅藻壳体结合时，由于 TNT 分子上的硝基（—NO_2）基团的亲电性质，生物二氧化硅壳体的光致发光部分猝灭。用 Langmuir 等温线描述了在 scFv 功能化硅藻土上形成 TNT 免疫复合物的剂量反应曲线，其半饱和结合常数为 6.4×10^{-8} mol/L，检测限为 3.5×10^{-8} mol/L。

4.4.2　基于硅藻的 SERS 生物传感

Yang 等的研究表明，纳米 Ag 修饰硅藻壳体可以提高表面增强拉曼散射（SERS）检测免疫复合物的灵敏度[59]。SERS 是一种表面敏感技术，通过等离子体激元共振增强了吸附在金属纳米粒子上的分子的拉曼散射。

在这些研究中，从羽纹藻的培养细胞中分离出的壳状生物二氧化硅被胺基团功能化。胺基是银纳米粒子在壳体表面自组装的成核中心。然后，抗体通过硫醇基团以及离子、亲水和疏水相互作用直接附着在银纳米粒子上。用金纳米粒子标记的 IgG 使硅藻功能化。抗体功能化的硅藻壳体被 Au 纳米颗粒标记的 IgG 修饰，提高了 IgG 的检出限制（6.25×10^{-13} mol/L），比固定在非多孔玻璃表面的免疫复合物提高了约 100 倍。这种增强作用归因于硅藻颗粒的周期亚微米尺度结构，这使得引导模式共振可见波长度增强了 SERS 信号，类似于人工晶体。

4.5　未来方向的总结和建议

本章重点介绍了利用硅藻细胞培养获得的纳米结构生物二氧化硅的光电特性的新的生物和化学方法（见图 4.2）。硅藻壳体具有光子和光致发光特性。通过新的细胞培养策略将氧化锗或氧化钛代谢性地插入到硅藻壳体中，增强了这些特性，并将半导体纳米相嵌入到硅藻壳体结构中。通过溶液法在纳米硅藻表面共形沉积金属或氧化物,为具有光子、光电和半导体特性的壳体的功能化提供了另一条途径,从而得到了在发光显示器、光电和光催化方面的应用。代谢插入使掺杂金属和有针对性地直接结合到硅藻壳体内,有可能调谐或改变颗粒的纳米结构,而共形沉积则允许增加金属或金属氧化物的负载量。

本章还着重介绍了硅藻壳状生物二氧化硅作为一个多功能的敏感和选择性免疫复合物生物传感平台,从细胞培养中分离出的硅藻壳体很容易被抗体分子功能化,并具有光致发光特性。靶分子与抗体功能化硅藻的相互作用可以通过增强亲核抗原的蓝光发射或抑制亲电抗原的光发射来选择性检测免疫复合物的形成。

从本章的应用角度来看,通过生物和化学相结合的方法探索硅藻的功能化有三个值得研究的方向。第一个领域是,通过硅藻细胞培养,扩大代谢途径,将活性物质插入到硅藻壳体中。并且为了更好地理解这一过程的生物学机制,研究者扩大了活性物质的范围,可以包括共代谢吸收镓 $Ga(OH)_4^-$ 和硝酸盐,然后经过热处理在光子晶体模板中生成氮化镓(GaN)。GaN 是一种用于发光二极管(LED)照明和显示的高亮度材料。另外,通过 Ti-BALDH 等可替代的可溶性前驱体来扩大金属的吸收范围也是值得进一步研究的。增强的钛吸收和硼共吸收可能是光子晶体中掺硼 TiO_2 纳米相的生物制备的一种途径,可以提高可见光范围内的光催化效率。

第二个领域是将硅藻壳体生物制备工艺平面化,用于薄膜器件和生物纳米技术应用。硅藻细胞可以在玻璃表面分裂和填充(见图 4.17)。一个特别有趣的现象是在透明的半导体表面[如氧化铟锡(ITO)]上生长硅藻细胞作为单层,同时进行上述的代谢插入过程。氧等离子体处理和热退火能有去除机物的,并激活这种硅藻薄膜的光电特性。这种平面结构使光子、光电或相催化应用能够均匀地获得光。

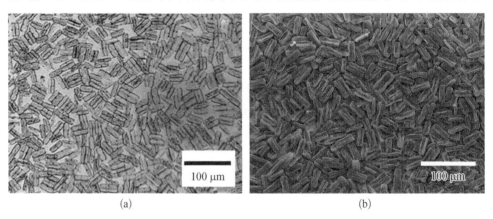

(a)   (b)

图 4.17 黏附在玻璃基质上的分裂细胞

(a) 甲醇清洗后黏附细胞的光显微照片;(b) 甲醇中清洗后进行紫外线/臭氧清洗的细胞描电子显微镜(SEM)图

此外,喷墨印刷可以在平面上形成硅藻图案。例如,用于印刷与硅藻细胞表面电荷互补的油墨的逐层方法可用于硅藻细胞图案化(见图4.18)。

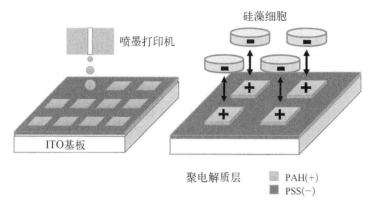

图 4.18　硅藻细胞在玻璃上的喷墨图案

第三个领域是对硅藻细胞进行基因工程,在生物合成过程中,在硅藻壳体上锚定功能性生物分子。为此,Ford 等[16]对中心硅藻进行基因工程,以表达含有增强型绿色荧光蛋白(EGFP)的生物二氧化硅靶向融合蛋白,或是含有四胱氨酸标记序列的单链抗体。这些与 Sheppard 等[81]早先的工作有关,在硅藻中加入 tpSil3 - eGFP 融合蛋白,将生物小分子与发育中的生物二氧化硅细胞壁捆绑在一起。

总之,硅藻细胞是自下而上和分层结构的纳米结构功能化的神奇平台,可用于光电和仿生技术的应用。本章着重介绍了过去十年来在这一领域取得的进展。

参 考 文 献

[1] Jeffryes C, Campbell J, Li H, et al. The potential of diatom nanobiotechnology for applications in solar cells, batteries, and electroluminescent devices. Energy Miron. Sci., 2011.

[2] Van Eynde E, Hu Z, Tytgat T, et al. Diatom silica-titania photocatalysts for air purification by bio-accumulation of different titanium sources. Erwiron. Sci: Nano, 2016, 3: 1052 - 1061.

[3] Chandrasekaran S, Macdonald T J, Gerson A R, et al. Boron-doped silicon diatom frustules as a photocathode for water splitting. Acs Appl. Mater. Interfaces, 2015, 7: 17381.

[4] Wang Y, Cai J, Jiang Y, et al. Preparation of biosilica structures from frustules of diatoms and their applications: current state and perspectives. Appl. Microbiol. Biotechnol, 2013, 97: 453 - 460.

[5] Maher S, Alsawat M, Kumeria T, et al. Luminescent silicon diatom replicas: self-reporting and degradable drug carriers with biologically derived shape for sustained delivery of therapeutics. Adv. Funct. Mater, 2015, 25: 5107 - 5116.

[6] Maher S, Kumeria T, Wang Y, et al. From the mine to cancer therapy: natural and biodegradable theranostic silicon nanocarriers from diatoms for sustained delivery of

chemotherapeutics. Adv. Healthcare Mater, 2016, 5: 2667 – 2678.

[7] Yang W, Lopez P J, Rosengarten G. Diatoms: self assembled silica nanostructures, and templates for bio/chemical sensors and biomimetic membranes. Analyst, 2011, 136: 42 – 53.

[8] Leonardo S, Prietosimon B, Campas M, et al. Past, present and future of diatoms in biosensing. TrAC, Trends Anal Chem., 2016, 79: 276 – 285.

[9] Nassif N, Livage J. From diatoms to silica-based biohybrids. Chem. Soc. Rev., 2011, 40: 849 – 859.

[10] Hildebrand M, Lerch S J L. Diatom silica biomineralization: parallel development of approaches and understanding. Semin. Cell Dew. Biol., 2015, 46: 27 – 35.

[11] Gordon R, Losic D, Tiffany M A. The glass menagerie: diatoms for novel applications in nanotechnology. Trends Biotechnol., 2009, 27: 116 – 127.

[12] Tommasi E D. Investigation by raman spectroscopy of the decomposition process of HKUST – 1 upon exposure to air. J. Spectrosc., 2016, 2016: 1 – 24.

[13] Stefano L D, Maddalena P, Moretti L, et al. Nano-biosilica from marine diatoms: a brand new material for photonic applications. Superlattices Microstruct, 2009, 46: 84 – 89.

[14] Qin T, Gutu T, Jiao J, et al. Photoluminescence of silica nanostructures from bioreactor culture of marine diatom Nitzschia frustulum. J. Nanosci. Nanotech-nol., 2008, 8: 2392 – 2398.

[15] Gale D K, Gutu T, Jiao J, et al. Photoluminescence detection of biomolecules by antibody-functionalized diatom biosilica. Adv. Funct. Mater., 2009, 19: 926 – 933.

[16] Ford N R, Hecht K A, Hu D, et al. Antigen binding and site-directed labeling of biosilica-immobilized fusion proteins expressed in diatoms. ACS Synth. Biol., 2016, 5: 193 – 199.

[17] Hildebrand M. Diatoms, biomineralization processes, and genomics. Chem. Rev., 2008, 108: 4855 – 4874.

[18] Kroger N, Poulsen N. Diatoms-from cell wall biogenesis to nanotechnology. Annu. Rev. Genet., 2008, 42: 83 – 107.

[19] Brunner E, GroGer C, Lutz K, et al. Analytical studies of silica biomineralization: towards an understanding of silica processing by diatoms. Appl. Microbiol. Biotechnol., 2009, 84: 607 – 616.

[20] Thamatrakoln K, Hildebrand M. Silicon uptake in diatoms revisited: a model for saturable and nonsaturable uptake kinetics and the role of silicon transporters. Plant Physiol., 2008, 146: 1397 – 1407.

[21] Baes, Charles F, Robert E. Solution chemistry. (book reviews: the hydrolysis of cations). Science, 1977, 195: 1323 – 1324.

[22] Jeffryes C, Gutu T, Jiao J, et al. Two-stage photobioreactor process for the metabolic insertion of nanostructured germanium into the silica microstructure of the diatom Pinnularia sp. Mater. Sci. Eng. C, 2008, 28: 107 – 118.

[23] Jeffryes C, Gutu T, Jiao J, et al. Metabolic insertion of nanostructured TiO_2 into the patterned biosilica of the diatom Pinnularia sp. by a two-stage bioreactor cultivation process. Acs Nano, 2008, 2: 2103 – 2112.

［24］ Watanabe T, Kodama Y, Mayama S. Application of a novel cleaning method using low-temperature plasma on tidal flat diatoms with heterovalvy or delicate frustule structure. Proc. Acad. Nat. Sci. Philadelphia, 2010, 160: 83 - 87.

［25］ Gale D K, Jeffryes C, Gutu T, et al. Thermal annealing activates amplified photoluminescence of germanium metabolically doped in diatom biosilica. J. Mater. Chem., 2011, 21: 10658 - 10665.

［26］ Jeffryes C, Gutu T, Jiao J, et al. Peptide-mediated deposition of nanostructured TiO_2 into the periodic structure of diatom biosilica. J. Mater. Res., 2008, 23: 3255 - 3262.

［27］ Lewin J. Silicon metabolism in diatoms. V. germanium dioxide, a specific inhibitor of diatom growth 1. Phycologia, 1966, 6: 1 - 12.

［28］ Rorrer G L, Chang C H, Liu S H, et al. Biosynthesis of silicon-germanium oxide nanocomposites by the marine diatom nitzschia frustulum. J. Nanosci. Nanoteclnol., 2005, 5: 41 - 49.

［29］ Davis A K, Hildebrand M. A self-propagating system for Ge incorporation into nanostructured silica. Chem. Commun., 2008: 4495 - 4497.

［30］ Qin T, Gutu T, Chang C H, et al. Biological fabrication of photoluminescent nanocomb structures by metabolic incorporation of germanium into the biosilica of the diatom nitzschia frustulum. Acs Nano, 2008, 2: 1296 - 1304.

［31］ Neuefeind J, Liss K D. Bond angle distribution in amorphous germania and silica. Ber. Bunsengesellschaft Phys. Chem., 1996, 100: 1341 - 1349.

［32］ Lopez-Gejo F, Busso M, Pisani C. Quantum mechanical ab initio study of mixed $SiO_2 - GeO_2$ crystals as reference models for gedoped silica glasses. J. Phys. Chem. B, 2003, 107: 2944 - 2952.

［33］ Marron A O, Chappell H, Goldstein R E, et al. A model for the effects of germanium on silica biomineralization in choanoflagellates. J. R. Soc, 2016, 13: 20160485.

［34］ Mubabak Ali D, Divya C, Gunasekaran M, et al. Biosynthesis and characterization of Silicon-germanium oxide nanocomposites using diatom. Dig. J. Nanomater. Btostruct., 2011, 6: 117 - 120.

［35］ Basharina T N, Danilovtseva E N, Zelinskiy S N. The effect of titanium, zirconium and tin on the growth of diatomsynedra acusand morphology of its silica valves. Silicon, 2012, 4: 239 - 249.

［36］ Gfroerer T H. Photoluminescence in analysis of surfaces and interfaces. Encyc. Anal. Chem., 2006.

［37］ Awazu K, Kawazoe H. Strained Si—O—Si bonds in amorphous SiO_2 materials: a family member of active centers in radio, photo, and chemical responses. J. Appl. Phys., 2003, 94: 6243 - 6262.

［38］ De Stefano L, Rendina I, De Stefano M, et al. Marine diatoms as optical chemical sensors. Appl. Phys. Lett., 2005, 87: 1 - 3.

［39］ Leduff P, Roesijadi G, Rorrer G L, et al. Micro-photoluminescence of single living diatom cells. Luminescence, 2016, 31: 1379 - 1383.

［40］ Jeffryes C, Solanki R, Rangineni Y, et al. Electroluminescence and photoluminescence from nanostructured diatom frustules containing metabolically inserted germanium. Adv. Mater., 2008, 20: 2633 – 2637.

[41] Kapilashrami M, Zhang Y, Liu Y S, et al. Probing the optical property and electronic structure of TiO_2 nanomaterials for renewable energy applications. Chem. Rev., 2014, 114: 9662 – 9707.

[42] Lang Y, Monte F D, Rodriguez B J, et al. Integration of TiO_2 into the diatom thalassiosira weissflogii during frustule synthesis. Sci. Rep., 2013, 3: 3205.

[43] Chauton M S, Skolem L M B, Olsen L M, et al. Titanium uptake and incorporation into silica nanostructures by the diatom pinnularia sp. (bacillariophyceae). J. Appl. Phycol., 2015, 27: 777 – 786.

[44] Machill S, Köhler L, Ueberlein S, et al. Analytical studies on the incorporation of aluminium in the cell walls of the marine diatom stephanopyxis turris. Biometals, 2013, 26: 141 – 150.

[45] Townley H E, Woon K L, Payne F P, et al. Modification of the physical and optical properties of the frustule of the diatom coscinodiscus wailesii by nickel sulfate. Nanotechnology, 2007, 18: 295101.

[46] Zhang G, Jiang W, Wang L, et al. Preparation of silicate-based red phosphors with a patterned nanostructure via metabolic insertion of europium in marine diatoms. Mater. Lett., 2013, 110: 253 – 255.

[47] Lee D H, Gutu T, Jeffryes C, et al. Nanofabrication of green luminescent Zn_2SiO_4: Mn using biogenic silica. Electrochem. Solid-State Lett., 2007, 10: K13 – K16.

[48] He J, Chen D, Li Y, et al. Diatom-templated TiO_2 with enhanced photocatalytic activity: biomimetics of photonic crystals. Appl. Phys. A: Mater. Sci. Process., 2013, 113: 327 – 332.

[49] Sun Z, Hu Z, Yan Y, et al. Effect of preparation conditions on the characteristics and photocatalytic activity of TiO_2/purified diatomite composite photocatalysts. Appl. Surf. Sci., 2014, 314: 251 – 259.

[50] Mao L, Liu J, Zhu S, et al. Sonochemical fabrication of mesoporous TiO_2 inside diatom frustules for photocatalyst. Ultrason. Sonochem., 2014, 21: 527 – 534.

[51] Lee Y C, Lee H U, Kim J, et al. Plasma-treated flexible aminoclay-decorated electrospun nanofibers for neural stem cell self-renewal. J. Nanosci. Nanotechnol., 2016, 16: 9699 – 9707.

[52] Toster J, Iyer K S, Xiang W, et al. Diatom frustules as light traps enhance DSSC efficiency. Nanoscale, 2013, 5: 873 – 876.

[53] Fang Y, Wu Q, Dickerson M B, et al. Protein-mediated layer-by-layer syntheses of freestanding microscale titania structures with biologically assembled 3 – D morphologies. Chem. Mater., 2009, 21: 5704 – 5710.

[54] Edward A, Lewis, David J, et al. Diatom frustules as a biomineralized scaffold for the growth of molybdenum disulfide nanosheets. Chem. Mater., 2016, 28: 5582 – 5586.

[55] Gutu T, Gale D K, Jeffryes C, et al. Electron microscopy and optical characterization of cadmium sulphide nanocrystals deposited on the patterned surface of diatom biosilica. J. Nanomater., 2009: 9.

[56] Jantschke A, Herrmann A K, Lesnyak V, et al. Decoration of diatom biosilica with noble metal

and semiconductor nanoparticles (< 10 nm): assembly, characterization, and applications. Chem.- Asian J., 2012, 7: 85 - 90.

[57] Li H, Jiang B, Yang X, et al. Near-infrared selective and angle-independent backscattering from magnetite nanoparticle-decorated diatom frustules. ACS Photonics, 2014, 1: 477 - 482.

[58] Ren F, Campbell J, Wang X, et al. Enhancing surface plasmon resonances of metallic nanoparticles by diatom biosilica. Opt. Express, 2013, 21: 15308 - 15313.

[59] Yang J, Zhen L, Ren F, et al. Ultra-sensitive immunoassay biosensor using diatom bio-silica with self-assembled plasmonic nanoparticles. J. Biophotonics, 2015, 8: 659 - 667.

[60] Kong X, Xi Y, Duff P L, et al. Detecting explosive molecules from nanoliter solution: a new paradigm of SERS sensing on hydrophilic photonic crystal biosilica. Biosens. Bioelectron., 2017, 88: 63 - 70.

[61] Kong X, Xi Y, Leduff P, et al. A digital-analog microfluidic platform for patient-centric multiplexed biomarker diagnostics of ultralow volume samples. Nanoscale, 2016, 8: 17285 - 17294.

[62] Javalkote V S, Pandey A P, Puranik P R, et al. Magnetically responsive siliceous frustules for efficient chemotherapy. Mater. Sci. Eng. C, 2015, 50: 107 - 116.

[63] Losic D, Mitchell J G, Lal R, et al. Rapid fabrication of micro- and nanoscale patterns by replica molding from diatom biosilica. Adv. Funct. Mater., 2007, 17: 2439 - 2446.

[64] Losic D, Mitchell J G, Voelcker N H, et al. Diatomaceous lessons in nanotechnology and advanced materials. Adv. Mater., 2009, 21: 2947 - 2958.

[65] Sandhage K H. Processing H-TC superconductors for higher critical current densities. JOM, 1992, 44: 41.

[66] Bao Z, Weatherspoon M R, Shian S, et al. Chemical reduction of three-dimensional silica micro-assemblies into microporous silicon replicas. Nature, 2007, 446: 172 - 175.

[67] Bao Z, Ernst E M, Yoo S, et al. Syntheses of porous self-supporting metal-nanoparticle assemblies with 3D morphologies inherited from biosilica templates (diatom frustules). Adv. Mater., 2009, 21: 474 - 478.

[68] Kusari U, Bao Z, Cai Y, et al. Formation of nanostructured, nanocrystalline boron nitride microparticles with diatom-derived 3 - D shapes. Chem. Commun. (Camb)., 2007, 11: 1177 - 1179.

[69] Ernst E M, Church B C, Sandhage K H, et al. Enhanced hydrothermal conversion of surfactant-modified diatom microshells into barium titanate replicas. J. Master. Res., 2007, 22: 1121 - 1127.

[70] Pan Z, Lerch S J L, Xu L, et al. Electronically transparent graphene replicas of diatoms: a new technique for the investigation of frustule morphology. Sci. Rep., 2014, 4: 6117.

[71] Yu Y, Addai-Mensah J, Losic D, et al. Synthesis of self-supporting gold microstructures with three-dimensiona morphologies by direct replication of diatom templates. Langmuir, 2010, 26: 14068 - 14072.

[72] Dolatabadi J E N, Guardia M. Applications of diatoms and silica nanotechnology in biosensing,

drug and gene delivery, and formation of complex metal nanostructures. TrAC, Trends Anal. Chem., 2011, 30: 1538 – 1548.

[73] Chao J T, Biggs M J, Pandit A, et al. Diatoms: a biotemplating approach to fabricating drug delivery reservoirs. Expert Opin. Drug Delivery, 2014, 11: 1687 – 1695.

[74] Townley H E, Parker A, White-Cooper H. Exploitation of diatom frustules for nanotechnology: Tethering active biomolecules. Adv. Funct. Mater., 2008, 18: 369 – 374.

[75] De Stefano L, Rotiroti L, De Stefano M, et al. Marine diatoms as optical biosensors. Biosens. Bioelectron., 2009, 24: 1580 – 1584.

[76] Rea I, Terracciano M, Chandrasekaran S, et al. Bioengineered silicon diatoms: adding photonic features to a nanostructured semiconductive material for biomolecular sensing. Nanoscale Res. Lett., 2016, 11: 1 – 9.

[77] Zhen L, Ford N R, Gale D K, et al. Photoluminescence detection of 2,4,6 – trinitrotoluene (TNT) binding on diatom frustule biosilica functionalized with an anti-TNT monoclonal antibody fragment. Biosens. Bioelectron., 2016, 79: 742 – 748.

[78] Mendes P M, Yeung C L, Preece J A, et al. Bio-nanopatterning of surfaces. Nanoscale Res. Lett., 2007, 2: 373 – 384.

[79] Wang W, Gutu T, Gale D K, et al. Self-assembly of nanostructured diatom microshells into patterned arrays assisted by polyelectrolyte multilayer deposition and inkjet printing. J. Am. Chem. Soc., 2009, 131: 4178 – 4179.

[80] Sapsford K E, Pons T, Medintz I L, et al. Biosensing with luminescent semiconductor quantum dots. Sensors, 2006, 6: 925 – 953.

[81] Sheppard V C, Scheffel A, Poulsen N, et al. Live diatom silica immobilization of multimeric and redox-active enzymes. Appl. Environ. Microbiol., 2012, 78: 211 – 218.

[82] Krauskopf K B. Dissolution and precipitation of silica at low temperatures. Geochim. Cosmochim. Acta, 1956, 10: 1 – 26.

[83] Kato K, Kitano Y. Solubility and dissolution rate of amorphous silica in distilled and sea water at 20℃. J. Oceanogr. Soc. Jpn., 1968, 24: 147 – 152.

[84] Pugh W. CXCIX—Germanium. Part IV. The solubility of germanium dioxide in acids and alkalis. J. Chem. Soc., 1929: 1537 – 1541.

[85] Plyasunov A V. Theory-based constraints on variations of infinite dilution partial molar volumes of aqueous solutes at various temperatures and water densities. Fluid Phase Equilib., 2014, 375: 11 – 17.

第 **5** 章

硅藻纳米结构的微纳光学器件：
自然光控制

伊拉里亚(Ilaria Rea),达达诺(Principia Dardano),
安东妮拉·费拉拉(Antonella Ferrara),
卢卡·德斯特凡诺(Luca de Stefano)

5.1 引言

从事光学和光子应用纳米结构材料(NMs)的人们都清楚地知道高质量设备的制造难度。因为在单个零件制造过程中,容许的公差仅为可见光范围内的数百纳米。有几种方法可以达到这些严格的要求。一种是不断提高生产工艺的极限,例如电光刻和光刻、聚焦离子束以及其他微纳米加工技术。这种解决方案要求购买和更新设备成本非常高,并且对人员技能方面要求非常高。另一种方法是基于自组装驱动的化学程序获得低成本的 NMs。自组装是自然界常用的创建复杂三维结构的方法。该方法以高度有序为特征,且从物质的基本单元(即原子和分子)开始合成。因此自组装也被称为自下而上的器件制造方法,与自上而下的方法相反,后者需要通过精确地雕刻散装材料来合成纳米结构材料。现代技术越来越多地考虑以自然启发的解决方案,而仿生学实际上定义为根据生物实体和过程建模的材料、结构和系统的设计和生产。从微观的单细胞生物到大型的脊椎动物和植物,都可以在生物体中发现独特的能力。例如,壁虎的脚[1]、黄油蝇翅膀的颜色[2]和荷叶的自洁表面[3]都是非常著名的具有机械和光学特征的例子,因为它们存在纳米结构和长短距离的完美平衡。其含有单细胞藻类原生质的无定形硅石微壳,表现出层级有序的孔阵列,使其具有意想不到的力学和光学特性[4-6]。由于硅藻的形状和形态千差万别,硅藻壳体长期以来一直被用作光学显微镜专业学生的标准教学对象。在本章中,我们将结合结构显微镜和光学显微镜对硅藻壳进行创新成像,并对其光子学特征进行深入表征。并在此基础上总结了一些硅藻壳体作为光学材料的新应用。

5.2 数字全息组合成像表征硅藻的超微结构

自光学显微镜问世以来,许多生物学家以及业余爱好者都研究了硅藻的美丽形态。在扫描电子显微镜(SEM)和原子力显微镜(AFM)得到的图中,硅藻壳体的形态复杂,即超微结构的复杂性。在新的成像程序中高空间清晰度已与数字全息显微镜(DHM)集成在一起,并在三维模型中保留了 SEM 和 AFM 的纳米级细节。

正如先前的研究所述[7-8],这并不简单。适当调节瓣膜的扫描电镜,使研究人员只能获得近似的三维模型的图像,使得其仅适用于光传播的粗略模拟。参考文献[9]和[10]中提出了一种新的成像方法,能实现三种不同硅藻物种壳体的三维可视化。这种方法是将 SEM 和 DHM 组合使用,作为该方法的扩展可用于 SEM 和 AFM 的结合。该方法是一种非破坏性的无标记 DHM 成像技术,能够在三维环境中直接重建物体。DHM 是强大的能够直接在 3D 中重建对象的影像技术,全息图是在干涉结构中使用具有高时空相干性的激光源获得的特殊图像(见图 5.1)。为研究蛛形纲动物和藻属瓣膜,采用输出功率为 30 mW 的连续波(CW)激光器(λ = 632.8 nm)。通过用防护膜束状的激光束分裂激光源获得参考光束和对象光束。

为了在两个光束中获得相等的偏振方向以改善条纹对比度,在物镜中使用了一个 $\lambda/2$ 波片。通过显微镜物镜收集物光束,其中数值孔径(NA)和放大倍数(M)分别为 NA = 0.25 和 M = 10×。两束光通过第二个分束器后重组,然后通过 CCD 相机(1 392×1 040 像素,尺寸为 $\Delta x = \Delta y = 4.7 \ \mu m$)成像。DHM 得到 3D 模型的分辨率与 xy 平面的显微镜分辨率有关,而沿 z 方向的分辨率(即传播光的方向)与波长有关($\Delta Z = \lambda/20$)。

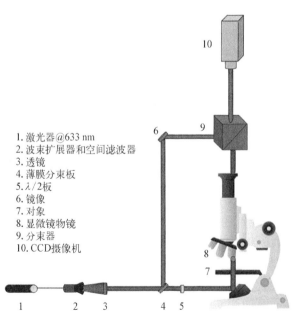

1. 激光器@633 nm
2. 波束扩展器和空间滤波器
3. 透镜
4. 薄膜分束板
5. $\lambda/2$板
6. 镜像
7. 对象
8. 显微镜物镜
9. 分束器
10. CCD摄像机

图 5.1 用于数字全息表征的实验装置示意图

将重构算法应用于所获

取的全息图上,可以对待测物体所散射的复杂光学波阵面的离散形式进行数值评估[11]。为了在空间上分离三个衍射项,通常采用参考光束和物光束之间角度较小(偏轴配置)的结构。

相比需要 z 方向扫描以获得 3D 图像的其他方法,将 SEM 和全息成像相结合的过程并不耗时。因为 SEM 和 DHM 图像都是在单次采集中得到,并且图像处理的矩阵数据处理较为容易。结合 SEM 可以将类似的算法应用于 AFM 成像。在这种情况下,通过 xy 平面中的更高分辨率可以弥补 AFM 成像所需的更多采集时间。

在三维重建中由非晶态水合纳米多孔二氧化硅组成的蛛形硅藻壳体,显示出平均直径约为 200 μm 的近乎完美的圆形孔[12-13]。内部结构的特点是中心环法兰和细长的径向狭缝,而瓣膜的外部结构则具有平坦的中央区域。在瓣膜的两个部分中,都存在逐渐递减的微米级和亚微米级多孔超微结构。

将参考文献[9]中报告的原始数学程序应用于所获取图像(SEM 或全息图)中的两个矩阵之一,可以在一个图像中相对于另一个图像进行平移、旋转和放大瓣膜的操作,如图 5.2 所示。

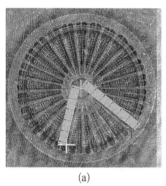 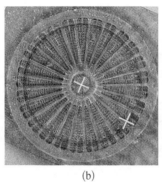 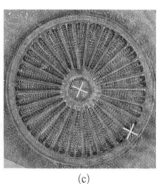

(a)　　　　　　　　　　(b)　　　　　　　　　　(c)

图 5.2　图像的重建

(a) 重建的第一步是对 SEM 和 DHM 图片进行定心,图片的透明覆盖强调了两张图片中同一阀门的不同方向(由角度 α 给出)和尺寸;(b) 第二步是旋转,透明覆盖仍然强调不同的大小;(c) 第三步是放大调整

图 5.3 显示了通过 DHM 检索的瓣膜相位图的 3D 重建的最终纹理,以及相应的扫描电镜图像。

研究者还发现了一种由几乎椭圆形的硅结构组成的圆筛藻。圆筛藻属的硅藻属于尖状目,其特征是瓣的两侧对称[12-13]。它们是异瓣的,一个瓣(R 瓣膜)显示出了中缝胸骨,另一个瓣(P 瓣膜)则缺少中缝,但显示出了相应的无缝隙罗胸骨。圆筛藻有一个扁平的、呈 C 形独特的质体[12-13]。这些瓣膜是椭圆形或近似圆形,R 瓣膜通常比 P 瓣膜凸度小。利用前面介绍的数学方法,将圆筛藻瓣膜的扫描电镜图像重叠在同一瓣膜的三维重建上,利用全息技术,实现了圆筛藻单瓣膜三维模型

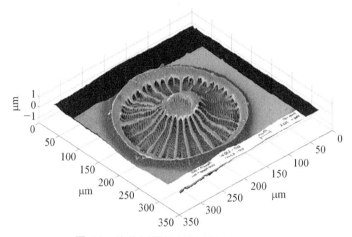

图 5.3　蜘蛛网膜的 SEM 和 DHM 合并图

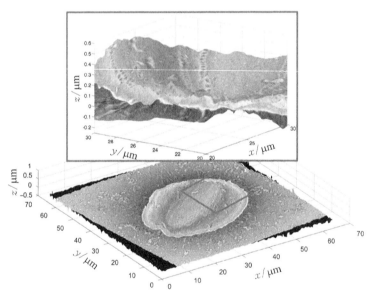

图 5.4　圆筛藻的 SEM 和 DHM 合并图

在插图中,突出显示了硅藻重建区域的缩放视图

的可视化(长轴 50 μm,厚度 0.5 μm)。

　　横向尺寸的测量可以使用相同的方法。事实上,通过这种算法,扫描电镜图可以在通过原子力显微镜获得的横向尺寸的测量值上"扩散",从而使这种三维重建方法扩展到亚微米尺寸的物体上。然而,由于像素固定,AFM 的分辨率随着视场的增大而急剧下降,因此 AFM 需要的拍摄时间更长,并且仅在需要检索局部区域时表现出相对于 DHM 的优势。相反,当少数孔隙的视场很小时,AFM 的分辨率很高。

采用原子力显微镜和扫描电镜相结合的方法，对典型的威氏圆筛藻进行研究。其特征为壳体的径向对称性及其孔结构。整个壳体主要成分为氢化多孔硅石，且形态为由两个侧向连接的圆形瓣膜组成的准圆形。圆筛藻瓣膜由重叠的两层组成：外层的特征是直径约为 250 nm 的孔的复杂阵列和约为 500 nm 的晶格常数，而内层的孔则具有直径 1.2~1.5 μm 的六边形孔且呈对称分布，晶格常数约为 2 μm。

图 5.5 展示了威氏圆筛藻瓣膜的一小部分，从图中可以明显看到使用这种技术可以很好地重建纳米物体的结构。

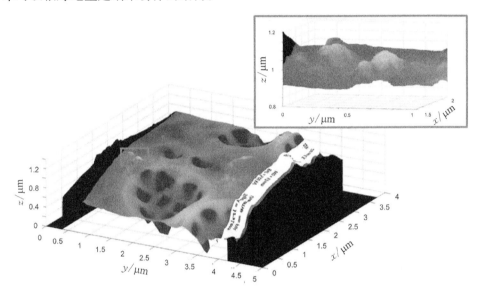

图 5.5　威氏圆筛藻孔的 SEM 和 AFM 合并图

在插图中，显示细节放大视图的重构

研究者利用这一创新算法得到了真实的、完整的三维模型，完整地描述了瓣膜的非均匀形态。数值模拟得到的三维模型对于研究光在复杂微纳米结构介质中的传播是非常有用的。此外，该方法适用于通过任何显微镜技术（例如荧光显微镜）获得的图像，使用荧光显微镜可以将图像与 DHM 测量值合并，虽然清晰度会下降，但可以获得荧光图的附加信息。

5.3　硅藻的光学性质

5.3.1　硅藻光致发光

Canham 于 1990 年首次证明了多孔硅在室温下的有效可见光致发光（PL）。

发光是由于在构成材料的纳米结构(尺寸约为 3 nm)内部的电荷的量子约束效应[14]。低维半导体的研究者对此发现十分感兴趣,原因有两个:硅是主导微电子革命的材料,而由于其 1.12 eV 的间接带隙而不能高效发光;但是由多孔硅制备的发光器件(LED)功率效率可达 1%[15]。因此,多孔二氧化硅用于光发射的新型光子器件也得到了广泛的研究[16]。由天然多孔 SiO_2 制成的硅藻壳体具有光致发光和合成二氧化硅的特性。在 He‐Cd 激光的 325 nm 光束下,硅藻的二氧化硅骨架发射出肉眼清晰可见的强 PL[17]。硅藻壳体以约 2.5 eV(495 nm)为中心的宽带和以 3.2 eV(387 nm)的峰为特征:2.5 eV 处的峰是由于在壳内部和表面上存在的结构硅烷醇基(SiOH)[18];3.2 eV 是由于表面存在氢化硅基团(SiH)[19]。

即使硅藻壳体的主要成分是无定形二氧化硅,还存在黏土、盐、有机物、无机氧化物(Al_2O_3,FeO_3,$CaCO_3$,CaO,K_2O,Na_2O 和 MgO)。这些杂质会严重影响原子发出的光信号。为了去除藻壳上的杂质,研究者提出了几种基于热酸处理的纯化方法[20]。例如,硅藻在 80℃ 溶液(2 mol/L H_2SO_4,10% H_2O_2)中处理 30 min 以去除有机杂质,然后在 80℃ 的 5.0 mol/L 盐酸溶液中过夜去除金属杂质。最后通过 PL 分析和傅里叶变换红外光谱评估净化处理效果[21]。

5.3.2 无透镜聚焦

硅藻由无定形的水合二氧化硅组成,具有复杂且准确有序的孔,其尺寸范围可以从纳米级到微米级。Fuhrmann 等首先研究了硅藻作为活的光子晶体,发现可见光谱范围内的光可以耦合到硅藻壳体上,这可以看作是光子是具有中等折射率比的晶体平板波导[22]。硅藻壳体的纳米结构由于具有有序模式的孔,纯衍射也表现出光子效应,因此对这种复杂结构的表征对下一代光子器件的发展具有重要的意义。2007 年,De Stefano 等首先发现威氏圆筛藻硅藻壳能够聚焦光线[23]。

在该实验中,红色激光(直径为 100 μm)穿过硅藻壳体后,在 104 μm 的距离处变窄为小于 10 μm 的光斑,从而起到了微透镜的作用。电磁场传播的数值模拟与实验结果非常吻合,说明聚焦效应是由于硅藻瓣表面的孔图案压力所散射的波的叠加所致。对于可见光范围的非相干光也得到了相似的结果[24-27],但衍射发现效率与波长密切相关(大约 z = 71.2 μm 占 80%,z = 0 μm 占 30% 和 z = 437.3 μm 占 20%)[28]。圆筛藻也被用于光纤顶部的测量,且显示出了由位置依赖衍射产生的独特的可调滤效果[29]。同样能产生效应的波长与硅藻瓣膜的孔结构周期性变化。最近,两种不同的圆筛藻通过透射共聚焦高光谱成像,以研究中央梭菌和数值计算[30]。实验结束观察到光的会聚、浓度和俘获效应,这些效应与入射光的角度无关且效应取决于波长和瓣膜方向。可以用光的衍射来解释。

例如,Di Caprio 等[31]研究了圆筛藻的单个瓣膜的光约束效应,并且在文献中首次通过数字全息技术获取了光场相位的演变。

通过使用 DHM 技术,可以研究给定硅藻瓣膜的透射强度沿 z 方向的行为。借助于适当的数值并以 $\lambda/20$ 扫描间距沿 z 方向重建物体。因此,相对于经典测量方法要求通过 SEM 沿光轴不同位置获取多个图像,DHM 给出了 z 传播非常精确的表征。利用 DHM 提供的这种可能性,可以在不同距离处重构高度对称的蛛形藻的单个瓣膜和强度分布。如图 5.6 所示,在空气中通过硅藻瓣膜的对焦平面(即采集平面)和两个不同位置对光进行重构,入射距离为 632.8 nm[图 5.6(b)中 $z=71.2\ \mu m$,图 5.6(c)中 $z=437.3\ \mu m$];在硅藻中心观察到沿 z 方向的光限制和光环出现在特定距离处,这可能是由于瓣膜边缘和硅藻内部壳体的衍射;如图 5.6(d)所示,考虑所有三个距离的沿瓣膜直径($y=163\ \mu m$)的强度分布图,实测半高全宽(FWHM)点的值总结在表 5.1 中。因此,结果表明直径约 1 cm 的相干入射光束的压缩倍数大于 1 000。

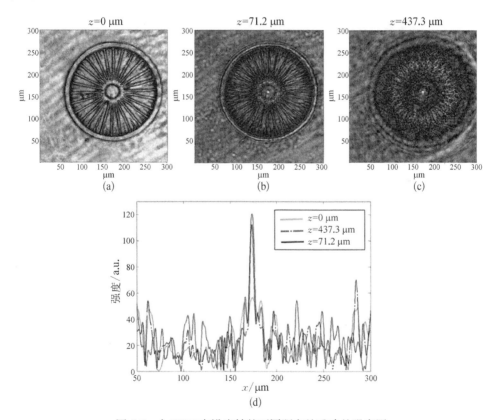

图 5.6　由 DHM 在沿光轴的不同距离处重建的强度图

(a) 在焦平面上($z=0\ \mu m$);(b)和(c) 在焦平面之前($z=71.2\ \mu m,z=437.3\ \mu m$),光限制发生在硅藻中心光轴上的一个区域;(d) 在沿光轴在焦平面上的距离获得的强度分布($z=0\ \mu m$)和聚焦前方获得的强度分布平面($z=71.2\ \mu m;z=437.3\ \mu m$)

表 5.1 两个不同点的半峰全宽（FWHM）

$z/\mu m$	FWHM$/\mu m$
71.2	9.2
437.3	10.1

De Tommasi 等利用蛛形藻瓣膜，结合正交结构光照，实现了一种生物超分辨透镜，实现了远场的亚衍射聚焦[32]。利用光学本征模技术表征和利用这些瓣膜的传输特性，以前所未有的分辨率极限比将光限制在一个微小的点上。

5.4 基于硅藻的光学应用

5.4.1 气相传感

由于硅藻壳体中的多孔硅和多孔水合无定形二氧化硅之间的相似性，这种材料被用作气体传感器。事实上，由于挥发性物质被困在纳米级的孔中，气相和孔壁表面之间存在很强的相互作用。由于所涉及的体积很小，气体可能会发生相变并变成液体，而 SiO_2 基质会演变成液固混合的复合物，使得其化学和物理性质发生了很大变化[33-34]。在这种情况下，气体的自由载流子减少，从而增强或抑制相关的物理过程（如电导率和能量转换）。De Stefano 等发现，将硅藻壳体暴露在受控的气体环境中，硅藻壳体发出的光致发光受到环境的强烈影响[35]。而暴露在气体中会改变信号的强度和峰值位置[36-37]。从这个角度来看，硅藻是一种天然的特殊传感器，与多孔硅或多孔氧化铝载体类似，可以用于区分纯物质，但它们不允许识别复杂混合物中的单个组分，这意味着它们没有选择性的[38]，选择性可以通过硅藻表面的生物分子来实现，可以通过用能够特异性识别目标分析物（例如卟啉或其他生物有机物）的生物分子功能化硅藻表面来实现选择性。

5.4.2 生物传感

由于硅藻具有有序的多孔结构、高的比表面积、可定制的表面化学性质以及低成本，硅藻已应用于其他传感领域。其中，在光学生物传感领域获得了非常有趣的结果。通过将生物分子探针固定在硅质硅藻表面可以得到硅藻基生物传感器[39]。大多数的固定方法都用的是成熟的硅烷醇和硅烷化学法。

在参考文献[40]中，De Stefano 等证明了用小鼠单克隆抗体 UN1 修饰的威氏圆筛藻可作为肽 G23 的无标记光致发光生物传感器，并模拟了 UN1 的抗原表位。为了固定抗体，首先将硅藻表面在 3-氨基丙基三乙氧基硅烷（APTES）溶液中进行硅烷化，然后用戊二醛（GA）处理。戊二醛是一种能与硅烷化表面上的氨基发生反应的同功能交联剂。然后用与抗体的 Fc 部分具有高亲和力的蛋白 A(PrA)对硅藻进行功能化以准确定位 UN1，因为该蛋白。硅藻表面功能化以获得生物传感器的过程如图 5.7 所示。图 5.7 分别显示了功能化硅藻与肽 G23 和作为对照的加扰肽相互作用前后的 PL 光谱。当暴露于 G23 肽时，由于硅藻表面的电子过多，发光强度增强，而暴露于拥挤肽时，光谱没有变化。Rorrer 等还证明了抗体功能化的小环藻作为无标记光致发光生物传感器的可行性[41-42]。

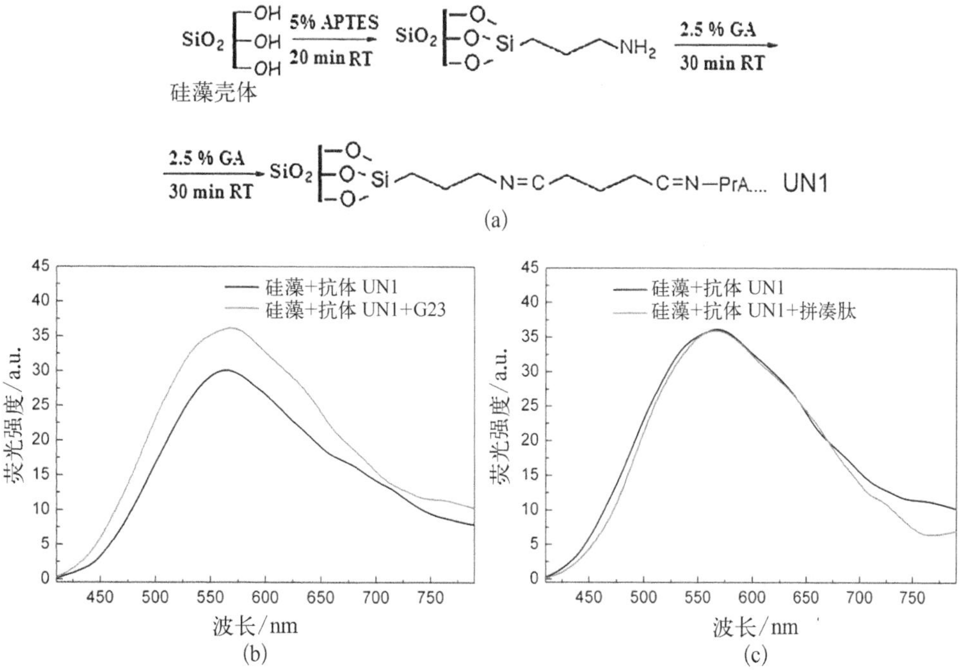

图 5.7 硅藻表面功能化的过程

(a)圆筛藻的功能化方案用于将抗体 UN1 固定在硅藻表面；(b)识别肽 G23 前后的 UN1 功能化硅藻的 PL 光谱；(c)与肽相互作用前后的 UN1 功能化的硅藻的 PL 光谱

相同的修饰化学法已用于通过磁热过程转化为硅结构的硅藻[43]。湿表面化学处理增强了硅藻产生的 PL 发射，同时允许通过硅烷化固定生物探针(即蛋白质和抗体)。半导体硅藻的光发射可用于抗体抗原识别。

所有这些结果都表明天然多孔二氧化硅是一种多用途的光学生物传感器。

5.4.3 表面增强拉曼光谱

表面增强拉曼散射(SERS)由于其高灵敏度、低检测限(浓度小于 10^{-8} mol/L)以及单分子检测的特征，使得其适用于标准拉曼光谱失效的情况，因此在分析化学、表面科学、电化学、生物学和材料研究等领域具有重要的应用价值。近年来，硅藻壳体已经用于金属改性,以便获得低成本、高可用的 SERS 载体。由硅藻表面上自组装银纳米颗粒构成的杂化纳米结构已用抗小鼠 IgG 进行了功能化。这种生物传感器可以检测低至 10 pg/mL 的小鼠 IgG[44-45],是平板玻璃上传统 SERS 传感器的100 倍。镀金硅藻壳体由于其纳米结构表面的形貌和化学镀金的光滑性,显现了对巯基苯胺拉曼信号的增强因子约为 10^5[46]。De Tommasi 还报道了硅藻壳体经溅射金层修饰后的 SERS 增强[47]。

5.5 结论

关于硅藻壳体为什么在其表面上具有这些美丽而复杂的孔隙图案,目前尚无明确的解释。这种形态可能具有抗病毒功能,增加机械强度,并且还可以操纵太阳光。从光学的角度来看,壳状结构似乎能充分利用光,同时减少紫外线照射对细胞内 DNA 的危害。事实上,入射波长不同,光沿 z 轴的限制而产生的焦距是不同的。特别是热点到瓣膜的主距离随着波长的增加而减小[48]。这种沿光轴限制光的有趣行为可用于集成光子器件中以实现微透镜。而通过改变入射波长观察到的不同焦距可能使得单个硅藻瓣膜像微透镜一样作为微光学机电系统中的微单色器元件。

参 考 文 献

[1] Gong G, Zhou C, Wu J, et al. Nanofibrous adhesion: the twin of gecko adhesion. ACS Nano, 2015, 9: 3721 – 3727.

[2] Butt H, Yetisen A K, Mistry D, et al. Morpho butterflies: morpho butterfly-inspired nanostructures. Adv, Opt. Mater., 2016, 4: 497 – 504.

[3] Lv C, Hao P, Yao Z, et al. Condensation and jumping relay of droplets on lotus leaf. Appl. Phys. Lett., 2013, 103: 1103.

[4] De Stefano M, De Stefano L. Nanostructures in diatom frustules: functional morphology of valvocopulae in Cocconeidacean monoraphid taxa. J. Nanosci. Nanotechnol., 2005, 5: 15 – 24.

[5] Pennesi C, Poulin M, De Stefano M, et al. New insights to the ultrastructure of some marine species section Sulcatae (Bacillariophyceae), including sp. nov. Phycologia, 2011, 50: 548 – 562.

[6] Stefano M D, Stefano L D, Congestri R. Functional morphology of micro- and nanostructures in two distinct diatom frustules. Superlattices & Microstructures, 2009, 46: 64 – 68.

[7] Ferrara M A, Dardano P, De Stefano L, et al. Optical properties of diatom nanostructured biosilica in Arachnoidiscus sp: micro-optics from mother nature. PLoS One, 2014, 9: 1 – 8.

[8] Maibohm C, Friis S M M, Ellegaard M, et al. Interference patterns and extinction ratio of the diatom Coscinodiscus granii. Opt. Express, 2015, 23: 9543 – 9548.

[9] Ferrara M A, De Tommasi E, Coppola G, et al. Diatom valve three-dimensional representation:

a new imaging method based on combined microscopies. Int. J. Mol. Sci., 2016, 17: 1645.

[10] De Tommasi E, Rea I, De Stefano L, et al. Optics with diatoms: towards efficient, broinsprred photonic devices at the micro-scale. SPIE Optical Metrology. 2013: 879200.

[11] Yu L, Cai L. Iterative algorithm with a constraint condition for numerical reconstruction of a three-dimensional object from its hologram. J. Opt. Soc. Am., 2001, 18: 1033 – 1045.

[12] Hasle G R. Atlas and catalogue of the diatom types of friedrich hustedt. Phycologia, 1987, 27: 300 – 301.

[13] Round F E, Crawford R M, Mann D G. Diatoms: biology and morphology of the Genera. Taxon, 1990, 40: 233 – 235.

[14] Canham L T. Silicon quantum wire array fabricated by electrochemical and chemical dissolution of wafers. Appl. Phys. Lett., 1990, 57: 1046 – 1048.

[15] Gelloz B, Koshida N. Electroluminescence with high and stable quantum efficiency and low threshold voltage from anodically oxidized thin porous silicon diode. J. Appl. Phys., 2000, 88: 4319 – 4324.

[16] Glinka Y D, Lin S H, Hwang L P, et al. Photoluminescence from mesoporous silica: similarity of properties to porous silicon. Appl. Phys. Lett., 2000, 77: 3968 – 3970.

[17] Butcher K S A, Ferris J M, Phillips M R, et al. A luminescence study of porous diatoms. Mater. Sci. Eng. C, 2005, 25: 658 – 663.

[18] Lettieri S, Setaro A, Stefano L D, et al. The gas-detection properties of light-emitting diatoms. Adv. Funct. Mater., 2008, 18: 1257 – 1264.

[19] Wehrspohn R B, Zhu M, Godet C, et al. Visible photoluminescence and its mechanisms from a-SiOx: H films with different stoichiometry. J. Lumin., 1998, 80: 449 – 453.

[20] Osman S, Goren R, Ozgir C, et al. Purification of diatomite powder by acid leaching for use in fabrication of porous ceramics. Int. J. Miner. Process., 2009, 93: 6 – 10.

[21] Rea I, Martucci N M, De Stefano L, et al. Diatomite biosilica nanocarriers for siRNA transport inside cancer cells. Biochim. Biophys. Acta, Gen. Subj., 2014, 1840: 3393 – 3403.

[22] Fuhrmann T, Landwehr S, El R M, et al. Diatoms as living photonic crystals. Appl. Phys. B, 2004, 78: 257 – 260.

[23] De Stefano L, Rea I, Rendina I, et al. Lensless light focusing with the centric marine diatom Coscinodiscus walesii. Opt. Express, 2007, 15: 18082 – 18088.

[24] Tommasi E D, Rea I, Mocella V, et al. Multi-wavelength study of light transmitted through a single marine centric diatom. Opt. Express, 2010, 18: 12203 – 12212.

[25] Tommasi E D, Stefano L D, Rea I, et al. Light micro-lensing effect in biosilica shells of diatoms microalgae. Proc. SPIE Micro-optics, 2008, 6992: 69920.

[26] De Stefano L, Maddalena P, Moretti L, et al. Nano-biosilica from marine diatorns: A brand new material for photonic applications. Superlattices Microstruct., 2009, 46, 84 – 89.

[27] De Stefano L, De Stefano M, De Tommasi E, et al. A natural source of porous biosilica for nanotech applications: the diatoms microalgae. Phys. Status Solidi c, 2011, 8: 1820 – 1825.

[28] Noyes J, Sumper M, Vukusic P. Light manipulation in a marine diatom. J. Mater. Res., 2008,

23：3229 – 3235.

[29] Kieu K, Li C, Fang Y, et al. Structure-based optical filtering by the silica microshell of the centric marine diatom Coscinodiscus wailesii. Opt. Express, 2014, 22：15992 – 15999.

[30] Romann J. Optical properties of single diatom frustules revealed by confocal microspectroscopy. Opt. Lett., 2015, 40：740 – 743.

[31] Di Caprio G, Coppola G, Stefano L D, et al. Shedding light on diatom photonics by means of digital holography. J. Biophotonics, 2014, 7：341 – 350.

[32] De Tommasi E, De Luca A C, Lavanga L, et al. Biologically enabled sub-diffractive focusing. Opt. Express, 2014, 22：27214 – 27227.

[33] Moretti L, De Stefano L, Rendina I. Quantitative analysis of capillary condensation in fractal-like porous silicon nanostructures. J. Appl. Phys., 2007, 101：024309.

[34] Moretti L, Rea I, Stefano L D, et al. Periodic versus aperiodic：enhancing the sensitivity of porous silicon based optical sensors. Appl. Phys. Lett., 2007, 90：1467.

[35] De Stefano L, Rendina I, De Stefano M, et al. Marine diatoms as optical chemical sensors. Appl. Phys. Lett., 2005, 87：233902.

[36] Setaro A, Lettieri S, Maddalena P, et al. Highly sensitive optochemical gas detection by luminescent marine diatoms. Appl. Phys. Lett., 2007, 91：051921.

[37] Bismuto A, Setaro A, Maddalena P, et al. Marine diatoms as optical chemical sensors：a time-resolved study. Sens. Actuators B, 2008, 130：396 – 399.

[38] De Stefano L, Oliviero G, Amato J, et al. Aminosilane functionalizations of mesoporous oxidized silicon for oligonucleotide synthesis and detection. J. R. Soc. Interface, 2013, 10：20130160.

[39] De Stefano L, Lamberti A, Rotiroti L, et al. Interfacing the nanostructured biosilica microshells of the marine diatom Coscinodiscus wailesii with biological matter. Acta Biomater., 2008, 4：126 – 130.

[40] Stefano L D, Rotiroti L, Stefano M D, et al. Marine diatoms as optical biosensors. Biosens. Bioelectron., 2009, 24：1580 – 1584.

[41] Gale D K, Gutu T, Jiao J, et al. Photoluminescence detection of biomolecules by antibody-functionalized diatom biosilica. Adv. Funct. Mater., 2009, 19：926 – 933.

[42] Zhen L, Ford N, Gale D K, et al. Photoluminescence detection of 2,4,6 – trinitrotoluene (TNT) binding on diatom frustule biosilica functionalized with an anti-TNT monoclonal antibody fragment. Biosens. Bioelectron., 2016, 79：742 – 748.

[43] Rea I, Terracciano M, Chandrasekaran S, et al. Bioengineered silicon diatoms：adding photonic features to a nanostructured semiconductive material for biomolecular sensing. Nanoscale Res. Lett., 2016, 11：405.

[44] Ren F, Campbell J, Wang X, et al. Enhancing surface plasmon resonances of metallic nanoparticles by diatom biosilica. Opt. Express, 2013, 21：15308 – 15313.

[45] Yang J, Zhen L, Ren F, et al. Ultra-sensitive immunoassay biosensors using hybrid plasmonic-biosilica nanostructured materials. J. Bio-photonics, 2015, 8：659 – 667.

[46] Rea I, Terracciano M, Chandrasekaran S, et al. Bioengineered silicon diatoms：adding photonic

features to a nanostructured semiconductive material for biomolecular sensing. *Nanoscale Res. Lett.*, 2016, 11: 405.

[47] Edoardo D T. Light manipulation by single cells: the case of diatoms. J. Spectrosc, 2016: 1 - 13.

[48] Romann J C, Valmalette J C, Chauton M S, et al. Wavelength and orientation dependent capture of light by diatom frustule nanostructures. Sci. Rep., 2015, 5: 17403.

第 **6** 章

硅藻上蛋白质的固定化

克鲁格(N. Kröger),杜比(N. C. Dubey),库马里(E. Kumari)

6.1 引言

蛋白质是生命的重要组成部分。酶催化细胞中的每个代谢反应,受体蛋白完成细胞内和细胞外信息传递的高度特异性分子相互作用,结构蛋白调节并维持细胞形态。关于化学反应的增强,酶比合成催化剂高出许多数量级。作为受体蛋白,抗体与相应抗原相互作用的多功能性和特异性无与伦比。因此,酶和抗体被广泛用于化学合成、化学传感、分子分离和食品加工的技术[1-4]。酶和受体蛋白的功能完全取决于它们的三维结构(即天然构象)。时间久了,尤其是在细胞外的非生理条件下,蛋白质会失去其天然构象并失去活性。蛋白质的固定化已成为通过稳定其天然构象而在体外提高蛋白质活性的强大工具。通常有三种固定蛋白质的方法:① 附着到固体支持材料上;② 在固体材料形成过程中原位包封;③ 蛋白质间交联生成多聚体固体蛋白质颗粒[5]。本章讨论蛋白质作为固体支持材料与硅藻生物 SiO_2 的附着。

尽管固定化能提高蛋白质的稳定性,但是与固相支持物结合后,酶和受体蛋白的催化活性和配体结合能力通常会降低[6]。这主要有两个原因,首先在大多数情况下,对蛋白质与固相支持物结合的方向没有控制或控制很少,一部分蛋白质分子可能会以特定的方向与表面结合,在该方向上,活性位点或配体结合位点被支持物表面部分甚至完全封闭[7]。其次,分子通过固体支持物扩散明显比溶液中的慢,从而降低了酶-底物和配体-受体复合物的生成速度[8]。由于高表面积可提高蛋白质结合能力,因此使用高孔隙率的材料作为载体通常是有利的[9]。因此,合成的介孔 SiO_2 颗粒(如 MCM-41 和 SBA-1)经常用作固定蛋白的支持材料[9-10]。这些颗粒的孔径为 2~50 nm[11],因此可以掺入蛋白质分子或蛋白质复合物,并且允许大多数底物和配体分子在整个材料中扩散(一个 30 kDa 的球形蛋白质的流体动力直径为 6 nm)[12]。SiO_2是用于固定蛋白质的理想载体材料。因为其具有很高的化学和机械稳定性,其亲水性表面性质允许与蛋白质形成氢键和静电相互作用,从而模仿了水性细胞环境。此外,SiO_2在 200 nm~2 μm 的波长范围内是光学透明的,从而可以通过紫外可见吸收光谱分析固定化蛋白质的结构和功能[13]。最后二氧化硅的生物相容性使二氧化硅固定蛋白质在体内的应用成为可能[14]。

　　介孔 SiO_2材料很容易通过使用自组装有机模板在强碱或强酸性条件下合成[15-16]。相反,硅藻可在温和的生理学条件下进行介孔 SiO_2基细胞壁的合成,并且所得到的材料的孔径范围宽得多(孔径范围从几十纳米到几百纳米)。硅藻质 SiO_2的开放式分层 3D 体系结构可将较大的蛋白质和蛋白质复合物固定在孔中,并且能通过材料进行大量运输。此外,硅藻质生物 SiO_2的合成是可再生的过程,其能量完全由阳光驱动。在全球范围内,大量的化石硅藻质 SiO_2沉积物(硅藻土)提供了充足的材料供应[17]。尽管硅藻土是一种低成本的材料,但它存在高度破碎且由许多不同硅藻物种生物 SiO_2异质混合物组成的缺点。为了生物量产而建立大规模微藻养殖的投入,可能很快就能通过单种硅藻培养物生产结构均一的生物 SiO_2 材料[18-19]。本章将重点介绍硅藻固定蛋白质的一般策略及其在催化、传感和药物传递中的应用(见图 6.1)[20-23]。

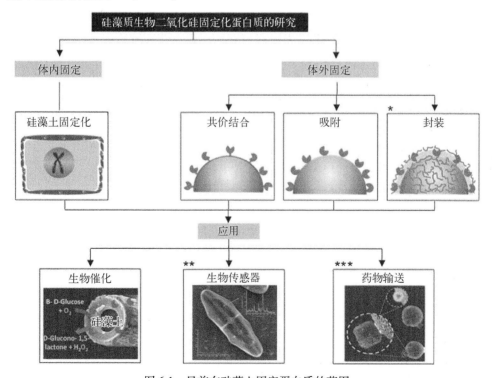

图 6.1　目前在硅藻上固定蛋白质的范围

6.2 在硅藻质二氧化硅上固定蛋白质的方法

硅藻土(DE)最容易获得的硅藻质二氧化硅,它是从自然矿床中开采出来,通常需要通过过滤、酸处理和煅烧来分离[24-25]。DE 主要是由硅藻质生物二氧化硅颗粒(占比大于 90%)组成,但由于它们来源于许多不同的硅藻物种,因此它们大部分结构多样。结构异质性和化学杂质对于材料的应用而言并不理想。

相反,高度完整且单分散的生物质二氧化硅可以从单特异性硅藻培养物中分离[26]。这种天然硅藻质二氧化硅是由无定形 SiO_2(占比约为 90%)和少量有机物质(占比约为 10%)组成的混合材料。通过酸处理和煅烧可以完全除去有机材料,所得纯无机生物二氧化硅的比表面积(SSA)可达 200 $m^2 \cdot g^{-1}$(DE 的 SSA 要低得多)[24, 27]。由于它们的化学相似性,在体外蛋白质固定在生物二氧化硅上的方法与合成 SiO_2 基本相同。此外,对硅藻中硅石生物发生的分子机理的深入了解,催生了一种将基因工程用于固定酶和受体蛋白的全新方法[28-29]。我们总结了在硅藻生物体上进行体内和体外固定蛋白质的方法。

6.2.1 体外固定

硅藻质二氧化硅(如合成二氧化硅)的表面特性受到硅烷醇和硅烷醇盐基团影响。这些基团通过氢键和静电相互作用实现蛋白质的非共价结合(吸附),以及化学衍生以引入通过共价结合不可逆地附着蛋白质的官能团。与生物二氧化硅表面结合的蛋白质可以通过封装在二氧化硅层中进一步稳定,该二氧化硅层通过表面介导的仿生矿化过程产生(见图 6.2)。

6.2.1.1 吸附法

氢键吸附和静电吸引是将蛋白质固定在硅藻质二氧化硅上的最基本的方法,因为它不会改变蛋白质的化学结构。然而,生物 SiO_2 和蛋白质分子之间的非共价相互作用很容易被逆转,很可能发生蛋白质的解吸。由于静电吸引是蛋白质吸附生物二氧化硅的主要作用,在高离子强度和酸性 pH 的缓冲液中解吸更为严重[30-31]。在高离子强度下,溶液离子会屏蔽生物二氧化硅的负电荷和蛋白质表面的正电荷。由于硅醇盐基团的质子化,以及随着溶液酸度的增加,生物二氧化硅表面上的负电荷数量逐渐减少。基于上述原因,在选定的 pH 下表现出净正表面电荷的蛋白质特别适合吸附生物二氧化硅。然而,在 pH 为 7.0 时,带负电的 BSA(pI=4.7)与硅藻结合,其产率与带正电的溶菌酶(pI=11.4)几乎相同[30]。这表明 BSA 表面的氢键和正电荷区有助于 BSA 的吸附。由于 BSA 的静电贡献对生物二氧化硅结合比溶菌酶低得多,预计后者对生物二氧化硅的亲和力更高。然而,这还没有被研究过。

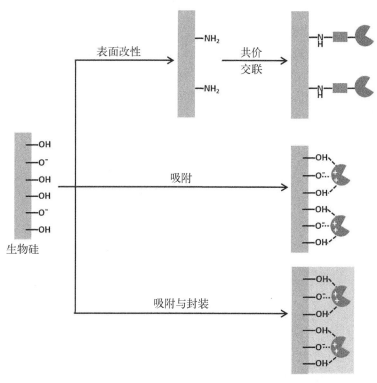

图 6.2　硅藻上蛋白质固定体外方法的示意图

为了增强不同等电点的蛋白质与生物二氧化硅静电结合的能力,人们研究出了二氧化硅结合位点。使用同双功能交联剂(辛二酸双磺基琥珀酰亚胺基)硫酸氢盐(BS3)将葡萄糖氧化酶(GOx)与易于获得的聚阳离子肽鱼精蛋白(PA,即来自鱼精子的高度丰富的蛋白质)共价交联,得到衍生物 GOx - PA。GOx - PA 在 pH = 7.0 处带负电(电位 $\zeta = -2.9 \pm 1.6$ mV),而 GOx - PA 存在数个电荷而带正电(电位 $\zeta = 5.1 \pm 1.0$ mV)。共价连接的 PA 肽附着不会影响酶的催化活性[20]。在 pH = 7.0 时,DE 可以结合的 GOx - PA 比 GOx 多 50 倍,这表明 GOx - PA 的硅结合主要是由于 PA 肽的存在。因此为避免共价交联,可通过重组引入 SiO_2 结合位点在硅藻生物二氧化硅上固定蛋白质 DNA 的技术[32]。

用三种不同的酶证明了这一点:纤维素酶、葡萄糖激酶和葡萄糖 - 6 - 磷酸脱氢酶[32]。每一种酶都在大肠杆菌中重组表达,并经过工程改造以在 C 端(六精氨酸标记)上包含 6 个连续的精氨酸残基。与重组表达的未标记酶相比,每个六精氨酸标记酶可连接到 DE 上的量大约是其两倍[32]。还有待检验的是二氧化硅结合位点、鱼精蛋白和六精氨酸是否只会增加与生物二氧化硅结合的蛋白质量(即结合能力),或者它们能否也会增加与生物二氧化硅结合的亲和力(即结合常数)。研究者已经研究了基于具有高正电荷密度肽的其他 SiO_2 结合位点,用于将蛋白质附到合成 SiO_2 表面上,且能用于纯化合成 SiO_2 基质上重组蛋白[33-35]。

通过将 DE 浸泡在含 Ni^{2+} 的溶液中,然后原位封装在聚甲基丙烯酸 2 -羟乙酯(PHEMA)冷冻凝胶中的方法,合成了用于蛋白质吸附的 Ni^{2+} 改性生物 SiO_2 和有机聚合物复合材料。与含未改性 DE 的冷冻凝胶相比,含 Ni^{2+} 改性的 DE 的冷冻凝胶与人血清白蛋白(HSA)的结合能力提高了近 20 倍[36]。HSA 与含 Ni^{2+} - DE 的冷冻凝胶的结合主要是通过静电吸附实现的,而不是配体-金属键作用,此外,因为几乎所有的 HSA 都可以使用高离子强度的缓冲液(1 mol/L NaCl,pH = 5.0)洗脱[36]。而 Ni^{2+} 在这些条件下不会解吸,因而可以将该材料重新用于蛋白质的吸附。

6.2.1.2 封装法

为防止 SiO_2 吸附的蛋白质分离,研究者已开发出一种将吸附的蛋白质包封在纳米级 SiO_2 或 TiO_2 中的方法[20]。该方法最初是基于以下发现:硅藻中生物 SiO_2 的形成取决于聚阳离子(见 6.2.2)[37]。因为聚阳离子鱼精蛋白能够在中性 pH 和水溶液中使用水溶性前体快速诱导 SiO_2 或 TiO_2 的生成[38],且鱼精蛋白在吸附到表面时仍保留其矿物质活性[20,39],因此其已被证明是形成二氧化硅的硅藻生物分子的合适模拟物。为了封装生物 SiO_2 结合的蛋白(通过二氧化硅结合标签吸附),在蛋白质生物 SiO_2 材料上涂覆了饱和量的鱼精蛋白。通过在 pH = 7.0 的硅酸溶液中存放 30 min 来实现封装[32]。硅晶片上蛋白质封装过程的 AFM 分析表明,蛋白质以单分子层的形式结合,并以 2~3 nm 的膜覆盖 SiO_2[32]。此方法已被用于固定带有六精氨酸位点的酶,这些酶保留了大部分催化活性,并由鱼精蛋白诱导的 SiO_2 涂层永久固定在生物 SiO_2 上[32]。该 SiO_2 涂层具有负的表面电荷,能够吸附新的鱼精蛋白和酶分子以及随后的孵化与沉积第二层 SiO_2。这种逐层的矿化过程能重复进行多达五次,并使可以固定在硅藻生物 SiO_2 上的蛋白质分子的数量大大增加(见图 6.3)[32]。

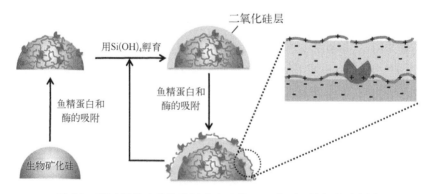

图 6.3 通过层状矿化将酶固定在生物 SiO_2 表面上的方法示意图

6.2.1.3 共价结合法

生物 SiO_2 表面上的硅烷醇和硅烷醇酸酯基团无法与蛋白质分子形成稳定的共价键。因此,蛋白质与生物 SiO_2 的共价结合需要硅烷醇和硅烷醇酸酯基团的化学衍生,以引入适合与蛋白质分子交联的新的化学反应性部分。

为了将抗体分子连接到硅藻生物二氧化硅上,Townley 等用 3 -氨丙基三甲氧基硅烷(APTMS)对生物二氧化硅表面进行功能化,然后与异双功能交联剂 N -5 -叠氮基-2 -硝基苯甲酰氧基琥珀酰亚胺(ANBNOS)反应[40]。该交联剂含有一个 N -羟基琥珀酰亚胺(NHS)酯基,该酯基与 APTMS 改性过的生物二氧化硅表面上的氨基反应生成一个酰胺键。然后,暴露于紫外光下,使交联剂上的可光活化硝基苯基叠氮化物基团与免疫球蛋白 G(IgG)型抗体的氨基发生反应,使得交联剂通过不可水解的 N -烷基键与蛋白质连接。结果发现交联剂通过不可水解的 N -烷基键连接到蛋白质上[40]。Rorrer 研究组使用了包含两个 NHS 酯基的同双功能交联剂 BS3,该交联剂通过其氨基将 IgG 分子连接到氨基官能化的生物二氧化硅上[41]。为了避免使用交联剂,Townley 等建立了另一种生物二氧化硅固定 IgG 分子的方法[40]。这种方法依赖于在硅藻生物二氧化硅上固定蛋白质的碳水化合物的存在,因此也适用于其他许多糖蛋白。通过用高碘酸盐处理,IgG 分子的碳水化合物部分被氧化产生醛基,该醛基与改性的生物 SiO_2 的氨基直接反应。然后将所得的亚胺基团用 $NaBH_4$ 还原,得到不水解的仲氨基[40]。依赖交联剂的方法和直接偶联方法均能将功能性 IgG 分子稳定地固定在生物二氧化硅上。但在糖蛋白与其氨基固定化导致功能丧失的情况下,直接偶联方法可能有用。

Bayramoglu 等使用了第三种交联剂戊二醛,将氨基修饰的生物二氧化硅与脂肪酶的氨基[42]和酪氨酸酶[43]连接。为了固定酪氨酸酶,硅藻生物二氧化硅被 3 -氨基丙基三乙氧基硅烷(APTES)修饰,然后将生物 SiO_2 表面上的氨基交联到酪氨酸酶的氨基上,产生易于水解的亚胺键[42]。可以通过用 $NaCNBH_3$ 还原[44]将亚胺基转化为稳定的 N -烷基,但 Bayramoglu 等并没有这样做。因此,是否真的实现了酪氨酸酶的永久共价连接是值得怀疑的。特别是在不含戊二醛的条件下,通过将酶吸附到 NH_2 -修饰的生物二氧化硅上获得了大致相同的固定化酪氨酸酶收率。为了脂肪酶的固定化,有研究者将具有氨基的有机连接分子通过硅烷醇基团的溴乙酰化接枝到生物 SiO_2 表面,然后进行丙烯 2 -氯乙基酯(CEA)的表面聚合。使末端氯基与乙二胺反应以引入氨基,然后使用戊二醛将其与脂肪酶交联[43]。发现生物 SiO_2 表面的引入能增强疏水性的平均长度为 12 个重复单元聚合物链[43]。且脂肪酶在高温(40~60 ℃)和有机溶剂下的稳定性显著提高[43]。

为了使组氨酸标记的重组蛋白通过金属-配体键结合,用 3 -异氰酸根合丙基三乙氧基硅烷对生物 SiO_2 进行了修饰。这在生物 SiO_2 表面上引入了异氰酸酯基团,然后使其与亚氨基二乙酸(IDA)反应,从而形成了许多螯合多价金属离子的位点[45]。在将螯合位点加载 Cu^{2+} 后,功能化的生物 SiO_2 能够结合带有六组氨酸位点的绿色荧光蛋白(GFP - His$_6$)[45]。相比未官能化的生物 SiO_2 IDA - Cu^{2+} 基团的存在在多大程度上增强了 GFP - His$_6$ 的数量尚未被报道。原则上,只要溶液的 pH 大于等于 7.0,且溶液中不存在与 Cu^{2+} 结合的试剂,则表面结合的 Cu^{2+} 离子与具有多个连续组氨酸残基的蛋白质之间的配体结合就非常稳定。遗憾的是,没有研究报道 GFP - His$_6$ 与 IDA - Cu^{2+} 功能化的生物二氧化硅结合的稳定性。

6.2.2 体内固定

通过对硅藻质 SiO_2 的生化分析,人们认识到硅藻可天然地将蛋白质固定在生物二氧化硅上。这是由于生物 SiO_2 的形成机理发生在细胞内部的特殊的脂质双层(SDVs)结合腔室中(见图 6.4)。SDV 充满了有机基质,该有机基质由蛋白质(硅蜡[46]、硅酸苷[47]、环精蛋白[48]和 SiMat 蛋白质[49]),长链多胺(LCPA)[46]和多糖[50]组成。有机基质与 SiO_2 前体相互作用(其确切的化学性质尚不清楚),从而指导物种特异性纳米和微米结构二氧化硅的生成。在此过程中,有机基质被包裹在 SiO_2 中(见图 6.4)。硅藻质 SiO_2 由两种不同类型的结构单元组成:板状 SiO_2(即瓣膜门)和环形 SiO_2(即连接带),且它们在单独的 SDV 中进行生物合成。SDV 的形状受细胞骨架的控制[51-53]。

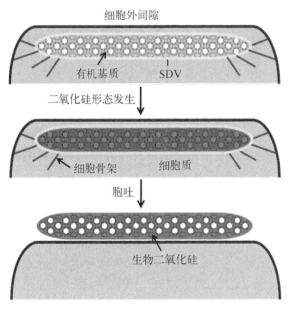

图 6.4 硅藻中 SiO_2 生物发生机理示意图

当 SiO_2 形成时细胞外空间 SiO_2 形态发生胞吐作用。当二氧化硅形成时,新形成的瓣膜和束带被胞吐并整合到生物二氧化硅细胞壁中(见图 6.4)。细胞外的生物二氧化硅被特殊的蛋白质(壳体和胸膜素)和多糖包裹,以保持细胞壁的完整性[46]。

基于以上见解,Kroger 等开发了一种通过基因工程将蛋白质固定在硅藻生物二氧化硅上的方法。该方法被称为硅藻土固定法(LiDSI),它依赖于将人工蛋白质编码的重组基因导入硅藻基因组,该人工蛋白质由所需的酶或受体蛋白与 SDV 有机基质的蛋白质(或其片段)融合而成(见图 6.5)[28-29,54]。当重组基因由硅藻细胞表达时,含有机基质蛋白的部分则将融合蛋白靶向 SDV。在 SDV 内部,它被融合到形成有机基质的二氧化硅中。最后,融合蛋白被包封在二氧化硅中,并且与其他天然掺入的有机组分一起与生物二氧化硅永久结合。迄今为止,研究者已经将硅蜡 tpSil3 或其片段用作融合蛋白的有机基质组分。事实证明,来自 tpSil3 的 37 个氨基酸片段(称为 T8 肽)足以介导体内酶掺入硅藻质生物二氧化硅中[29]。有研究已证明 SDV 的靶向功能取决于富含赖氨酸的肽基序的存在[55]。具有酶或受体蛋白的硅藻生物在细胞裂解后可以很容易地分离出来(使用玻璃微珠或超声),然后进行离心分离[23, 28-29, 56-57]。在大多数情况下,还需使用去污剂去除细胞内的污染物质[23, 28-29, 57]。通过对悬浮在水性缓冲液中的 LiDSI 固定的 GOx 进行的长期研究表明,约 70% 的催化活性能在室温下维持 60 天,而在同一时间段内,溶液中的 GOx 仅保留其活性的约 40%[29]。这表明 LiDSI 固定的蛋白质一是不会从生物二氧化硅中释放出来,二是性质稳定。这表明固定有 LiDSI 的蛋白质被稳定地包裹在生物二氧化硅内部。

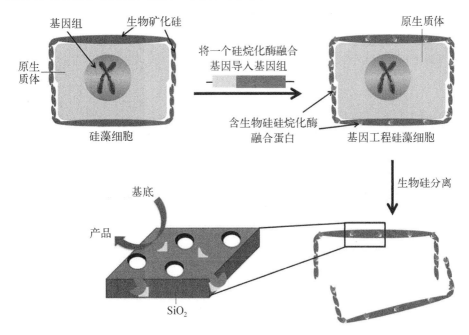

图 6.5 LiDSI 方法示意图:硅藻细胞以横截面显示

未显示除核外的细胞内细胞器,基因组 DNA 由染色体符号表示

迄今为止,尚不知道携带 T8 的融合蛋白从核糖体(即蛋白生物合成位点)到 SDVs 的细胞内的确切转运途径。已知其涉及内质网(ER),高尔基体(GA)以及将融合蛋白从 ER 传递到 GA 和从 GA 传递到 SDV 的运输囊泡[55]。但无论确切的运输途径如何,它都具有关于 LiDSI 类型适用的局限性。该过程需要翻译后修饰的 LiDSI 蛋白或未沿

SDV 运输途径提供的共因子,否则不能实现功能上的固定化。到目前为止,已证明 LiDSI 功能固定需要 FAD,血红素基团和糖基化位点,Ca²⁺ 或 Cu²⁺ 的蛋白质[29](见表6.1)。

表 6.1 用于硅藻固定化的蛋白质和方法

蛋白质	生物二氧化硅	改性方式	应用	参考文献
吸附				
GOx	• DE • 碳复型 • 金复型	• 鱼精蛋白标记酶 • 部分氧化碳(含 HNO₃) • MPA –镀金	流经催化作用	[21]
BSA 溶菌酶	• 舟形藻 • 海链藻 • DE	—	—	[30]
HSA	DE	Ni²⁺ NTA 亲和力		[36]
封装				
CelB GlkA GsdA	DE	六精氨酸标记酶	级联反应	[32]
共价交联				
酪氨酸酶	未指定	• APTES 处理的生物二氧化硅 • 戊二醛交联剂		[42]
脂肪酶	未指定	• EDA 改性 p(CEA)接枝聚合物 • 戊二醛交联剂	—	[43]
IgG	圆筛藻	• APTMS 处理的生物二氧化硅 • ANBNOS 交联剂	—	[40]
IgG	圆筛藻	• APTMS 处理的生物二氧化硅 • 高碘酸盐氧化 IgG	—	[40]
IgG	小环藻	• APTMS 处理的生物二氧化硅 • BS3 交联剂	无标记光致发光传感器	[41]
蛋白质 A	小叶连翘	• APTES 处理的生物基 • 戊二醛交联剂	无标记光致发光传感器	[74]
scFv$_{TNT}$(sd 抗体)	羽状藻	• APTMS 处理的生物二氧化硅 • DSS 交联剂	基于无标记光致发光检测 TNT	[75]
体内固定化				
HabB 变位酶	海链藻	LiDSI	—	[28]
GOx HRP GUS GAOx	海链藻	LiDSI	—	[29]
CyPet – RBP –YPet	海链藻	LiDSI	基于 FRET 的核糖传感器	[56]
sdAb$_{EAT}$ scFv$_{TNT}$	海链藻	LiDSI	—	[57]

蛋　白　质	生物二氧化硅	改　性　方　式	应　用	参考文献
Cy3TAG 融 合蛋白	海链藻	LiDSI	双砷荧光标记的结合	[57]
GB1	海链藻	LiDSI	靶向给药	[23]

　　ANBNOS 为 N-5-叠氮-2-硝基苯甲酰氧基丁二酰亚胺,APTES 为 3-氨基丙基三乙氧基硅烷为 3-氨基丙基三甲氧基硅烷,BSA 为牛血清白蛋白,DE 为硅藻土,DSS 为辛二酸二琥珀酰亚胺酯,EDA 为乙二胺,FRET 为荧光共振能量转移,GAOx 为半乳糖氧化酶,GOx 为葡萄糖氧化酶,GUS 为 β-葡萄糖醛酸酶,HSA 为人血清白蛋白,MPA 为巯基丙酸,p(CEA)为氯氨乙基丙烯酸盐,sc 表示单链,sd 表示单一领域,TNT 为 2,4,6-三硝基甲苯,LiDSI 为硅藻土固定化

　　LiDSI 是第一种利用生物矿物质形成固定所选功能蛋白的方法。相对于离体法,这种方法的优点如下。

　　(1) 被固定化的酶不需要纯化。

　　(2) 固定条件对环境上无害,并且该过程在生理条件下进行。因此与蛋白质的稳定性相容。

　　(3) 固定化酶的生产与光合硅藻的生长耦合,因此是一个可再生的过程。

　　LiDSI 的当前缺点是硅藻质二氧化硅中只能掺入相对少量的蛋白质(约占 0.1% 质量分数)[28-29]。这比常用固定方法中可固定的蛋白质减少了 25~75 倍[32]。通常,LIDSI 蛋白固定显著提高转化效率的可能需要通过基因工程提高细胞内蛋白导入 SDV 的能力。但是,在此过程中,这将需要有关分子未知信息。迄今为止,仅对海链藻建立了 LiDSI 方法。目前,硅藻基因组测序取得迅速进展[58-60],使硅藻适合遗传操作[61-63]以及可以鉴定硅藻嵌入蛋白质的基因[46,64-65]。因此,我们希望在不久的将来,LiDSI 方法将适用于其他几种硅藻物种,能够筛选出比海链藻更有效的适合 LiDSI 过程的硅藻物种。

6.3　应用领域

　　在材料工业中,已经开发了许多合成多孔二氧化硅粒子的方法。但是,这些合成材料通常非常致密,其孔径非常小(直径小于 50 nm)或者非常大(直径大于 1 μm)[9]。相反,硅藻质二氧化硅粒子呈现出开放的 3D 结构,其孔径介于中间范围(直径约 20~200 nm),且通常以分层方式排列。这些结构特征对于分子和纳米粒子在材料中快速扩散或强制流动特别有利。此外,硅藻质二氧化硅具有非常高的机械稳定性[66]。实际上,在工业上硅藻土已被广泛用于过滤和吸附以及磨料[67]。蛋白质附着方法可引入新的功能,从而将硅藻质二氧化硅的潜在用途扩展到了依赖物质快速流动和特定分子相互作用的应用中,例如流通式催化、传感和靶

向药物传递。实际上,固定在生物二氧化硅上的透氧生物酶已在工业上使用(如葡萄糖异构酶、柚皮苷酶和脂肪酶)[68]。近来,研究者已经开发了进一步提高固定生物二氧化硅的蛋白质的性质和扩展其应用范围的方法。这些方法仍处于"概念验证"阶段,在此将对它们的未来潜力进行总结,表6.1概述了硅藻固定在生物二氧化硅上的蛋白质、固定方法及其潜在应用。

6.3.1 催化

细胞代谢取决于催化复杂有机分子分解或合成的酶。催化代谢途径的酶通常通过非共价相互作用(酶级联反应)紧密连接在超分子复合物中,以使中间产物的扩散路径保持最小。因此,与随机排列的非相互作用的酶相比,酶级联反应可大大提高初始底物转化为最终产物的速度[69-71]。先前开发的逐层(LbL)矿化法提供了一种通用的方法,即通过包封在二氧化硅的表面沉积层中来稳定地将任何级联酶固定在生物二氧化硅上[20]。LbL矿化法可将级联反应的不同酶固定在不同的层中。这就提出了一个问题,即整个级联反应的速度是否取决于酶的相对位置。Begum等通过研究由三种酶[纤维素酶(CelB)、葡萄糖激酶(GKin)和葡萄糖-6-磷酸脱氢酶(G6PDH)]组成的人工级联酶解决了这个问题[32]。这三种酶合在一起通过中间体葡萄糖和葡萄糖-6-磷酸酯催化纤维二糖转化为6-磷酸葡萄糖酸内酯[见图6.6(a)]。为了实现固定化,这三种酶中的每一种都通过重组DNA技术在C端赋予了六精氨酸标记[32]。

通过在硅藻土上沉积五层二氧化硅来固定三种带有六精氨酸标记的级联酶。酶分子包含在第三层、第二层和第一层中[见图6.6(b)中二氧化硅层的合成顺序与编号相反],导致酶层有六种不同的相对排列,这在下文中被称作"配置"。不同构型的相对活性在溶液中级联酶活性的50%~80%之间变化显著[32]。将纤维素酶置于二氧化硅第3层(DKC和KDC)中的构型表现出最低的催化活性(约为55%),而含有纤维素酶的构型置于最外层的二氧化硅层(即二氧化硅层1,CKD和CDK)的相对活性达到约80%[见图6.6(b)]。含有纤维素酶的两种构型置于二氧化硅层2(DCK和KCD)中的表现出约70%的中间相对活性[见图6.6(b)][32]。这些结果表明,纤维素酶催化的反应是酶级联反应的限速步骤,这一点已通过额外的实验得到证实[32]。对各个酶和整个酶级联反应的详细动力学分析表明,总体反应速率在很大程度上取决于反应物的扩散,而不是取决于每种酶的催化效率。因此,为了确保较高的整体级联反应速率,催化第一步反应的酶必须靠近表面放置[32]。有趣的是,当酶位于相邻的二氧化硅层而不是同一个二氧化硅层时,其级联反应显示出更高的整体活性[见图6.6(c)]。尽管目前缺少对此现象的解释,但它为提高LbL固定化酶级联反应的活性提供了另一种设计原理。与通过溶液中酶级联反应的催化相比,酶在二氧化硅层中彼此紧邻的定位旨在提高级联反应速率。然而,即使最

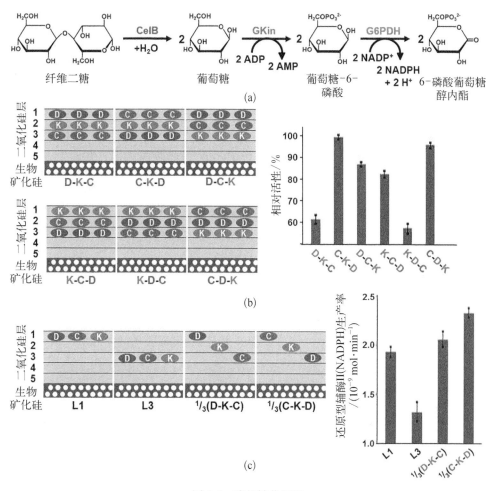

图 6.6　酶的转化过程

（a）由三种重组酶（CelB、GKin 和 G6PDH）组成的级联酶催化的反应；（b）研究固定化酶级联反应的不同构型的活性，该示意图显示了通过在硅藻质二氧化硅上逐层矿化二氧化硅而合成的固定化酶级联构型，将饱和量的单一类型的酶掺入指定的层中（C＝CelB，K＝GKin，D＝G6PDH），柱状图显示了酶级联构的相对催化活性相对于酶级联在溶液中的催化活性；（c）当三种酶置于同一二氧化硅层中时，研究级联酶的活性，该示意图显示了酶在硅藻硅微粒的二氧化硅层中的分布，将各自处于其饱和量的三分之一的 CelB、GKin 和 G6PDH 的混合物置于二氧化硅层 1（L1）或二氧化硅层 3（L3）中，硅藻土硅石微粒 1/3（D－K－C）和 1/3（C－K－D）各自包含与杀藻蛋白 L1 和 L3 相同数量的酶，但是每种酶都按照指示放置在不同的二氧化硅层中，柱状图显示了四种负载酶的硅藻微粒的反应速率

活跃的固定化酶级联结构也不能超过溶液中酶级联反应活性的 80%。这表明，在合成二氧化硅纳米层中酶接近的优点小于固体材料中反应物扩散速度的降低。未来的工作应着眼于确定 LbL 固定化酶级联反应的设计原理，其可使溶液中酶级联反应得到相同甚至更高的活性。

Sandhage 等提供了第一个实验证据,证明了硅藻质二氧化硅的结构特别适宜作为流通催化中的酶载体材料。他们使用形状保持化学转化方法[72],将 DE（Diatom‐SiO$_2$）转换为碳复制品（Diatom‐C）和含金复制品（Diatom‐Au）[21]。这些复制品完全不含二氧化硅,但具有与起始硅藻质二氧化硅模板相同的形状和层次孔结构（见图 6.7）[21]。鱼精蛋白衍生的葡萄糖氧化酶（GOx‐PA,见 6.2.1.1）的静电吸附。这是通过对 Diatom‐C（使用 HNO$_3$）进行部分氧化并用巯基丙酸（MPA）涂覆 Diatom‐Au 来实现用羧酸根修饰模板的[21]。当葡萄糖溶液循环通过密集包装的材料时,GOx‐PA 负载的硅藻复制品的催化活性比市售部分氧化的炭黑（com‐C）和涂有 MPA 的金纳米颗粒（com‐Au）上的 GOx‐PA 的催化活性高 80% 以上（见图 6.7）[21]。硅藻质生物二氧化硅上负载的 GOx‐PA 的催化活性甚至比酶复活的硅藻复制品的催化活性稍高（见图 6.7）[21]。结果表明,硅藻生物二氧化硅所显示的分层孔结构能够促进酶-底物相互作用,而与载体材料的化学性质无关。

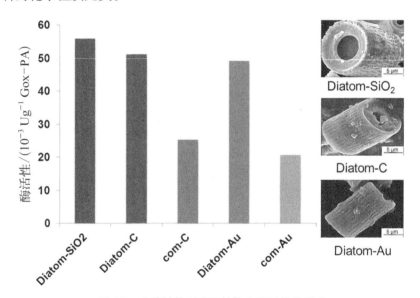

图 6.7　硅藻结构对流通结构中酶活性的影响

柱状图显示了 GOx‐PA 吸附在硅藻土（Diatom‐SiO$_2$）,硅藻衍生的碳复制品（Diatom‐C）,硅藻衍生的含金复制品（Diatom‐Au）,合成炭黑微粒（com‐C）和金纳米粒子（com‐Au）对酶活性的影响,图右侧展示了 Diatom‐SiO$_2$、Diatom‐C 和 Diatom‐Au 的 SEM 图像

脂肪酶能在非水条件下催化藻类脂质与甲醇进行酯交换反应,从而可以将脂肪酸单酯用作生物燃料[43]。Bayramoglu 等将脂肪酶共价固定在硅藻生物二氧化硅上,反应产率提高了 10%[43]。固定化的脂肪酶在 6 个转化周期后保留了其初始活性的 83%,可作为工业化生产生物燃料的催化剂[43]。

6.3.2　传感

新制备的硅藻质二氧化硅的分层孔隙率和高比表面积有利于传感器功能,因为它们允许分析物大分子的高容量吸附。De Stefano 等证明了硅藻质二氧化硅在 450~690 nm 波长范围内的固有的光致发光(PL)会因吸附无机分子(如 NO_2)或有机分子(丙酮、乙醇、二甲苯和吡啶)而改变[73]。Rorrer 等证明了利用硅藻生物二氧化硅的 PL 特性进行蛋白质的选择和定量检测的可行性[41]。为此,将兔子的 IgGs 与胺官能化的生物二氧化硅共价交联,当暴露于含有相应抗原蛋白(即抗兔 IgG)的溶液中时,功能化的生物二氧化硅在 430~450 nm 波长范围内显示 PL 增强[41]。PL 强度的增加取决于溶液中抗原的浓度,由此证明了使用抗体功能化硅藻进行定量生物传感的可行性[41]。在相关工作中,De Stefano 等使用蛋白 A 功能化硅藻生物二氧化硅连接单克隆抗体 UN1,该抗体由肽 G23 产生。G23 与单官能化硅藻生物二氧化硅结合后的 PL 增强是线性的,而肽 2F5 与 G23 具有相同数量的氨基酸,但序列不同,没有观察到 PL 增强[74]。最近,以硅藻生物二氧化硅为载体,共价连接 TNT 特异性单链抗体片段,制备了一种用于检测 2,4,6-三硝基甲苯(TNT)的 PL 型传感器。该传感器对 TNT 具有很高的灵敏度,检测限为 35 nmol/L,比基于 PL 的蛋白质和肽生物传感器(G23)的检测限低约 10 倍[41, 74]。

Roesijadi 研究组采用了完全不同的方法来制备光学传感器[56]。他们采用了 LiDSI 方法(参见 6.2.2)将非细菌核糖结合蛋白(RBP)与蓝蛋白(CvPet)和黄色荧光蛋白(Ypet)结合到硅藻生物二氧化硅中。通过荧光显微镜证实了 Sil3-CyPet-RBP-YPet 融合蛋白的成功表达和生物融合[56]。嵌入核糖后,分离的生物二氧化硅显示出从 CyPet 发色团到 YPet 发色团的荧光共振能量转移(FRET)强度降低(未测试对其他单糖的反应)[56]。这表明嵌入核糖的生物二氧化硅在包埋融合蛋白 RBP 结构域发生了预期的大的构象变化。530 nm 和 485 nm 处的荧光强度比与 mmol/L 范围内的核糖浓度呈线性关系,显示了材料作为核糖定量传感器的潜能[56]。这种传感器处于较低且 μmol/L 范围,使得其比上述基于 PL 的生物传感器的灵敏度低 100 倍左右,因此,未来的研究工作必须提高这种基于荧光的传感器的灵敏度。

6.3.3　药物输送

我们研究了介孔二氧化硅粒子在纳米药物领域的应用。因为介孔二氧化硅粒子具有较长的时间内释放吸附的药物分子、化学惰性和生物相容性的特点[76-79],它们特别适合体内递送药物分子。Lošić 研究组开发了用于药物输送的化学功能化硅藻质二氧化硅的合成方法[27]。为了避免伤害健康组织,有必要将载有药物的硅藻生物二氧化硅定向传输到患病组织附近。在最近的一项研究中,Voelcker 研究组通过将癌症特异性抗体分子连接到载药的硅藻生物二氧化硅上来实现了这一目标[见图6.8(a)][23]。这些独特功能化的生物二氧化硅粒子是通过结合体内和体外的方法合成的。方法如下所述。

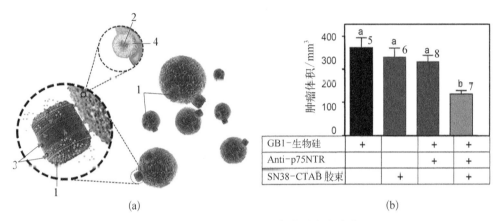

(a)　　　　　　　　　　　　　　(b)

图6.8　功能化硅藻生物二氧化硅靶向给药

(a) 功能化硅藻生物二氧化硅靶向给药示意图,基因工程硅藻生物二氧化硅(1)与固定的GB1结构域(2)可以结合癌细胞特异性抗体(3),载有抗癌药物(2)的脂质体或胶束(4)可通过静电相互作用与硅藻土可逆结合;(b) 采用GB1-生物二氧化硅、SN38-CTAB胶束(6)和抗p75NTR-GB1生物二氧化硅,抗p75NTR-GB1-SN38生物二氧化硅胶(7)治疗5天后的平均肿瘤体积(8)

LiDSI方法可以在体内将T8-GFP-GB1融合蛋白固定在硅藻生物二氧化硅中。GB1是细菌蛋白G的IgG结合域,并且GFP可以通过荧光显微镜术用于定位融合蛋白。融合蛋白可以稳定地固定在生物二氧化硅每个部分,并且能够特异性结合IgG分子[23]。为了靶向神经母细胞瘤癌细胞,抗p75NTR IgG分子直接作用于神经母细胞瘤细胞表面的p75神经营养素受体,结合到含GB1的生物二氧化硅上。在体外,负载抗p75NTR的生物二氧化硅仅与成神经细胞瘤细胞结合,而不会与缺乏该受体蛋白的纤维母细胞结合[23]。然后通过带正电荷的分别携带化疗药物CPT或SN38的脂质体或胶束的静电结合来实现IgG生物二氧化硅的药物负载。当将经过IgG功能化和负载药物的生物二氧化硅粒子与SH-SY SY细胞(包含p75NTR抗原)和BSR细胞的混合培养后只有癌性SH-SYSY细胞被有效杀死,而BSR细胞却不受影响[23]。最后,研究了功能化的硅藻生物二氧化硅粒子是否能够抑制体内肿瘤的生长。为此,对含癌性神经母细胞瘤异种移植瘤的BALB/c裸鼠进行单次腹腔注射负载有SN38和抗p75NTR生物二氧化硅的治疗,并监测肿瘤生长。治疗五天后,与缺乏抗体分子或药物分子或两者均没有的生物二氧化硅粒子治疗的荷瘤小鼠相比,这些小鼠的肿瘤体积显著降低[见图6.8(b)]。这种显著的治疗效果是组织特异性,因为只有在用载有药物和抗体的生物二氧化硅处理过的小鼠的肿瘤组织切片中才能检测到生物二氧化硅粒子。在健康组织中或用缺乏抗体分子的载药生物二氧化硅处理过的小鼠肿瘤组织中,未发现生物二氧化硅粒子[23]。这项工作首次证明适当功能化的硅藻生物二氧化硅粒子可用于化疗药物的体内靶向传递。

6.4　结论与展望

在本章中,我们总结了用蛋白质功能化硅藻生物二氧化硅的合成方法和生物技术路线,并描述了这些材料在"实际应用"的首次尝试。为了提高材料性能,Sandhage 等开创了用于硅藻生物二氧化硅的形状保持转换方法和涂层技术,可生产出具有硅藻结构的导电、半导体和磁性材料(仅举几例)。将蛋白质固定在这些独特的材料上并研究其性质尚待充分探索。另一个有前途的发展是根据硅藻质生物二氧化硅形成机制进行基因工程改造,因为它能够生产具有特定功能的可再生材料。随着对生物二氧化硅形态发生分子机制的深入了解,最终有可能产生具有针对特定应用量身定制的形状和分级孔隙率的硅藻菌株。

参 考 文 献

[1]　Bommarius A S, Riebel B R. Biocatalysis, fundamentals and applications. Synthesis, 2005: 338.

[2]　Scouten W H, Luong J H T, Brown R S. Enzyme or protein immobilization techniques for applications in biosensor design. Trends Biotechnol., 1995, 13: 178.

[3]　Grunwald P. Biocatalysis. London: Imperial College Press, 2009: 968.

[4]　Nagodawithana T W, Reed G. Enzymes in food processing. Food Science & Techndogy, 1993.

[5]　Hwang E T, Gu M B. Enzyme stabilization by nano/microsized hybrid materials. Eng. Life Sci., 2013, 13: 49 - 61.

[6]　Rusmini F, Zhong Z, Feijen J. Protein immobilization strategies for protein biochips. Biomacromolecules, 2007, 8: 1775 - 1789.

[7]　Secundo F. Conformational changes of enzymes upon immobilization. Chem. Soc. Rev., 2013, 42: 6250 - 6261.

[8]　Rodrigues R C, Ortiz C, Berenguer-Murcia A, et al. Modifying enzyme activity and selectivity by immobilization. Chem. Soc. Rev., 2013, 42: 6290 - 6307.

[9]　Hartmann M, Kostrov X. Immobilization of enzymes on porous silicas-benefits and challenges. Chem. Soc. Rev., 2013, 42: 6277 - 6289.

[10]　Magner E. Immobilisation of enzymes on mesoporous silicate materials. Chem. Soc. Rev., 2013, 42: 6213 - 6222.

[11]　Štěpnička P, Semler M, Čejka J. New and future developments in catalysis. Amsterdam: Elsevier, 2013: 423.

[12]　Dill K A, Ghosh K, Schmit J D. Physical limits of cells and proteomes. Proc. Natl. Acad. Sci.,

2011, 108: 17876 - 17882.

[13] Bansal N P, Doremus R H. Handbook of glass properties. San Diego: Academic Press, 1986, 2: 7.

[14] Peng F, Su Y, Zhong Y, et al. Silicon nanomaterials platform for bioimaging, biosensing, and cancer therapy. Acc. Chem. Res., 2014, 47: 612 - 623.

[15] Kresge C T, Leonowicz M E, Roth W J, et al. Ordered mesoporous molecular sieves synthesized by a liquid-crystal template mechanism. Nature, 1992, 359: 710 - 712.

[16] Wu S H, Mou C Y, Lin H P. Synthesis of mesoporous silica nanoparticles. Chem. Soc. Rev., 2013, 42: 3862 - 3875.

[17] Lebeau T, Robert J M. Diatom cultivation and biotechnologically relevant products. Part I: Cultivation at various scales. Appl. Microbiol. Biotechnol., 2003, 60: 612 - 623.

[18] Lechner C, Becker C. Silaffins in silica biomineralization and biomimetic silica precipitation. Mar Drugs, 2015, 13: 5297 - 5333.

[19] Wang J K, Seibert M. Prospects for commercial production of diatoms. Biotechnol. Biofuels, 2017, 10: 16.

[20] Haase N R, Shian S, Sandhage K H, et al. Biocatalytic nanoscale coatings through biomimetic layer-by-layer mineralization. Adv. Funct. Mater, 2011, 21: 4243 - 4251.

[21] Davis S C, Sheppard V C, Begum G. Rapid flow-through biocatalysis with high surface area, enzyme-loaded carbon and gold-bearing diatom frustule replicas. Adv. Funct. Mater., 2013, 23: 4611 - 4620.

[22] Yang J, Zhen L, Ren F, et al. Ultra-sensitive immunoassay biosensors using hybrid plasmonic-biosilica nanostructured materials. J. Biophotonics, 2015, 8: 659 - 667.

[23] Delalat B, Sheppard V C, Ghaemi S R, et al. Targeted drug delivery using genetically engineered diatom biosilica. Nat. Commun., 2015, 6: 8791 - 8791.

[24] Wang Y, Cai J, Jiang Y. Preparation of biosilica structures from frustules of diatoms and their applications: current state and perspectives. Appl. Microbiol. Biotechnol., 2013, 97: 453 - 460.

[25] Goren R, Baykara T, Marsoglu M. A study on the purification of diatomite in hydrochloric acid. Scand. J. Metall., 2002, 31: 115 - 119.

[26] Parkinson J, Gordon R. Beyond micromachining: the potential of diatoms. Trends Biotechnol., 1999, 17: 190 - 196.

[27] Medarević D P, Lošić D, Ibrić S R. Diatoms for bioapplications. Hem. Ind, 2016, 70: 613 - 627.

[28] Poulsen N, Berne C, Spain J, et al. Silica immobilization of an enzyme through genetic engineering of the diatom thalassiosira pseudonana. Angew. Chem. Int. Ed. Engl., 2007, 46: 1843 - 1846.

[29] Sheppard V C, Scheffel A, Poulsen N, et al. Biogenic nanomaterials from photosynthetic microorganisms. Appl. Environ. Microbiol., 2012, 78: 211 - 218.

[30] Lim G W, Lim J K, Ahmad A L, et al. Influences of diatom frustule morphologies on protein adsorption behavior. J. Appl. Phycol., 2015, 27: 763 - 775.

[31] Fang Y, Wu Q, Dickerson M B, et al. Protein-mediated layer-by-layer syntheses of freestanding microscale titania structures with biologically assembled 3 − D morphologies. Chem. Mater., 2009, 21: 5704 − 5710.

[32] Begum G, Goodwin W B, Deglee B, et al. Compartmentalisation of enzymes for cascade reactions through biomimetic layer-by-layer mineralization. J. Mater. Chem. B, 2015, 3: 5232 − 5240.

[33] Fuchs S M, Raines R T. Polyarginine as a multifunctional fusion tag. Protein Sci., 2005, 14: 1538 − 1544.

[34] Ikeda T, Ninomiya K, Hirota R, et al. Single-step affinity purification of recombinant proteins using the silica-binding Si-tag as a fusion partner. Protein Expression Purif., 2010, 71: 91 − 95.

[35] Abdelhamid M A, Motomura K, Ikeda T, et al. Affinity purification of recombinant proteins using a novel silica-binding peptide as a fusion tag. Appl. Microbial. Biotechnol., 2014, 98: 5677 − 5684.

[36] Unlu N, Ceylan Ş, Erzengin M, et al. Investigation of protein adsorption performance of Ni^{2+}-attached diatomite particles embedded in composite monolithic cryogels. J. Sep. Sci., 2011, 34: 2173 − 2180.

[37] Sumper M, Kroger N. Silica formation in diatoms: the function of long-chain polyamines and silaffins. J. Mater. Chem., 2004, 14: 2059 − 2065.

[38] Jiang Y, Yang D, Zhang L, et al. Biomimetic synthesis of titaniananoparticles induced by protamine. Dalton Trans., 2008, 31: 4165 − 4171.

[39] Zhang Y, Wu H, Li J, et al. Protamine-templated biomimetic hybrid capsules: efficient and stable carrier for enzyme encapsulation. Chem. Mater, 2008, 20: 1041 − 1048.

[40] Townley H E, Parker A R, Whitecooper H, et al. Exploitation of diatom frustules for nanotechnology: tethering active biomolecules. Adv. Funct. Mater., 2008, 18: 369 − 374.

[41] Gale D K, Gutu T, Jiao J, et al. Photoluminescence detection of bomolecules by antibody-functionalized diatom biosilica. Adv. Funct. Mater., 2009, 19: 926 − 933.

[42] Bayramoglu G, Akbulut A, Arica M Y. Immobilization of tyrosinase on modified diatom biosilica: enzymatic removal of phenolic compounds from aqueous solution. J. Hazard. Mater., 2013, 244: 528 − 536.

[43] Bayramoglu G, Akbulut A, Ozalp V C, et al. Immobilized lipase on micro-porous biosilica for enzymatic transesterification of algal oil. Chem. Eng. Res. Des., 2015, 95: 12 − 21.

[44] Hermanson G T. Bioconjugate techniques. New York: Academic Press, 2008, 2(4): 234.

[45] Wu M C, Coca J J P, Chang R L, et al. Chemical modification of Nitzschia panduriformis's frustules for protein and viral nanoparticle adsorption. Process Biochem., 2012, 47: 2204 − 2210.

[46] Kröger N, Poulsen N. Diatoms-from cell wall biogenesis to nanotechnology. Annu. Rev. Genet., 2008, 42: 83 − 107.

[47] Wenzl S, Hett R, Richthammer P, et al. Silacidins: highly acidic phosphopeptides from diatom shells assist in silica precipitation *in vitro*. Angew. Chem. Int. Ed., 2008, 47: 1729 − 1732.

[48] Scheffel A, Poulsen N, Shian S, et al. Nanopatterned protein microrings from a diatom that direct silica morphogenesis. Proc. Natl. Acad. Sci. USA, 2011, 108: 3175 - 3180.

[49] Kotzsch A, Pawolski D, Milentyev A, et al. Biochemical composition and assembly of biosilica-associated insoluble organic matrices from the diatom thalassiosira pseudonana. J. Biol. Chem., 2016, 291: 4982 - 4997.

[50] Chiovitti A, Harper R E, Willis A, et al. Variations in the substituted 3-linked manans closely associated with the silicified walls of diatoms. J. Phycol., 2005, 41: 1154.

[51] Tesson B, Hildebrand M. Dynamics of silica cell wall morphogenesis in the diatom Cyclotella cryptica: substructure formation and the role of microfilaments. J. Struct. Biol., 2010, 169: 62 - 74.

[52] Tesson B, Hildebrand M, Sokolov I. Extensive and intimate association of the cytoskeleton with forming silica in diatoms: control over patterning on the meso- and micro-scale. PLoS One, 2010, 5: e14300.

[53] Schmid A M M. Aspects of morphogenesis and function of diatom cell walls with implications for taxonomy. Protoplasma, 1994, 181: 43 - 60.

[54] Kröger N. Diatoms for nanotechnology. Nachr. Chem., 2013, 61: 514 - 518.

[55] Poulsen N, Scheffel A, Sheppard V C, et al. Pentalysine clusters mediate silica targeting of silaffins in thalassiosira pseudonana. J. Biol. Chem., 2013, 288: 20100.

[56] Marshall K E, Robinson E W, Hengel S M, et al. FRET imaging of diatoms expressing a biosilica-localized ribose sensor. PLoS One, 2012, 7: e33771.

[57] Ford N R, Hecht K A, Hu D, et al. Antigen binding and site-directed labeling of biosilica-immobilized fusion proteins expressed in diatoms. ACS Synth. Biol., 2016, 5: 193 - 199.

[58] Armbrust E V, Berges J A, Bowler C, et al. The genome of the diatom Thalassiosira pseudonana: ecology, evolution, and metabolism. Science, 2004, 306: 79 - 86.

[59] Bowler C, Allen A E, Badger J H, et al. The Phaeodactylum genome reveals the evolutionary history of diatom genomes. Nature, 2008, 456: 239 - 244.

[60] Mock T, Otillar R, Strauss J, et al. Evolutionary genomics of the cold-adapted diatom Fragilariopsis cylindrus. Nature, 2017, 541: 536 - 540.

[61] Doron L, Segal N, Shapira M, et al. Transgene expression in microalgae-from tools to applications. Front Plant Sci., 2016, 7: 505.

[62] Bashir K M, Kim M, Stahl U, et al. Microalgae engineering toolbox: selectable and screenable markers. Biotechnol. Bioprocess Eng., 2016, 21: 224 - 235.

[63] Qin S, Lin H, Jiang P, et al. Advances in genetic engineering of marine algae. Biotechnol. Adv., 2012, 30: 1602 - 1613.

[64] Hildebrand M, Lerch S J L. Diatom silica biomineralization: parallel development of approaches and understanding. Semin. Cell Dev. Biol., 2015, 46: 27.

[65] Sumper M, Brunner E. Silica biomineralisation in diatoms: the model organism thalassiosira pseudonana. Chembiochem, 2008, 9: 1187.

[66] Hamm C, Merkel R, Springer O, et al. Architecture and material properties of diatom shells

provide effective mechanical protection. Nature, 2003, 421: 841 – 843.

[67] Kröger N, Brunner E. Complex-shaped microbial biominerals for nanotechnology. Wiley Interdiscip. Rev.: Nanomed. Nanobiotechnol., 2014, 6: 615 – 627.

[68] Dicosimo R, Mcauliffe J C, Poulose A J, et al. Industrial use of immobilized enzymes. Chem. Soc. Rev., 2013, 42: 6437 – 6474.

[69] Jia F, Narasimhan B, Mallapragada S K, et al. Materials-based strategies for multi-enzyme immobilization and co-localization: A review. Biotechnol. Bioeng., 2014, 111: 209 – 222.

[70] Schoffelen S, Van Hest J C. Multi-enzyme systems: bringing enzymes together in vitro. Soft Matter, 2012, 8: 1736 – 1746.

[71] Schoffelen S, Van Hest J C. Chemical approaches for the construction of multi-enzyme reaction systems. Curr. Opin. Struct. Biol., 2013, 23: 613 – 621.

[72] Sandhage K H. Materials "alchemy": shape-preserving chemical transformation of micro-to-macroscopic 3 – D structures. JOM, 2010, 62: 32 – 43.

[73] De Stefano L, Rendina I, De Stefano M, et al. Marine diatoms as optical chemical sensors. Appl. Phys. Lett., 2005, 87: 233902.

[74] De Stefano L, Rotiroti L, De Stefano M, et al. Marine diatoms as optical biosensors. Biosens. Bioelectron., 2009, 24: 1580 – 1584.

[75] Zhen L, Ford N R, Gale D K, et al. Photoluminescence detection of 2, 4, 6 – trinitrotoluene (TNT) binding on diatom frustule biosilica functionalized with an anti-TNT monoclonal antibody fragment. Biosens. Bioelectron., 2016, 79: 742 – 748.

[76] Valletregi M, Balas F, Arcos D, et al. Mesoporous materials for drug delivery. Angew. Chem., Int. Ed., 2007, 46: 7548 – 7558.

[77] Mcinnes S J, Irani Y, Williams K A, et al. Controlled drug delivery from composites of nanostructured porous silicon and poly(L-lactide). Nanomedicine, 2012, 7: 995 – 1016.

[78] Simovic S, Ghouchieskandar N, Sinn A M, et al. Silica materials in drug delivery applications. Curr. Drug Discovery Technol., 2011, 8: 250 – 268.

[79] Mcinnes S J, Voelcker N H. Silicon-polymer hybrid materials for drug delivery. Future Med. Chem., 2009, 1: 1051 – 1074.

第7章

改性硅藻壳体用于太阳能转化的潜力

桑德萨拉詹·钱德拉塞卡兰(Soundanajan Chandrasekaran),
尼古拉斯·沃克尔(Nicolas H. Voelcker)

7.1 引言

随着非再生的碳氢化合物化石燃料的供应减少,以及其对环境和气候的不利影响,促使人们在世界范围内努力寻找替代能源。太阳能是一种容易获得的可再生能源,人们可以很好地利用它来支持当前的能源系统。到达地球表面的阳光足以满足全球持续不断的能源需求。能够收集、转换和存储阳光作为能源的设备是有毒碳氢化合物燃料的环保替代品,这种设备可以经济有效地使用太阳能,同时避免使用能源密集型制造技术和有毒化学药品。数十年来,利用太阳能电池板将太阳能直接转化为电能已经成为现实。大多数商用太阳能电池板由地球上含量丰富且品质高的硅制成。由于其制造和安装成本高,太阳能发电未能成为普通家庭能源。另外,燃料的存储和运输仍然是一个挑战。解决这些问题的一种有效的方法是使用低成本、可生物降解和高效的可再生能源材料。目前备受关注的一种材料是硅藻生物二氧化硅。基于生物二氧化硅的硅藻壳体是天然、丰富、生物相容和可生物降解的三维结构材料。为了使硅藻壳体成为用于制造光驱动装置的可用材料,人们已经提出了一系列化学/生物改性以改善其固有的光电特性,改性赋予硅藻壳体不同性能和其自身多样的形貌将有助于设计廉价的光驱动设备。本章介绍了硅藻壳体作为生物启发的、无毒的和可再生的用于染料敏化太阳能电池(DSSC)和光电化学(PEC)氢气生产设备的制备。

7.1.1 染料敏化太阳能电池

如前所述,即使地壳中硅含量很高,但是硅基光伏设备仍然价格昂贵。O'regan

和 Grätzel 于 1991 年发明的 DSSC 是可用的廉价替代品[1]。这种类型的太阳能电池不涉及复杂的制造过程,并且可以在低照度环境下发电[2-3]。此后,研究者进行了大量的研究工作,发现阻碍该技术商业化的原因是能量转换效率低[4]。具有代表性的 DSSC 结构包括有效的光电阳极、光敏剂(染料)、氧化还原电解质和铂对电极(见图 7.1)。

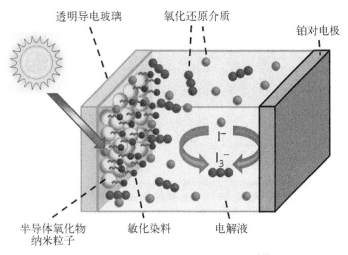

图 7.1　代表性的 DSSC 结构示意图[5]

染料敏化太阳能电池的工作机理涉及染料分子对光的吸收,染料被光激发,光生电子被引入电极表面的半导体氧化物的导带中。电子穿过负载并到达对电极,在对电极处,染料通过电解质中的氧化还原介质再生。传统的 DSSC 包含钌(III) 络合物染料和作为半导体氧化物的二氧化钛(TiO_2)。几十年来,传统的钌染料和 TiO_2 已分别由卟啉、有机染料和量子点(QDs)[5-10]、氧化锡、五氧化二铌和氧化锌[11-13]所取代。此外,提高 DSSC 效率的策略包括用铌掺杂 TiO_2[14]、使用不同形貌[15]和多孔的 TiO_2[16-19]。使用不同尺寸、形状和孔隙率的 TiO_2 材料可改善光散射特性,并能更好地捕获特定波长的光并在其表面附着更多的染料。具有微纳结构的 TiO_2 或其他半导体氧化物的合成是耗时的。硅藻壳体天然且来源丰富,具有规则孔阵列的纳米结构形态,是很好的替代品。未经修饰的天然硅藻壳体具有光散射特性,使其适用于光捕获设备[20-23]。

7.1.2　光电化学制氢

1972 年,Fujishima 和 Honda 使用 TiO_2 对水进行光分解,启发了研究人员对该领域进行进一步的研究[24]。通过聚集光线,光电极材料可以通过分解水分子来产生氢气和氧气。这种光驱动制氢可能需要施加偏压电位才能克服能量损失[25]。产生的氢气是一种清洁且可运输的燃料。有几种结合导体和半导体产生 PEC 氢

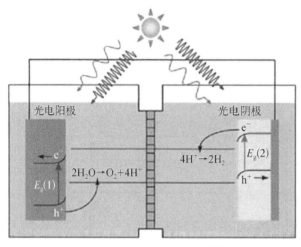

图 7.2　SCLC 方法示意图[26]

的方法[26]。图 7.2 显示了半导体-液体结（SCLJ）方法，其中半导体光阳极和光阴极分别通过吸收光产生氧气和氢气[26]。

制氢有电化学、热化学和光生物方法[27-30]。光电极材料的选择对于降低成本和提高制氢效率起着重要作用。理想情况下，光电极材料应丰富、价廉、无毒、稳定，并且带隙低[31]。目前，一系列半导体材料被用作 PEC 制氢的光阳极和光阴极。半导体光阳极有钒酸铋（带隙为 2.4 eV）、n 型硅（带隙为 1.1 eV）、TiO$_2$（带隙为 3.2 eV）和氧化锌（带隙为 3.2 eV）。半导体光电阴极有 p 型硅（带隙为 1.1 eV）、氧化镍（带隙为 3.6 eV）、氧化铜（带隙为 2.1 eV）、磷化镓（带隙为 2.2 eV）和磷化铟（带隙为 1.3 eV）。每种半导体材料都有其自身的优缺点，例如在太阳能转换应用中，性能高的半导体材料缺乏实用性，或者可用性高的半导体材料但带隙大。但是，硅是一个例外，因为它的带隙很低（1.1 eV），并且储量丰富，当表面经过适当的氧化钝化后，硅可以成为理想的光电极材料[32]。目前，从能量生成方面，太阳能制氢的成本效益不如化石燃料，纳米结构光电极的使用将有助于降低材料成本。基于它们优异的电学、光学和机械稳定性以及抗反射特性，使太阳能转化效率提高。本章的目的是证明改性硅藻壳体的重要性，这些硅藻壳体在 DSSC 应用和少数 PEC 制氢的应用中显示出了优异的性能。

7.1.3　硅藻壳体

硅藻是在淡水或海水中生活的单细胞微观藻类。它们被归类为浮游植物。活的硅藻被由水合二氧化硅或壳体形成的细胞壁所包围[33]。这些壳体具有天然有序孔阵列的纳米结构。每一种硅藻都有其独特的壳体形态。硅藻物种有超过 10 万种不同的三维形貌[34]。根据硅藻的形貌特征，人们建立了硅藻的三维分类模型。基于形状的分类为棒状、薄片状和通用三维状[35]。到目前为止，已经将三种硅藻壳体（即羽纹藻、海链藻和菱形藻）用于太阳能转换（见图 7.3）。本书详细描述了各种硅藻及其壳体的形貌特征[36-37]。

先前已报道了基于硅藻壳体[41-45]的生物矿化过程及其纳米技术应用[46-52]。硅藻壳体的具体应用包括过滤系统和免疫[46]、传感器[53-56]、光学材料[57]、光

(a) (b) (c)

图 7.3 硅藻壳体的显微镜图[38-40]

(a) 羽纹藻;(b) 海链藻;(c) 菱形藻

电[58]、用于制备纳米材料的模板[37,59-61]、药物递送[62-66]、水净化和重金属离子去除[67-68]。因此,已经实现了基于硅藻壳体作为天然支架新材料的工程设计。此外,Rorrer 研究组[20]引述了一个有趣的事实,硅藻壳体的折射率为 1.43[69],当与 TiO$_2$ 层(折射率为 1.7～2.5)[21-22]结合时,它们将具有较高的光散射特性。本章旨在扩展这一点并更详细地说明如何利用硅藻壳体,尤其是在太阳能转换应用中。

7.2 用于太阳能转化的硅藻壳体的留型改性

7.2.1 硅藻壳体热化学转化为半导体

通过在硅的熔点(2 000℃)以上进行碳热还原或者熔融盐中进行低温(低于 850℃)电化学还原,可以将二氧化硅(SiO$_2$)和硅酸盐转化为单质硅[71-72]。这两种工艺可以成功地将 SiO$_2$硅藻壳体转化为单质硅。但同时,它们可能导致硅藻的原始形貌变化。此外,Sandhage 的研究组[73-74]已证明超过 2.5 h、低温(650℃)镁热还原过程可将 SiO$_2$硅藻壳体转化为单质硅,同时完全保留其三维结构。在密封的钢制安瓿瓶中氩气气氛下,二氧化硅可与镁蒸气反应,如式(7.1)所示。

$$2Mg(g) + SiO_2(s) \longrightarrow 2MgO(s) + Si(s) \tag{7.1}$$

反应后,产物中的氧化镁可以用酸溶液将其去除,仅留下少量的 SiO$_2$ 和硅藻硅,用氢氟酸洗涤消除残留的 SiO$_2$。最终结构由约 13 nm 的硅微晶组成并保留了约 100 nm 的孔结构。在密封安瓿瓶中,氯化钠的添加改善了硅藻壳体(SiO$_2$)转化为单质硅镁热还原反应中的热排除效率。添加盐有助于清除在放热反应过程中产生的热量,有利于保留纳米结构[75]。用开放式安瓿在氩气流动中,研究了二氧化硅、硅藻壳体向硅的镁热转化率的微小变化,通过调节反应物的比例和转化时间来更好地保持原始形貌[76-78]。图 7.4 显示了转化为硅之前和之后的硅藻壳体的 SEM 图以及相应的能量色散 X 射线光谱(EDX)。

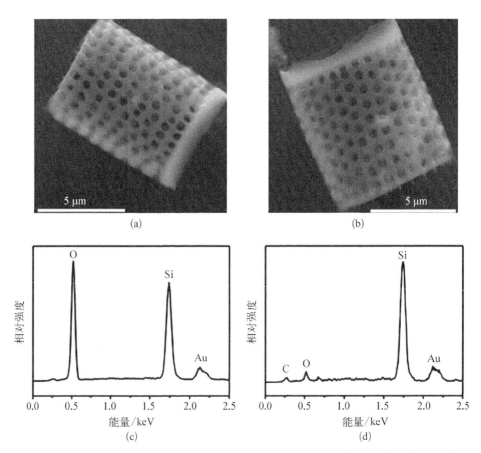

图 7.4 转化为硅之前和之后的硅藻壳体的 SEM 图以及相应的能量色散 X 射线光谱
(a) 海链藻硅藻壳体(转换前);(b) 海链藻硅藻生物二氧化硅(转换后);(c) 图(a)的能量色散 X 射线光谱;(d) 图(b)的能量色散 X 射线光谱

Sandhage 研究组[79]尝试使用溶胶-凝胶技术结合热过程将硅藻壳体转化为钛酸钡(BaTiO$_3$)。首先,他们通过镁热工艺将 SiO$_2$ 转化为 MgO 覆盖的硬壳。这是为了避免在 SiO$_2$ 上 BaTiO$_3$ 层烧结时形成稳定的 BaTiSiO$_5$ 中间体。在硅藻壳体表面上覆盖 MgO 之后,使用钡钛乙基己基异丙醇钡作为前体,采用溶胶-凝胶法在 MgO 支架上覆盖一层连续的 BaTiO$_3$ 涂层。然后将其在 700℃ 下烧制 1.5 h,以形成 BaTiO$_3$ 硅藻,同时保持其三维形貌。Dudley 等[80]还尝试通过两步转化过程将 SiO$_2$ 硅藻壳体转化为 BaTiO$_3$ 和钛酸锶(SrTiO$_3$)。第一步使用四氟化钛作为前体将 SiO$_2$ 壳体转化为 TiO$_2$(锐钛矿)。然后分别使用熔融的 Ba(OH)$_2$ 和 Sr(OH)$_2$ 将 TiO$_2$ 壳体转化

为 $BaTiO_3$ 和 $SrTiO_3$，同时保留硅藻壳体的原始特征。通过优化参数(如较高的温度和较长的反应时间)，将硅藻壳体完全转化为半导体材料是可实现的。Kusari 等[81]首次使用硼吖嗪聚合物作为前驱体，在硅藻壳体上均匀涂覆氮化硼。实验步骤如下：① 将甘醇二甲醚中的硼吖嗪聚合物通过硅藻壳真空过滤，② 将涂覆的硅藻壳体在 1 250℃下热分解，③ 将涂覆层下面的 SiO_2 用 48% 的 HF 溶液中溶解去掉。他们证明了氮化硼的阴性复制品保留了原始硅藻壳体的优良特征。他们还建议可以将三维非氧化物陶瓷微粒作为先进陶瓷或聚合物基复合材料的填料。Pookmanee 等尝试了在硅藻壳体上水热沉积氯化锰($MnCl_2$)，将硅藻壳体与 $MnCl_2$ 溶液混合，然后在 100℃下加热 2 h 后过滤，与天然硅藻壳体(粒径为 10 μm)相比，改性硅藻壳体的平均粒径增加了约 12 μm，改性硅藻壳体的比表面积也从 60 $m^2 \cdot g^{-1}$ 减少到 33 $m^2 \cdot g^{-1}$[82]。上述转化表明，硅藻壳体可以很容易地通过热化学法或水热法转化为工业上重要的材料，同时能够保持其原始的形态[83]。这种转化使硅藻壳体成为一种廉价、储量丰富的纳米结构半导体器件的前体材料。

7.2.2 硅藻壳体中半导体的生物嵌入

通过锗(Ge)或其他半导体材料的基因插入，可以将半导体和光致发光(PL)特性引入硅藻壳体中。Qin 等[84]展示了可将 Ge 纳米粒子(NPs)通过新陈代谢插入到羽纹藻壳体中。在生物反应器中采用两阶段培养的方法，加入适当比例羽纹硅藻壳体和 GeO，并且提供充足的营养物质。得到的硅藻壳体具有类似双面纳米梳状结构。经过两阶段培养，0.41% 质量分数的 Ge 掺入到壳体中，纳米梳状结构的总长度为 8 μm，肋宽度为 200 nm，肋长度为 500 nm，狭缝宽度为 100 nm。壳体在 450~480 nm 的波长范围内显示蓝色 PL。这是首次报道的利用细胞培养系统制备 PL 纳米梳结构[84-85]。透射电子显微镜(TEM)图像(见图 7.5)显示 Ge NPs 成功地插入到硅藻壳体中。

硅藻倾向生物富集一定量的钛[86]，而海洋硅藻 SiO_2[87]中可以包含质量分数为 0.01%~0.13% 的钛。Jeffryes 等尝试通过两步生物反应将 TiO_2 插入羽纹藻中，估计 TiO_2 质量分数约为 80%[88]。通过在空气中、720℃的高温退火，生物二氧化钛转化为锐钛矿型 TiO_2。研究者首次证明了使用活生物体制造纳米结构 TiO_2 的自下而上的方法。Rorrer 研究组的进一步研究支持硅藻壳体的半导体和电致发光特性[89-97]。

2010 年，有研究组尝试使用辐节藻通过两阶段的培养过程合成 Si - Ge 氧化物。他们发现 Ge 浓度增加会导致硅藻的结构变化。生物制备的纳米结构在黏附性、摩擦学以及光学和电子行为方面有着很大的不同。通过遗传掺入半导体材料改性的[98]硅藻壳体可用于太阳能电池、电池和电致发光器件[20]。

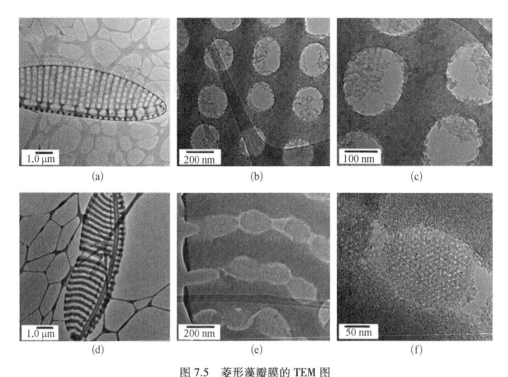

图 7.5　菱形藻瓣膜的 TEM 图

（a）~（c）孔结构涂覆有纳米颗粒的母瓣膜；（d）~（f）与纳米颗粒一同排列的子瓣膜的纳米梳状形态

7.2.3　硅藻壳体的表面改性

本节介绍了使用各种技术对硅藻壳体进行表面改性。为了改善硅藻壳体的导电性，已经探索了通过导电材料上釉进行的表面改性。例如，将导电聚合物聚苯胺涂覆在硅藻壳体表面，可以显著提高导电性。通过聚苯胺的 N—H 键聚合到带负电硅藻壳体表面使两者结合。在相同条件下，包含 8% 质量分数导电聚苯胺（2.8×10^{-2} S·cm^{-1}）的壳体的电导率要比纯聚苯胺（1.3 S·cm^{-1}）小。但是，它有助于拓展硅藻壳体的应用领域[99]。另一个这样的例子是在硅藻壳体上涂覆石墨烯涂层，这种材料在药物递送、传感、环境和能源应用方面具有潜在用途[100-101]。最近，研究者将硅藻壳体作为载体，在其表面附着上贵金属和半导体 NP 用作在表面增强拉曼光谱（SERS）和催化方面的应用[102]。对于这种表面处理方法，他们使用了两种硅藻，即浮动弯角藻和威氏圆筛藻。

硅藻壳体用贵金属和半导体纳米粒子（直径小于 10 nm）修饰是通过逐层沉积[103-107]和共价耦联技术[108]。逐层沉积技术依赖于聚电解质（带正电）和 NPs/QDs（带负电）之间的静电相互作用。通过 NPs/QDs 的—COOH 和改性后粒子的—NH_2 形成酰胺键，NPs/QDs 直接共价耦合在硅藻壳体表面[109]。在硅藻壳体上进行了类似的 TiO$_2$ 逐层沉积,其中 TiO$_2$ 前驱体是异丙醇钛(IV),硝酸用作脱模剂,植酸为分子黏合剂。通过在 400℃下热解 6 h 从涂覆有 TiO$_2$ 的样品中去除植酸。类似地,研究者探索了使用 TiO$_2$ 偶联剂 YB-502[110]、溶胶-凝胶技术[111]、原子层沉积[58]和肽介导的沉积[112]等方法将 TiO$_2$ 三维涂覆在硅藻壳体上。此外,Gutu 等还尝试了使用化学浴沉积技术将硫化镉(CdS)纳米晶体沉积在硅藻壳体上[113]。直径为 75 nm 的 CdS NPs 赋予了硅藻壳体 PL 特性[113]。在另一种方法中,Yu 等[39]尝试在硅藻壳体上进行化学镀金技术。他们证明,通过化学镀金在硅藻 SiO$_2$ 表面引入的金涂层增加了导电性能,而无须进行昂贵且彻底的 SiO$_2$/Si 转化。在硼氢化钠作为还原剂的存在下,通过将 4-硝基苯酚还原为 4-氨基苯酚来证明镀金硅藻的催化活性。这可以用作评价不同金属粒子催化活性的化学反应实例[39, 114-115]。图 7.6 展示了不同镀金时间的镀金硅藻壳体孔隙结构的变化图。

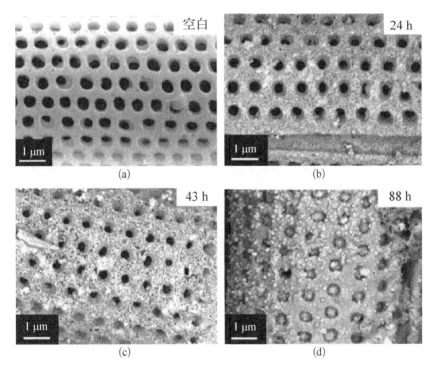

图 7.6　不同镀金时间下的镀金硅藻壳体的 SEM 图[39]

(a) 空白 SiO$_2$ 壳;(b)~(d) 在不同镀金时间下的镀金硅藻 SiO$_2$ 壳体

同样,铜也可以沉积在硅藻壳体上,例如双眉藻和骨条藻[116]。Yu 等[117]通过硅藻表面的化学官能化,将金离子吸附到硅藻壳体上。有助于将水溶液中的金(III)离子连接到硅藻壳的化学官能团是 3-巯基丙基三甲氧基硅烷。这种方法可以绿色环保地从废水中提取和循环利用金,这对于电子制造和金加工行业来说非常重要。该方法可以进一步扩广到催化领域。

2013 年,Toster 等在不使用连接剂的情况下,用银纳米粒子涂覆硅藻壳体。第一步对硅藻壳体进行等离子清洗并将其与硝酸银溶液混合。其次,氢氧化钠和葡萄糖的添加减少了硅藻壳体表面的硝酸银溶液中的银。银纳米粒子的直径为 10 ~ 20 nm[118]。此工艺可改善硅藻壳体的导电性、半导体性能和 PL 特性。此外,硅藻壳体三维结构的保留是在电气和微电子应用领域中使用这些材料的另一个优势。

7.2.4 硅藻壳体显微制备三维支架

使用天然模板制造三维微结构材料是一种替代当前昂贵的制造技术的方案。本章的这一部分介绍了有关使用硅藻壳体作为模板的金属/聚合物铸造。这可以

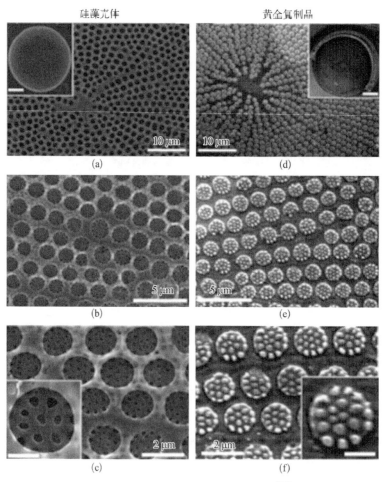

图 7.7　硅藻壳体及其复制品 SEM 图[61]

(a) ~ (c) 圆筛藻壳体的内部;(d) ~ (f) 从壳体复制金属结构

通过真空蒸发和软光刻技术来实现。在所有情况下,改变硅藻壳体的性质后,其原始形貌都会保留下来。我们以硅藻壳体为模板制作了金纳米结构[61],并成功地铸造了从纳米级到微米级的高精度硅藻壳体三维复制品。之所以使用圆筛藻,是因为它具有较大的壳体(直径约为 80~100 μm),向心层数多和孔隙排列。图 7.7 显示了原始硅藻壳体和金复制品的 SEM 图。

金结构的三维形态可用于高比表面积金粒子。我们还使用热/真空蒸发技术制作了偏心海链藻和其他未知物种的模板[59]。从研究中可以看出,可以对金属进行热蒸发和真空蒸发以制备硅藻复制品。在另一研究中,软光刻技术首次用于铸造硅藻壳体的阳性壳体和阴性复制品。聚二甲基硅氧烷(PDMS)用于产生阴性复制品,而紫外线可固化聚合物(NOA 60)用于产生硅藻壳体的阳性复制品[37]。通过铸型方法将硅藻孔阵列的形态转移到 PDMS 聚合物(阴性复制品)上。然后,使用紫外线可固化聚合物(NOA 60)从 PDMS 聚合物(阴性复制品)中铸出阳性复制品。也可以使用其他材料制备硅藻复制品,例如陶瓷和碳的前体、盐和胶体、凝胶和发光磷光体以及导电聚合物[119]。聚合物复型铸造是一种通用方法,可应用于具有不同图案的硅藻壳体。复制硅藻形貌的聚合物可提供较大的比表面积,这对包括微流控器件、光学器件、集成电路和生物传感器在内的一系列应用都是有益的[37]。

7.3 用于染料敏化太阳能电池的改性硅藻壳体

Rorrer 研究组将 TiO_2 改性的硅藻壳体引入染料敏化太阳能电池。通过可溶性钛前体(钛双二氢氧化钛,Ti – BALDH)水解和缩合,利用聚赖氨酸多肽(PLL),将不溶性 TiO_2 均匀包裹在羽纹藻壳体上。硅藻壳体表面上 20 nm TiO_2 的吸附量为每克 SiO_2 吸附约 1.32 g±0.17 g 的 TiO_2。DSSC 装置制备是将 TiO_2 改性硅藻壳体堆叠在起初涂覆了掺氟的氧化锡(FTO)玻璃的商业 TiO_2 锐钛矿层的顶部。堆叠结构在 400℃退火,之后浸泡在 N719 染料中,然后彻底清洗[20, 112]。将铂涂覆的 FTO 玻璃用作对电极,以 1–氨基吡啶碘化物作为电解质。然后测量电流-电压($I-V$)曲线。图 7.8 显示了具有 TiO_2 改性的硅藻壳体的 DSSC 电池示意图。

DSSC 中的太阳能电池效率为 6.67%±1.40%,TiO_2 锐钛矿层制成的 DSSC 电池效率为 2.95%±1.10%。相比之下,仅用 TiO_2 改性的硅藻壳体制成的 DSSC 电池在没有锐钛矿型 TiO_2 层的情况下不会产生任何电流[20]。最近,Toster 等[120]提出了一种新技术将 TiO_2 改性的硅藻壳体的 DSSC 效率提高了 30%。他们使用了等离子处理,从而在硅藻壳体的表面形成了更均匀的 TiO_2 涂层。相反,与等离子处理方法相比,当使用遗传插入[88]和植酸[104]附着 TiO_2 时,TiO_2 与 SiO_2 的比率较低。对于利

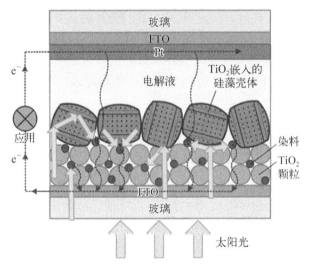

图 7.8　掺杂 TiO_2 改性的硅藻壳体的
DSSC 电池的示意图[35]

用遗传插入和植酸方法，其生长速度缓慢，在硅藻壳体表面形成不连续的 TiO_2 层，这使其不适用于 DSSC。等离子体处理还去除了结合硅藻壳体表面上的甲基，并形成了可以与 TiO_2 有效结合的亲水性羟基。对 TiO_2 进行循环的等离子体处理，然后在 400℃下煅烧该材料。通过将 TiO_2 改性的生物二氧化硅丝网印刷到 FIO 玻璃上，然后将其浸入 N719 钌染料中并彻底清洗，可制成 DSSC 电池。图 7.9 显示了相对于 TiO_2 涂层的循环次数的 $I\text{-}V$ 曲线，通过掺入硅藻，增加 TiO_2 的等离子体涂层的循环次数可将电池能量转换效率从 3.5% 提高到 4.6%。这证实了硅藻的三维结构增加了光捕获效率。

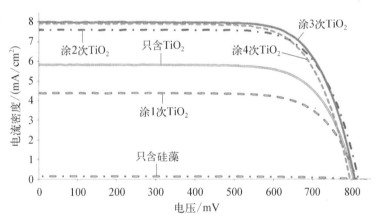

图 7.9　对照组（只含硅藻和只含 TiO_2）与在硅藻上涂上
不同次数 TiO_2 的 $I\text{-}V$ 曲线[120]

2015 年，将硅藻壳体与市售的 TiO_2 浆料混合，旋涂在 FTO 玻璃上进行 $I\text{-}V$ 测试。用常规的 TiO_2 浆料（三层）制成的 DSSC 器件的能量转换效率为 3.81%。在相同条件下，用 TiO_2 浆料（一层）和硅藻壳体制成的 DSSC 装置的效率提高了 38%[121]。研究者首次将 TiO_2 生物插入硅藻中以用于 DSSC 应用以及从藻类细胞中提取脂质。对照 DSSC 的能量转换效率为 4.20%,而掺有 TiO_2 的硅藻 DSSC 能量转换效率为 9.45%[40]。

最近,通过制造抗反射多孔结构提高了商用硅的太阳能电池效率[122-126]。这些具有高比表面积的多孔结构可以通过化学或电化学蚀刻硅的方法制成,被称为多孔硅[127-132],天然多孔硅藻基于其抗反射特性的研究可能会扩展硅藻成为天然支架,代替目前用于太阳能电池和 PEC 氢应用的合成多孔材料。

7.4　用于光电化学制氢的改性硅藻壳体

近年来,通过对硅藻壳体半导电性的改进,使其在制氢领域中得到广泛的应用。采用镁热还原技术将 SiO_2 硅藻壳体转化为硅壳体[73, 76]。转化后的硅壳体比天然绝缘体 SiO_2 具有更强的光吸收能力。然后将它们制作在金电极上,以通过硫醇化学方法测量光电流密度。在稳定的光电流密度为 80 nA·cm^{-2} 的硅藻壳体中观察到 n 型行为。图 7.10 显示了金电极、滴铸有硅藻壳体的金电极和通过硫醇化学法涂覆硅藻壳体的金电极的光电流密度测量。CdS 覆盖硅藻壳体的光电流密度比空白硅藻壳体相比高出 50 倍[76]。为了研究硅藻壳体的 p 型半导体性能,掺杂硼作为载流子[133]。在硅藻壳体上的硼酸浓度增加时,观察到硼掺杂量增加。对于涂覆了量子点和铁硫羰基催化剂的掺硼硅硅藻壳体,光电流密度为 6 μA·cm^{-2}。

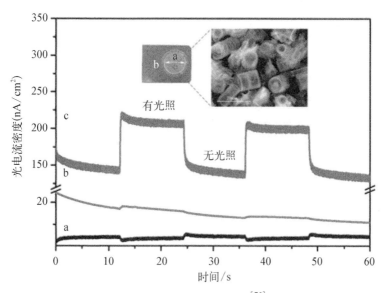

图 7.10　光电流密度测量[76]

(a) 金电极;(b) 滴铸有硅藻壳体的金电极;(c) 通过硫醇化学法涂覆硅藻壳体的金电极;插图显示了涂有硅藻壳体的金电极

在 0.1 mol/L 硫酸电解液中测量到大量的氢产生。这些天然的具有纳米结构的硅基材料成本低,有可能替代硅太阳能电池。

7.5　结论与展望

在本章中,我们讨论了用于太阳能转换应用的硅藻壳体改性的最新研究。太阳能生成是一个跨学科领域,太阳能器件在过去几年中已成功地发展成为一个充满活力和生产力的研究领域。本质上,以可再生方式提供的多孔半导体结构的制造将会扩大太阳能生产应用。为了实现硅藻作为高效光活性材料的全部潜能,电池制造仍需要进一步优化。我们设想,一旦在光电驱动设备中优化了这种可再生资源的使用,就可以降低材料和运营成本。应考虑并扩大硅藻壳体转化为单质硅的规模以及基于其带隙的研究。硅藻的理想电化学性质和简单性也可以降低大规模太阳能发电的成本。在硅藻在工业规模的太阳能转换应用中要得到充分的应用之前,需要进一步提高硅藻的表面钝化,以提高硅藻的稳定性和系统的协调性。TiO$_2$ 修饰的硅藻壳体在 DSSC 应用中已显示出潜力,它可以刺激染料敏化太阳能电池制氢技术的发展。绿色和轻量级能源收集、生产和存储设备的进步可以作为未来能源系统的蓝图。希望在未来十年内,有关硅藻壳体的当前研究将开始从实验室过渡到可用的原型,并进入公开市场。

参 考 文 献

[1] O'regan B, Grätzel M. A low-cost, high-efficiency solar cell based on dye-sensitized colloidal TiO$_2$ films. Nature, 1991, 353: 737 - 740.

[2] Jiu J, Isoda S, Wang F, et al. Dye-sensitized solar cells based on a single-crystalline TiO$_2$ nanorod film. J. Phys. Chem. B, 2006, 110: 2087 - 2092.

[3] Nazeeruddin M K, Humphrybaker R, Liska P, et al. Investigation of sensitizer adsorption and the influence of protons on current and voltage of a dye-sensitized nanocrystalline TiO$_2$ solar cell. J. Phys Chem. B, 2003, 107: 8981 - 8987.

[4] Grätzel M. Dye-sensitized solar cells. J. Photochem. Photobiol. C, 2003, 4: 145 - 153.

[5] Griffith M J, Sunahara K, Wagner P, et al. Porphyrins for dye-sensitised solar cells: new insights into efficiency-determining electron transfer steps. Chem. Commun., 2012, 48: 4145 - 4162.

[6] Campbell W M, Burrell A K, Officer D L, et al. Porphyrins as light harvesters in the dye-sensitised TiO$_2$ solar cell. Coord. Chem. Rev., 2004, 248: 1363 - 1379.

[7] Velusamy M, Thomas K R, Lin J T, et al. Organic dyes incorporating low-band-gap chromophores for dye-sensitized solar cells. Org. Lett., 2005, 7: 1899 - 1902.

[8] Hara K, Sato T, Katoh R, et al. Novel conjugated organic dyes for efficient dye-sensitized solar

cells. Adv. Funct. Mater., 2005, 15: 246 – 252.

[9] Yu P, Zhu K, Norman A G, et al. Nano-crystalline TiO₂ solar cells sensitized with InAs quantum dots. J. Phys. Chem. B, 2006, 110: 25451 – 25454.

[10] Campbell W M, Jolley K W, Wagner P, et al. Highly efficient porphyrin sensitizers for dye-sensitized solar cells. J Phys. Chem. C, 2007, 111: 11760 – 11762.

[11] Wong K K, Ng A, Chen X Y, et al. Effect of ZnO nanoparticle properties on dye-sensitized solar cell performance. ACS Appl. Mater. Interfaces, 2012, 4: 1254 – 1261.

[12] Snaith H J, Ducati C. SnO₂-based dye-sensitized hybrid solar cells exhibiting near unity absorbed photon-to-electron conversion efficiency. Nano Lett., 2010, 10: 1259 – 1265.

[13] Guo P, Aegerter M A. RU(II) sensitized Nb₂O₅ solar cell made by the sol-gel process. Thin Solid Films, 1999, 351: 290 – 294.

[14] Lü X, Mou X, Wu J, et al. Improved-performance dye-sensitized solar cells using Nb-doped TiO₂ electrodes: efficient electron injection and transfer. Adv. Funct. Mater., 2010, 20: 509 – 515.

[15] Wang Z S, Kawauchi H, Kashima T, et al. Significant influence of TiO₂ photoelectrode morphology on the energy conversion efficiency of N719 dye-sensitized solar cell. Coord. Chem. Rev., 2004, 248: 1381 – 1389.

[16] Yoon J H, Jang S R, Vittal R, et al. TiO₂ nanorods as additive to TiO₂ film for improvement in the performance of dye-sensitized solar cells. J Photochem. Photobiol. A, 2006, 180: 184 – 188.

[17] Mor G K, Shankar K, Paulose M, et al. Use of highly-ordered TiO₂ nanotube arrays in dye-sensitized solar cells. Nano Lett., 2006, 6: 215 – 218.

[18] Feng X, Shankar K, Varghese O K, et al. Vertically aligned single crystal TiO₂ nanowire arrays grown directly on transparent conducting oxide coated glass: synthesis details and appllications. Nano Lett., 2008, 8: 3781 – 3786.

[19] Liu B, Aydil E S. Growth of oriented single-crystalline rutile TiO₂ Nanorods on transparent conducting substrates for dye-sensitized solar cells. J. Am. Chem. Soc., 2009, 131: 3985 – 3990.

[20] Jeffryes C, Campbell J, Li H, et al. The potential of diatom nanobiotechnology for applications in solar cells, batteries, and electroluminescent devices. Energy Environ. Sci., 2011, 4: 3930 – 3941.

[21] Gogoi A, Buragohain A K, Choudhury A, et al. Laboratory measurements of light scattering by tropical fresh water diatoms. J. Quant. Spectrosc. Radiat. Transfer, 2009, 110: 1566 – 1578.

[22] Yamanaka S, Yano R, Usami H, et al. Optical properties of diatom silica frustule with special reference to blue light. J. Appl. Phys., 2008, 103: 074701.

[23] Chen X, Wang C, Baker E, et al. Numerical and experimental investigation of light trapping effect of nanostructured diatom frustules. Sci. Rep., 2015, 5: 11977.

[24] Fujishima A, Honda K. Electrochemical photolysis of water at a semiconductor electrode. Nature, 1972, 238: 37 – 38.

[25] Wang G, Ling Y, Wang H, et al. Chemically modified nanostructures for photoelectrochemical water splitting. J. Photochem. Photobiol. C, 2014, 19: 35 - 51.

[26] Sun J, Zhong D K, Gamelin D R. Composite photoanodes for photoelectrochemical solar water splitting. Energy Environ. Sci., 2010, 3: 1252 - 1261.

[27] Momirlan M, Veziroglu T N. Current status of hydrogen energy. Renewable Sustainable Energy Rev., 2002, 6: 141 - 179.

[28] Bockris J O M, Dandapani B, Cocke D, et al. On the splitting of water. Int. J. Hydrogen Energy, 1985, 10: 179 - 201.

[29] Ursua A, Gandia L M, Sanchis P. Hydrogen production from water electrolysis: current status and future trends. Proc. IEEE, 2012, 100: 410 - 426.

[30] Chandrasekaran S, Hotza D. Bioproduction of hydrogen with the assistance of electrochemical technology. INTECH Open Access Publisher, 2011.

[31] Goetzberger A, Hebling C. Photovoltaic materials, past, present, future. Sol. Energy Mater. Sol. Cells, 2000, 62: 1 - 19.

[32] Chandrasekaran S, Nann T, Voelcker N H. Nanostructured silicon photoelectrodes for solar water electrolysis. Nano Energy: 2015, 17, 308 - 322.

[33] Hasle G R, Syvertsen E E, Steidinger K A, et al. Identifying marine diatoms and dinojlagellates. San Diego: Academic Press, 1996.

[34] Round F E, Crawford R M, Mann D G. Diatoms: biology and morphology of the genera. Cambridge: Cambridge University Press, 1990.

[35] Zhang D, Wang Y, Cai J, et al. Bio-manufacturing technology based on diatom micro- and nanostructure. Chin. Sci. Bull., 2012, 57: 3836 - 3849.

[36] Losic D, Mitchell J G, Voelcker N H. Diatomaceous lessons in nanotechnology and advanced materials. Adv. Mater., 2009, 21: 2947 - 2958.

[37] Losic D, Mitchell J G, Lal R, et al. Rapid fabrication of micro- and nanoscale patterns by replica molding from diatom biosilica. Adv. Funct. Mater., 2007, 17: 2439 - 2446.

[38] Chauton M S, Skolem L M, Olsen L M, et al. Titanium uptake and incorporation into silica nanostructures by the diatom Pinnularia sp. (Bacillariophyceae). J. Appl. Phycol., 2015, 27: 777 - 786.

[39] Yu Y, Addaimensah J, Losic D, et al. Synthesis of self-supporting gold microstructures with three-dimensional morphologies by direct replication of diatom templates. Langmuir, 2010, 26: 14068 - 14072.

[40] Gautam S, Kashyap M, Gupta S, et al. Metabolic engineering of TiO_2 nanoparticles in Nitzschia palea to form diatom nanotubes: an ingredient for solar cells to produce electricity and biofuel. RSC Adv., 2016, 6: 97276 - 97284.

[41] Sumper M, Brunner E. Learning from diatoms: nature's tools for the production of nanostructured silica. Adv. Funct. Mater., 2006, 16: 17 - 26.

[42] Kröger N, Poulsen N. Diatoms-from cell wall biogenesis to nano-technology. Annu. Rev. Genet., 2008, 42: 83 - 107.

［43］ Vardi A, Thamatrakoln K, Bidle K D, et al. Diatom genomes come of age. Genome Biol., 2009, 9: 245.

［44］ Leonbanares R, Gonzalezballester D, Galvan A, et al. Transgenic microalgae as green cell-factories. Trends Biotechnol., 2004, 22: 45 − 52.

［45］ Baeuerlein E. Biomineralization: progress in biology, molecular biology and application. John Wiley & Sons, 2004.

［46］ Parkinson J, Gordon R. Beyond micromachining: the potential of diatoms. Trends Biotechnol., 1999, 17: 190 − 196.

［47］ Drum R W, Gordon R. Star trek replicators and diatom nanotechnology. Trends Biotechnol., 2003, 21: 325 − 328.

［48］ Gordon R, Sterrenburg F A, Sandhage K H, et al. A Special issue on diatom nanotechnology. J. Nanosci. Nanotechnol., 2005, 5: 1 − 4.

［49］ De Stefano L, De Stefano M, De Tommasi E, et al. A natural source of porous biosilica for nanotech applications: the diatoms microalgae. Phys. Status Solidi C, 2011, 8: 1820 − 1825.

［50］ Gordon R, Losic D, Tiffany M A, et al. The glass menagerie: diatoms for novel applications in nanotechnology. Trends Biotechnol., 2009, 27: 116 − 127.

［51］ Lopez P J, Descles J, Allen A E, et al. Prospects in diatom research. Curr. Opin. Biotechnol., 2005, 16: 180 − 186.

［52］ Nassif N, Livage J. From diatoms to silica-based biohybrids. Chem. Soc. Rev., 2011, 40: 849 − 859.

［53］ Yang W, Lopez P J, Rosengarten G. Diatoms: self assembled silica nanostructures, and templates for bio/chemical sensors and biomimetic membranes. Analyst, 2011, 136: 42 − 53.

［54］ Marshall K E, Robinson E W, Hengel S M, et al. FRET imaging of diatoms expressing a biosilica-localized ribose sensor. PLoS One, 2012, 7: e33771.

［55］ Bismuto A, Setaro A, Maddalena P, et al. Marine diatoms as optical chemical sensors: a time-resolved study. Sens. Actuators B, 2008, 130: 396 − 399.

［56］ Tommasi E De, Rendina I, Rea I, et al. Intrinsic photoluminescence of diatom shells in sensing applications. Proc. SPIE 7359, Optical Sensors, 2009, 735615.

［57］ Losic D, Mitchell J G, Voelcker N H. Diatom culture media contain extracellular silica nanoparticles which form opalescent films. Proc. SPIE 7267, Smart Materials V, 2008, 726712.

［58］ Losic D, Triani G, Evans P J, et al. Controlled pore structure modification of diatoms by atomic layer deposition of TiO_2. J. Mater. Chem., 2006, 16: 4029 − 4034.

［59］ Losic D, Mitchell J G, Voelcker N H. Fabrication of gold nano-structures by templating from porous diatom frustules. New J. Chem., 2006, 30: 908 − 914.

［60］ Losic D, Short K, Mitchell J G, et al. AFM nanoindentations of diatom biosilica surfaces. Langmuir, 2007, 23: 5014 − 5021.

［61］ Losic D, Mitchell J G, Voelcker N H. Complex gold nanostructures derived by templating from diatom frustules. Chem. Commun., 2005, 4905 − 4907.

[62] Rosi N L, Thaxton C S, Mirkin C A. Control of nanoparticle assembly by using DNA-modified diatom templates. Angew. Chem. Int. Ed., 2004, 43: 5500 – 5503.

[63] Aw M S, Simovic S, Yu Y, et al. Porous silica microshells from diatoms as biocarrier for drug delivery applications. Powder Technol., 2012, 223: 52 – 58.

[64] Aw M S, Simovic S, Addaimensah J, et al. Silica microcapsules from diatoms as new carrier for delivery of therapeutics. Nanomedicine, 2011, 6: 1159 – 1173.

[65] Losic D, Yu Y, Aw M S, et al. Surface functionalisation of diatoms with dopamine modified iron-oxide nanopar-tides: toward magnetically guided drug microcarriers with biologically derived morphologies. Chem. Commun., 2010, 46: 6323 – 6325.

[66] Aw M S, Bariana M, Yu Y, et al. Surface-functionalized diatom microcapsules for drug delivery of water-insoluble drugs. J. Biomate. Appl., 2013, 28: 163 – 174.

[67] Bakr H. Diatomite: its characterization, modifications and applications. Asian J. Mater, Sci., 2010, 2: 121 – 136.

[68] De Namor A F, Gamouz A E, Frangie S, et al. Turning the volume down on heavy metals using tuned diatomite. A review of diatomite and modified diatomite for the extraction of heavy metals from water. J. Hazard. Mater., 2012: 14 – 31.

[69] Fuhrmann T, Landwehr S, Rharbikucki M E, et al. Diatoms as living photonic crystals. Appl. Phys. B, 2004, 78: 257 – 260.

[70] Nagamori M, Malinsky I, Claveau A. Thermodynamics of the Si-C-O system for the production of silicon carbide and metallic silicon. Metall. Trans. B, 1986, 17: 503 – 514.

[71] Nohira T, Yasuda K, Ito Y. Pinpoint and bulk electrochemical reduction of insulating silicon dioxide to silicon. Nat. Mater, 2003, 2: 397 – 401.

[72] Yasuda K, Nohira T, Takahashi K, et al. Electrolytic reduction of a powder-molded SiO_2 pellet in molten $CaCl_2$ and acceleration of reduction by Si addition to the pellet. J. Electrochem. Soc., 2005, 152: D232 – D237.

[73] Bao Z, Weatherspoon M R, Shian S, et al. Chemical reduction of three-dimensional silica micro-assemblies into microporous silicon replicas. Nature, 2007, 446: 172 – 175.

[74] Cai Y, Allan S M, Sandhage K H, et al. Three-dimensional magnesia-based nanocrystal assemblies via low-temperature magnesiothermic reaction of diatom microshells. J. Am. Ceram. Soc., 2005, 88: 2005 – 2010.

[75] Luo W, Wang X, Meyers C, et al. Efficient fabrication of nanoporous Si and Si/Ge enabled by a heat scavenger in magnesiothermic reactions. Sci. Rep., 2013, 3: 2222.

[76] Chandrasekaran S, Sweetman M J, Kant K, et al. Silicon diatom frustules as nanostructured photoelectrodes. Chem. Commun., 2014, 50: 10441 – 10444.

[77] Pannico M, Rea I, Chandrasekaran S, et al. Electroless gold-modified diatoms as surface-enhanced raman scattering supports. Nanoscale Res. Lett., 2016, 11: 315.

[78] Rea I, Terracciano M, Chandrasekaran S, et al. Bioengineered silicon diatoms: adding photonic features to a nanostructured semiconductive material for biomolecular sensing. Nanoscale Res. Lett., 2016, 11: 405.

[79] Weatherspoon M R, Allan S M, Hunt E, et al. Sol-gel synthesis on self-replicating single-cell scaffolds: applying complex chemistries to nature's 3 − D nanostructured templates. Chem. Commun., 2005, 651 − 653.

[80] Dudley S, Kalem T, Akinc M. Conversion of SiO_2 diatom frustules to $BaTiO_3$ and $SrTiO_3$. J Am. Ceram. Soc., 2006, 89: 2434 − 2439.

[81] Kusari U, Bao Z, Cai Y, et al. Formation of nanostructured, nanocrystalline boron nitride microparticles with diatom-derived 3 − D shapes. Chem. Commun., 2007, 1177 − 1179.

[82] Pookmanee P, Thippraphan P, Phanichphant S. Manganese chloride modification of natural diatomite by using hydrothermal method. J Microsc. Soc. Thailand, 2010, 24: 99 − 102.

[83] Sandhage K H. Materials "alchemy": shape-preserving chemical transformation of micro-to-macroscopic 3 − D structures. JOM, 2010, 62: 32 − 43.

[84] Qin T, Gutu T, Jiao J, et al. Biological fabrication of photoluminescent nanocomb structures by metabolic incorporation of germanium into the biosilica of the diatom nitzschia frustulum. ACS Nano, 2008, 2: 1296 − 1304.

[85] Qin T, Gutu T, Jiao J, et al. Photoluminescence of silica nanostructures from bioreactor culture of marine diatom nitzschia frustulum. J. Nanosci. Nanotechnol., 2008, 8: 2392 − 2398.

[86] Riley J P, Roth I. The distribution of trace elements in some species of phytoplankton grown in culture. J. Mar. Biol. Assoc. UK, 1971, 51: 63 − 72.

[87] Martin J H, Knauer G A. The elemental composition of plankton. Geochim. Cosmochim. Acta, 1973, 37: 1639 − 1653.

[88] Jeffryes C, Gutu T, Jiao J, et al. Metabolic insertion of nano-structured TiO_2 into the patterned biosilica of the diatom pinnularia sp. by a two-stage bioreactor cultivation process. ACS Nano, 2008, 2: 2103 − 2112.

[89] Gale D K, Jeffryes C, Gutu T, et al. Thermal annealing activates amplified photoluminescence of germanium metabolically doped in diatom biosilica. J. Mater. Chem., 2011, 21: 10658 − 10665.

[90] Wang W, Gutu T, Gale D K, et al. Self-assembly of nanostructured diatom microshells into patterned arrays assisted by polyelectrolyte multilayer deposition and inkjet printing. J. Am. Chem. Soc., 2009, 131: 4178 − 4179.

[91] Ren F, Campbell J, Hasan D, et al. Surface-enhanced raman scattering on diatom biosilica photonic crystals. Proc. SPIE 8598, Bioinspired, Biointegrated, Bioengineered Photonic Devices, 2013, 85980N.

[92] Jeffryes C, Gutu T, Jiao J et al. Two-stage photobioreactor process for the metabolic insertion of nanostructured germanium into the silica microstructure of the diatom Pinnularia sp., Mater. Sci. Eng. C, 2008, 28: 107 − 118.

[93] Rorrer G L, Chang C H, Liu S H, et al. Bio-synthesis of silicon-germanium oxide nanocomposites by the marine diatom nitzschia frustulum. J. Nanosci. Nanotechnol., 2005, 5: 41 − 49.

[94] Jeffryes C, Solanki R, Rangineni Y, et al. Electroluminescence and photoluminescence from nanostructured diatom frustules containing metabolically inserted germanium. Adv. Mater., 2008, 20: 2633 − 2637.

[95] Lee D H, Wang W, Gutu T, et al. Bio-genic silica based Zn_2SiO_4: Mn^{2+} and Y_2SiO_5: Eu^{3+} phosphor layers patterned by inkjet printing process. J. Mater. Chem., 2008, 18: 3633 – 3635.

[96] Lee D H, Gutu T, Jeffryes C, et al. Nanofabrication of green luminescent Zn_2SiO_4: Mn using biogenic silica. Electro-chem. Solid-State Lett., 2007, 10: K13 – K16.

[97] Gutu T, Lee D, Jeffryes C, et al. Electron microscopy study of zinc silicate coated diatom frustules. Microsc. Microanal., 2006, 12: 730 – 731.

[98] Ali D M, Divya C, Gunasekaran M, et al. Biosynthesis and characterization of silicon-germanium oxide nanocomposite by diatom. Dig. J. Nanomater. Biostructures, 2011, 6: 117 – 120.

[99] Li X, Bian C, Chen W, et al. Polyaniline on surface modification of diatomite: a novel way to obtain conducting diatomite fillers. Appl. Surf. Sci., 2003, 207: 378 – 383.

[100] Dalagan J Q, Enriquez E P. Interaction of diatom silica with graphene. Phil. Sci. Lett., 2013, 6: 119 – 127.

[101] Dalagan J Q, Enriquez E P, Li L J. Simultaneous functionalization and reduction of graphene oxide with diatom silica. J. Mater. Sci., 2013, 48: 3415 – 3421.

[102] Jantschke A, Herrmann A K, Lesnyak V, et al. Decoration of diatom biosilica with noble metal and semiconductor nanoparticles (< 10 nm): assembly, characterization, and applications. Chem. Asian J., 2012, 7: 85 – 90.

[103] Decher G. Fuzzy nanoassemblies: toward layered polymeric multi-composites. Science, 1997, 277: 1232 – 1237.

[104] Rogach A L, Koktysh D S, Harrison M, et al. Layer-by-layer assembled films of HgTe nanocrystals with strong infrared emission. Chem. Mater., 2000, 12: 1526 – 1528.

[105] Gao M, Lesser C, Kirstein S, et al. Electroluminescence of different colors from polycation/ CdTe nanocrystal self-assembled films. J. Appl. Phys., 2000, 87: 2297 – 2302.

[106] Susha A S, Caruso F, Rogach A L, et al. Formation of luminescent spherical core-shell particles by the consecutive adsorption of polyelectrolyte and CdTe(S) nanocrystals on latex colloids. Colloids Surf. A, 2000, 163: 39 – 44.

[107] Crisp M T, Kotov N A. Preparation of nanoparticle coatings on surfaces of complex geometry. Nano Lett., 2003, 3: 173 – 177.

[108] Shavel A, Gaponik N, Eychmüller A. Covalent linking of CdTe nanocrystals to amino-functionalized surfaces. ChemPhysChem, 2005, 6: 449 – 451.

[109] Jia Y, Han W, Xiong G, et al. Layer-by-layer assembly of TiO_2 colloids onto diatomite to build hierarchical porous materials. J. Colloid Interface Sci., 2008, 323: 326 – 331.

[110] Liao J H, Du G X, Mei L F, et al. Surface modification of diatomite with titanate and its effects on the properties of reinforcing NR/SBR blends//Particulate materials: synthesis, character-isation, processing and modelling.RSC Publishing, 2012: 59 – 65.

[111] Zhang Q, Chen R, Li L. Synthesis of three-dimensional agaric-like biomorphic TiO_2 by a facile method with coscinodiscus sp. frustule. J. Ocean Univ. China, 2012, 11: 507 – 510.

[112] Li H, Jeffryes C, Gutu T, et al. Peptide-mediated deposition of nanostructured TiO_2 into the periodic structure of diatom biosilica and its integration into the fabrication of a dye-sensitized solar cell device. MRS Proc., 2009: 1189.

[113] Gutu T, Gale D K, Jeffryes C, et al. Electron microscopy and optical characterization of cadmium sulphide nanocrystals deposited on the patterned surface of diatom biosilica. J. Nanomater., 2009, 860536.

[114] Panigrahi S, Basu S, Praharaj S, et al. Synthesis and size-selective catalysis by supported gold nanoparticles: study on heterogeneous and homogeneous catalytic process. J. Phys. Chem. C, 2007, 111: 4596 – 4605.

[115] Mei Y, Sharma G, Lu Y, et al. High catalytic activity of platinum nanoparticles immobilized on spherical poly-electrolyte brushes. Langmuir, 2005, 21: 12229 – 12234.

[116] Dalagan J Q, Enriquez E P, Li L J, et al. Growth of copper on diatom silica by electroless deposition technique. Mater. Sci.-Pol., 2013, 31: 226 – 231.

[117] Yu Y, Addai-Mensah J, Losic D. Chemical functionalization of diatom silica microparticles for adsorption of gold (III) ions. J. Nanosci. Nanotechnol., 2011, 11: 10349 – 10356.

[118] Toster J, Zhou Q L, Smith N M, et al. *In situ* coating of diatom frustules with silver nanoparticles. Green Chem., 2013, 15: 2060 – 2063.

[119] Mirldn C A, Rogers J A. Emerging methods for micro- and nano-fabrication. MRS Bull., 2001, 26: 506 – 509.

[120] Toster J, Iyer K S, Xiang W, et al. Diatom frustules as light traps enhance DSSC efficiency. Nanoscale, 2013, 5: 873 – 876.

[121] Huang D R, Jiang Y J, Liou R L, et al. Enhancing the efficiency of dye-sensitized solar cells by adding diatom frustules into TiO_2 working electrodes. Appl. Surf. Sci., 2015, 347: 64 – 72.

[122] Striemer C C, Fauchet P M. Dynamic etching of silicon for broad-band antireflection applications. Appl. Phys. Lett., 2002, 81: 2980 – 2982.

[123] Srivastava S K, Kumar D, Singh P K, et al. Excellent antireflection properties of vertical silicon nanowire arrays. Sol. Energy Mater. Sol. Cells, 2010, 94: 1506 – 1511.

[124] Schirone L, Sotgiu G, Califano F P. Chemically etched porous silicon as an anti-reflection coating for high efficiency solar cells. Thin Solid Films, 1997, 297: 296 – 298.

[125] Menna P, Francia G D, La Ferrara V, et al. Porous silicon in solar cells: a review and a description of its application as an AR coating. Sol. Energy Mater. Sol. Cells, 1995, 37: 13 – 24.

[126] Yerokhov V Y, Melnyk I I. Porous silicon in solar cell structures: a review of achievements and modern directions of further use. Renewable Sustainable Energy Rev., 1999, 3: 291 – 322.

[127] Canham L T. Properties of porous silicon. INSPEC, 1997.

[128] Sailor M J. Fundamentals of porous silicon preparation. Porous silicon in practice, Wiley-VCH Verlag GmbH & Co. KGaA, 2011: 1 – 42.

[129] Chandrasekaran S, Vijayakumar S, Nann T, et al. Investigation of porous silicon photocathodes for photoelectrochemical hydrogen production. Int. J. Hydrogen Energy, 2016, 41: 19915 – 19920.

[130] Chandrasekaran S, Nann T, Voelcker N. Silicon nanowire photo-cathodes for photoelectrochemical hydrogen production. Nanomaterials, 2016, 6: 144.

[131] Chandrasekaran S, Mclnnes S J P, Macdonald T J, et al. Porous silicon nanoparticles as a nanophotocathode for photoelec-trochemical water splitting. RSC Adv., 2015, 5: 85978 – 85982.

[132] Chandrasekaran S, Macdonald T J, Mange Y J, et al. A quantum dot sensitized catalytic porous silicon photocathode. J. Mater. Chem. A, 2014, 2: 9478 – 9481.

[133] Chandrasekaran S, Macdonald T J, Gerson A R, et al. Boron-doped silicon diatom frustules as a photocathode for water splitting. ACS Appl. Mater. Interfaces, 2015, 7: 17381 – 17387.

第 **8** 章

硅藻质二氧化硅——能量转化和
储存的新型生物材料

张育新,孙小雯

8.1 引言

化石燃料的迅速消耗、温室气体排放的增加以及环境问题的日益恶化,使能量的转换和存储变得至关重要。能量可以从风能、太阳能和化学能等转换为电能,可以存储为机械能(势能或飞轮的旋转能)、电能或磁能(电容器和线圈)、化学能(电池、汽油或氢气)或核能(铀或氘)。在过去的二十年中,研究者为开发新的能源生成和存储方案,已经广泛探索了具有纳米级尺寸和独特性能的新型合成材料[1-2]。其中,多孔纳米材料(包括碳、硅、无机氧化物和聚合物)由于具有多种优势而变得越来越重要,例如,通过降低晶体应变和增加离子传输表面积提高性能,通过限制尺寸赋予了其不平常的机械、电和光学性能,通过元素掺杂或离子交换而产生的磁性以及体积和表面性能的组合,通过导电网络或活性材料沉积而产生有用电化学性质[3-6]。这些人造材料的主要缺点有生产成本高,制备时间长,不能大规模生产,使用有毒化学品和产生对环境有影响的危险废物,这是未来环境保护不允许的[7-8]。例如,超细的过渡金属粒子(如铁和钒)被氧化还原循环的有机化学物质(如醌类)包裹,而带有金属杂质的碳纳米管可以增加环境中的化学变化,可以产生活性氧,从而引起人们肺损伤[9]。目前使用的电极材料(钴和铅等)会在太阳能电池和其他能源生成过程中产生毒性。为了解决这些问题,作为能量转换和存储的替代解决方案,人们高度关注使用加工成本低且对环境影响较小的天然或生物材料。

大自然开发了独特的生物分子机器,使生物材料具有前所未有的复杂性和多功能性,且优于人工制造的机器。经过数百万年的发展,自然的分子自组装过程能够在温和的环境条件下以低能耗创造出高精度和可重复性强的独特生物结构。这些生物材料引起了人们极大的兴趣,它们不仅适用于结构复杂、性能独特的新型纳米结构材料的仿生工程,而且作为一种低成本的天然材料的来源,可以在最小的加工过程中使用。大多数活生物体(如细菌、藻类、鱼类、昆虫、植物、动物和人类的骨骼),都能够将这种类型的无机结构或其有机复合物合成具有微纳米结构的复杂结构,这些结构不可能通过现有的工程或化学合成工艺复制。其中,被称为硅藻的单细胞藻类的无定形二氧化硅外骨骼(壳体)是生物衍生的纳米结构材料中最引人注目的例子之一。估计每 100 000 个硅藻物种都有一个特殊的 3D 硅壳,称为硅藻壳体,其形状各异,并饰有独特的纳米尺寸特征图案,例如孔、脊、尖峰和刺[10]。每个硅藻壳体都有多层形状、大小和样式不同的多孔膜或结构。如图 8.1 所示,硅藻壳体有着多样的形状和孔结构,其中包括几种最典型的硅藻形状。各种各样的形

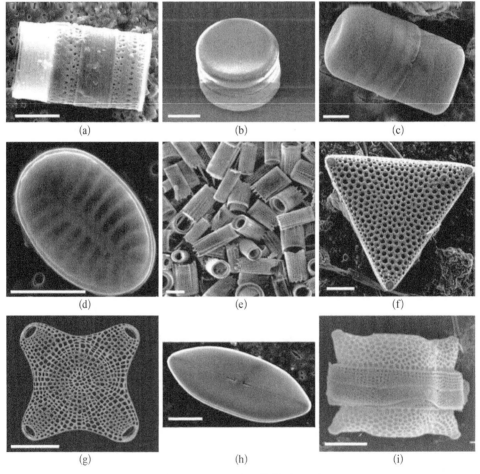

图 8.1 多样化的硅藻形貌和结构(标尺为 10 μm)

(a)~(d)和(f)~(i)为若干种海洋硅藻;(e)硅藻土化石

状和有序的多孔结构无可避免地证明了微米级和纳米级自然设计的准确性和卓越性,为这些材料的应用提供了巨大的可能。硅藻纳米技术作为一个新的术语,用于描述这些先进材料的探索及其在不同学科(包括分子生物学、材料科学、生物技术、纳米技术和光子学)中的应用。

硅藻质二氧化硅在光学、光子学、催化、生物传感器、药物传递、微流控、分子分离、过滤、吸附、生物包膜、免疫分离和模板合成纳米材料等领域有着广泛的应用前景[11]。因此,基于其独特的结构,这些天然材料在能量转换和储存方面有着应用前景。值得注意的是,可以通过培养硅藻获得相当数量的硅藻质二氧化硅,但是大量的硅藻质二氧化硅可以从低成本的硅藻化石中获得。硅藻质二氧化硅是一种由纯硅藻壳体组成的白色矿物粉末。

本章综述了近年来硅藻基纳米结构(原生硅藻、硅藻质二氧化硅、硅藻复制体及其复合材料)在锂离子电池材料、超级电容器、太阳能电池、储氢和储热等能源领域的应用进展。尽管这一领域还处于初级阶段,但发展迅速,人们强烈期望硅藻纳米技术能够为这一领域做出巨大贡献。

8.2　硅藻质二氧化硅的结构及性能

硅藻质二氧化硅细胞壁或硅藻壳体的典型结构是由两个瓣膜组成,两个瓣膜由环带捆绑在一起。瓣膜由堆叠的六角形腔室组成,腔室之间用硅片隔开。内外瓣膜分别称为下壳和上壳。瓣膜的整体结构:称为尾状硅石的二氧化硅线发散,偶尔从成核点分出分支,羽纹藻的线状中脉或中心的圆形中环[12-16]。硅藻的这些复杂的二氧化硅结构经过进化发展和优化,具有独特的多功能特性,包括强大抵御捕食者的力学结构和强度、在水环境中的灵活性、用于养分吸收的分子筛孔结构、用于光和能量收集以及可用于传感和通信的具有光学和光子特性的特定孔型。SiO_2 壁有不同的纹理和形状,大部分是对称的。硅藻壳体的微尺寸和孔结构的纳米尺寸与光的波长相似,使其具有增强光散射的特性,可用作光电器件[17-21]。更重要的是,硅藻的光合受体位于靠近壳体的叶绿体中,因此,硅结构的光通道和聚焦特性有助于将更多的光传输和收集到光感受器中,从而有助于提高光合作用速率[19, 22-25]。

硅藻质二氧化硅有高电阻率等局限性,不利于能量转换和储存等,大量的研究工作致力于在保持微纳结构的基础上进行改性或转化为其他材料。这些改性涉及多种材料,包括金属、半导体、碳和聚合物[26]。研究者提出了几种基于金属和纳米粒子涂层、水热转化、溶胶-凝胶化学气相沉积或原子层沉积的方法,将二氧化硅表面转化为具有新的、更有效的光学、电学和磁学性能的复合材料[26]。采用水热处理和热退火相结合的方法在硅藻样品表面形成 $ZnFe_2O_4/SiO_2$ 共涂层。这些涂层表现出由 Mn^{2+} 离子中的 4G－6S 跃迁引起的绿色光致发光性能[27-29]。溶胶-凝胶表面涂覆工艺,结合结构导向剂,可在硅藻表面形成各种氧化物保形涂层[29-30]。此外,通过二氧化钛的原子层沉积在保持硅藻质二氧化硅孔形状的同时减小尺寸,使硅藻质二氧化硅具有了光催化活性[31]。具有过渡金属氧化物改性结构的层状多孔硅藻,在循环过程中表现出优异的比电容和电容保持能力,并且通常具有精细、有图案的纳米尺度特征[26, 32-36]。

另一种方法是在不改变生物组装的三维形貌的情况下,将硅藻质二氧化硅完全转化为另一种材料。如已经被证实的可转换为非天然金属(Au、Ag)、聚合物和硅[26]。这种由 Snandhage 研究组开创的策略被称为 BaSIC(生物碎屑和保持形状的无机转化),包括气体/二氧化硅置换反应、保形涂层或它们的组合。气体-二氧化硅置换反应,使用元素气体反应物进行氧化/还原反应或使用卤化物气体反应物进行复分解反应,将硅藻壳体分别转化为 MgO 和 TiO$_2$。然而,人们对 BaSIC 形成纳米结构的基本动力学仍缺乏基本的了解[37-40]。将置换反应和溶液-涂层方法相结合,制备了一系列具有多种功能化学性质的复合材料,包括 MgO/BaTiO$_3$、MgO/BaTiO$_3$(Eu^{3+}掺杂)、BaTiO$_3$ 和 SrTiO$_3$。最近,也有大量研究表明,硅藻结构可作为模板,结合气/固置换、化学沉积、溶胶-凝胶合成与聚合等方法,将生物二氧化硅转化为无机体(MgO、TiO$_2$ 和沸石)、半导体(Si－Ge)、金属(Au、Ag)、碳或有机支架(聚苯胺)[26,41-46]。其中最著名的硅藻转换为其他材料的方法是通过使用气态镁作为还原剂的镁热还原反应,其中硅藻土转化为硅并有着相互连通的网络结构[47]。制备过程是通过在 650℃下热处理,将硅藻土转化为硅和氧化镁的连续纳米晶混合物,然后选择性溶解氧化镁。硅藻可以用作制备多孔硅的原材料。随后,将硅与碳涂层复合可以得到更好的电化学性能[48]。硅藻用作天然多孔模板的另一个实例是制备沸石,通过水热生长或者气相沉积在硅藻表面获得晶体沸石相涂层[49]。同样的,氮化硼也可以涂覆在硅藻表面。之后,硅藻壳体表面生成了自立的氮化硼结构,这为纳米结构的非氧化物陶瓷的大规模制备提供了前景。

这些从硅藻质二氧化硅转换而来的新奇材料,性能得到了提升,在能量储存和转换领域有着很大的应用潜力(见表 8.1)。

表 8.1 硅藻质生物二氧化硅器件在能源相关应用方面

设 备 应 用	改 性 工 艺	改 进
锂离子电池	镁热还原,浸渍和碳化	良好的循环性能和高容量保持
超级电容器	基于金属氧化物	高比电容和高循环稳定性
染料敏化太阳能电池	TiO$_2$ 包埋或沉积	光电转换效率提高
储氢	酸热处理	氢吸附容量
热能储存	材料改性	高拉伸延展性和蓄热能力

8.3 硅藻用于锂离子电池

低成本、高能量密度、长效可充电锂离子电池的性能在很大程度上取决于锂存储材料。在过去,石墨因其优异的循环性能而被认为是锂离子电池(LIBs)负极材料的潜在候选材料。然而,石墨的理论容量只有 372 mA·h·g^{-1}。发展拥有更高功率和能量密度的电极材料至关重要。硅因其具有 4 200 mA·h·g^{-1} 的高容量,是具有吸引力的锂离子电池负极材料之一[50-53]。

然而,在锂离子插入和脱出过程中,作为负极材料的硅,体积膨胀和快速的电容量衰减,导致电极结构的粉化和循环性能变差,阻碍其商业应用。此外,它可能需要复杂的工艺,如高压或高温以及严格的反应条件[48, 54-62]。为了解决这个问题,硅藻被用作一种简易、低成本和绿色的多孔硅制备原材料。之后,将硅与碳涂层结合,可以缓解硅的体积变化和保持多孔硅颗粒之间的电接触[48]。多孔硅颗粒由镁热法还原工业硅藻土获得。由于硅颗粒之间的孔隙,每个硅颗粒在充放电过程中都有足够的空间来容纳硅的体积变化,从而使得其循环稳定性大大改善。在电流密度为 0.1 A·g^{-1} 时,放电和充电容量约为 1 700 mA·h·g^{-1},这显示了比纯多孔硅(放电和充电容量为 205 mA·h·g^{-1})具有更好的循环能力。这些结果表明,减少颗粒粉碎是提高硅负极锂离子电池性能的关键(见图 8.2)[48, 55-62]。由硅藻转化而来的硅和导电材料复合的材料是有前景的锂离子电池负极材料。

8.4 硅藻用于超级电容器储能

超级电容器具有功率密度高、充放电速度快、循环寿命长(百万次循环)和良好的循环稳定性等优点,已成为下一代动力装置最有前途的候选器件之一。特别是基于过渡金属氧化物比基于含碳材料和导电聚合物的赝电容器具有更高的比电容,这是因为它们可以提供多种氧化状态以实现有效的氧化还原电荷转移[63-72]。

作为超级电容器导电材料的过渡金属氧化物包括 CuO[73]、MnO$_2$[74-75]、NiO[76]、Fe$_2$O$_3$[77]、MoO$_3$[78]、V$_2$O$_5$[79] 和 Co$_3$O$_4$[80],它们可以增强超级电容器的能量密度和功率密度。然而,大多数金属氧化物体积大、电子导电率低,离子扩散常数低和结构不稳定,这些问题都会限制他们的应用[81-82]。如何最大限度地利用金属氧化物的赝容量是关键,而提供高孔隙率的可靠电极材料成为设计高性能金属氧化物基电化学超级电容器电极的重要标准之一。

基于二氧化锰(MnO$_2$)的电化学超级电容器材料以其低成本、高比电容(理论容量为 1 370 F·g^{-1})、储量丰富、环境相容性和在碱性/中性介质中的高循环稳定

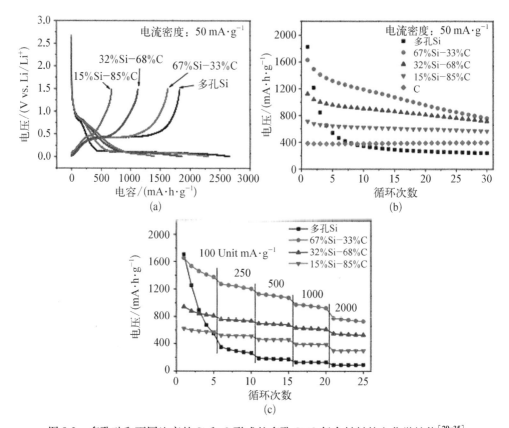

图 8.2　多孔硅和不同比率的 Si 和 C 形成的多孔 Si/C 复合材料的电化学性能[29-35]

(a) 在 50 mA·g^{-1},电压范围为 0.01~1.5 V 时,首次充放电曲线;(b) 在电流密度为 50 mA·g^{-1} 时的循环性能;(c) 在各个电流密度时的倍率稳定性

性而备受关注[83-84]。例如,纯化硅藻展示了 8 F·g^{-1} 的功率容量,而通过一步水热法获得的分层多孔的 MnO$_2$ 修饰的硅藻显示了 202.6 F·g^{-1} 的高功率容量。图 8.3 展示了这种 MnO$_2$ 修饰的硅藻质二氧化硅复合材料的典型 SEM 图[85]。由于硅藻的独特结构,MnO$_2$ 纳米薄片垂直生长在纯化后的硅藻上,增加了电极的比表面积,从而建立了分层结构。并且,刻蚀了硅藻质二氧化硅后的 MnO$_2$ 纳米结构显示了更高的功率容量(297.8 F·g^{-1})和良好的循环稳定性(5 000 次循环后比电容保有率为 95.92%)。而后,在 0.5 A·g^{-1} 的扫速下,这种海链藻-MnO$_2$ 复合材料显示了 371.2 F·g^{-1} 的比电容和良好的循环稳定性(在 5 A·g^{-1} 的扫速下,循环 2 000 次后的比电容保有率为 93.1%,图 8.4)[86]。基于这样的结果,分层多孔的 MnO$_2$ 修饰的硅藻复合材料,由于价廉、环保电化学稳定,可能是一种有前途的超级电容器电极活性物质。

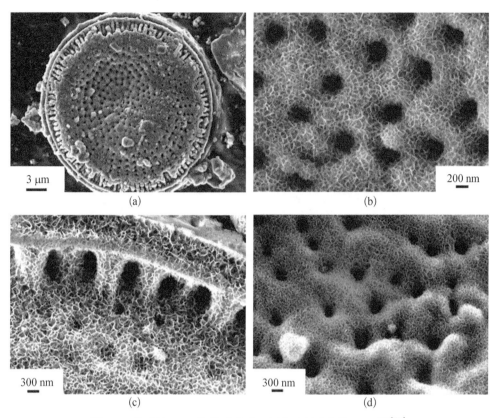

图 8.3　典型的 MnO_2 修饰硅藻质二氧化硅复合物的 SEM 图[85]

(a) MnO_2 纳米薄片修饰的硅藻土;(b) 硅藻质二氧化硅表面的中心孔分布;(c) 环带周围的表面图像;
(d) 破碎硅藻质二氧化硅内表面图像

　　此外,将 MnO_2 修饰的硅藻和其他材料复合是一种提高超级电容器性能的新方法。例如,将空心硅藻质二氧化硅结构、TiO_2 纳米球和 MnO_2 介孔纳米薄片复合,被应用于高性能超级电容器(见图 8.5)[87]。这种复合物在 $0.2A \cdot g^{-1}$ 的扫速下,展示了 $425 F \cdot g^{-1}$ 的高比电容和长的循环稳定性(在 2 000 次循环后比电容保有率为 94.1%)。由于硅藻结构上 TiO_2 纳米球和层提供了丰富的界面和开放的孔道,提高了 MnO_2 纳米薄片的电子运输能力。此外,MnO_2 纳米结构、氧化石墨烯纳米薄片(GO)和多孔硅藻土(DE)微粒的独特结合复合材料在 160℃下展示了 $152.5 F \cdot g^{-1}$ 的高比电容和比较好的循环稳定性(在 $2 A \cdot g^{-1}$ 的扫速下,2 000 次循环后比电容保有率为 83.3%)(见图 8.6)[88]。综上所述,这些研究表明,特殊的硅藻结构复合物在超级电容器电极活性物质领域有巨大的应用前景。

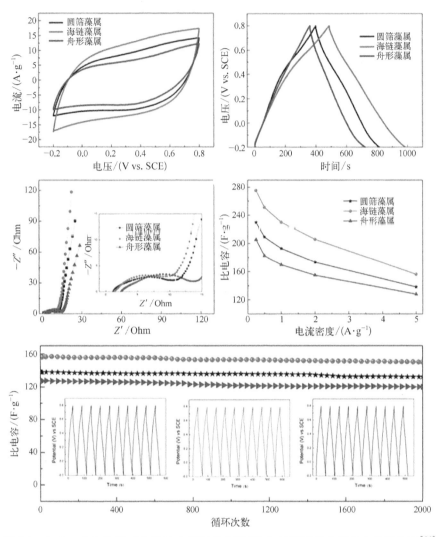

图 8.4　在 1 mol/L 的 Na$_2$SO$_4$ 溶液中测定的硅藻/MnO$_2$核壳结构电极的电化学性能[86]

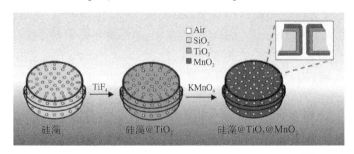

图 8.5　硅藻@ TiO$_2$、硅藻@ TiO$_2$@ MnO$_2$合成示意图[86]

TiO$_2$和 MnO$_2$纳米复合材料包覆硅藻内外表面的孔结构截面图

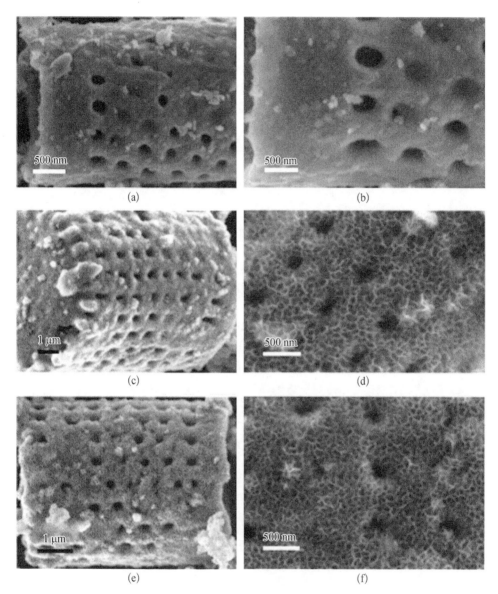

图 8.6 GO‐DE@ MnO₂复合物在 160℃下不同反应时间的 SEM 图

(a)和(b)6 h;(c)和(d)12 h;(e)和(f)24 h

此外,镍氧化物(NiO)具有比电容高、化学热稳定性好、容易获得、环境友好、成本低等优点,在超级电容器中也得到了广泛的研究[89-90]。然而,大体积的 NiO 离子扩散常数低、结构敏感,限制了它的实际应用[91-92]。为了提高 NiO 纳米线的超级电容器的比电容,用一种容易扩展的方法制备了分层多孔的 NiO 修饰的硅藻质二氧化硅(见图8.7)。在图 8.7 中高倍图像展示了数百个大孔有规律的排列在硅藻壳体的一侧,并且在这些孔中几乎没有任何离散的杂质。这些精细独特的 NiO 修饰的硅藻质二氧化硅结构具有 218.7 F·g^{-1} 的比电容和优异的循环稳定性(1 000 次循环后比电容保有率为 90.61%)[93]。通过电化学测试,发现这种分层结构具有较高的利用率,有利于电解液的扩散。很明显,在一系列的反应后,这些复合物仍然部分保持多孔硅藻质二氧化硅形态。这些发现表明 NiO 修饰的硅藻质二氧化硅的高性能超级电容器具有很好的应用前景。

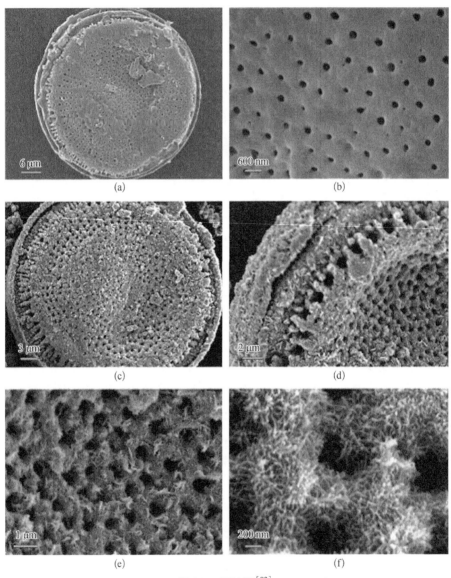

图 8.7　SEM 图[93]

(a)和(b)纯化硅藻质二氧化硅;(c)和(d)NiO 改性硅藻质二氧化硅复合材料;(e)和(f)硅藻质二氧化硅壳体中心的孔隙

令人惊讶的是,各种新型金属氧化物/氢氧化物修饰的硅藻质二氧化硅(见图 8.8),形貌和组分得到了精确控制,它们具有高功率密度、快速充放电速率、可持续循环寿命和良好的循环稳定性,并且这些材料价廉、环境友好[107]。原则上,这种独特的纳米结构可以解决电极材料在长期循环过程中的聚集和体积膨胀问题,有利于纳米结构的稳定。

表 8.2　不同材料电化学性能比较

序号	材　　料	循环性能/(%/循环次数)	C_{sp}/($F \cdot g^{-1}$)	测试条件	参考文献
1	$\alpha - MnO_2$	—	166	$1 A \cdot g^{-1}$	[94]
2	$\beta - MnO_2$	—	16.6	$1 A \cdot g^{-1}$	[94]
3	$\gamma - MnO_2$	—	24.9	$1 A \cdot g^{-1}$	[94]
4	$\delta - MnO_2$	—	190	$1 A \cdot g^{-1}$	[94]
5	MnO_2 薄膜	9/100	127	$10 mV \cdot s^{-1}$	[95]
6	$MnO_2 - CC$	98.5/3 000	425	$0.25 A \cdot g^{-1}$	[96]
7	MnO_2/VACNTs	55/800	642	$10 mV \cdot s^{-1}$	[97]
8	MnO_2/RGO	91/1 000	260	$0.3 A \cdot g^{-1}$	[98]
9	MnO_2/CNFs	94/1 500	557	$1 A \cdot g^{-1}$	[99]
10	CNTs	95/1 000	214	$20 mV \cdot s^{-1}$	[100]
11	MnO_2/CNT	34/100	471	$10 mV \cdot s^{-1}$	[95]
12	MnO_2/CNT/CP	99/1 000	427	$1 mA \cdot cm^{-2}$	[66]
13	MnO_2/CNT/织物	60/10 000	410	$5 mV \cdot s^{-1}$	[101]
14	MnO_2/LbL - MWNT	88.4/1 000	940	$10 mV \cdot s^{-1}$	[102]
15	Mn_3O_4/CNTA	81/1 000	299	$2 mV \cdot s^{-1}$	[103]
16	MWCNT/CF	92/5 000	102	$5 mV \cdot s^{-1}$	[104]
17	$Ni(OH)_2$	91/500	755	$1 A \cdot g^{-1}$	[105]
18	SiO_2/MnO_2	98.8/2 000	800	$1 A \cdot g^{-1}$	[106]
19	纯化硅藻质二氧化硅		8		[85]
20	MnO_2/diatom	95.92/5 000	202.6	$0.25 A \cdot g^{-1}$	[85]
21	MnO_2(刻蚀掉硅藻质二氧化硅)	90.48/5 000	297.8	$0.25 A \cdot g^{-1}$	[85]
22	MnO_2/硅藻	93/1 000	371.2	$0.5 A \cdot g^{-1}$	[86]
23	硅藻@ TiO_2 @ MnO_2	94.1/2 000	425	$0.2 A \cdot g^{-1}$	[87]
24	DE@ MnO_2 @ GO	83.3/2 000	152.5	$2 A \cdot g^{-1}$	[88]
25	NiO/硅藻	90.61/1 000	218.7	$0.25 A \cdot g^{-1}$	[93]

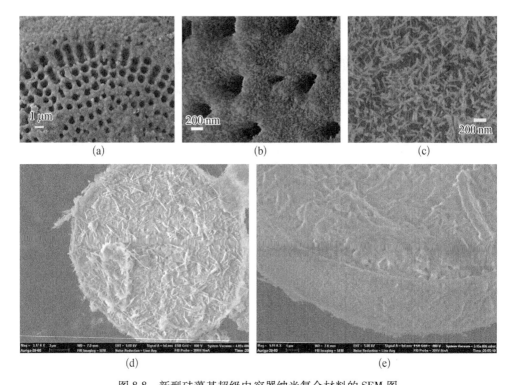

图 8.8　新型硅藻基超级电容器纳米复合材料的 SEM 图

(a) 硅藻@FeOOH；(b) 硅藻@α-Fe_2O_3；(c) 硅藻@γ-Fe_2O_3；(d) 硅藻@$NiCo_2O_4$；(e) 硅藻@NiCo LDHs

8.5　硅藻在太阳能电池领域的应用

太阳能电池被分为硅基太阳能电池、染料敏化纳米晶体太阳能电池、塑料太阳能电池、有机太阳能电池等[108-114]。其中，硅基太阳能电池因具有独特的可调光学和电学特性而在太阳能电池应用领域中占据主导地位。硅半导体并不是一种优良的电导体，其电阻大，同时也会产生质量损失。因其造价高和技术的不成熟而没有被大规模使用。

1991 年，Grätzel 发表重大科研成果，他研制出了一种基于二氧化钛纳米晶体的新型的太阳能电池即染料敏化太阳能电池，可以达到 7% 的能量转换效率，随后能量转换效率逐渐达到 10%[115-116]。因此，染料敏化太阳能电池由于具有低的能量转换效率和成本而吸引了研究人员广泛的兴趣。金属氧化物材料(如 TiO_2[113]、ZnO[117]、SnO_2[118] 和 Nb_2O_5[119])都可以应用于染料敏化太阳能电池。二氧化钛由于在紫外光照射下可活化并优化自身的光、电和生物性能，在染料敏化太阳能电池中至关重要。但是超薄二氧化钛薄膜由于纳米粒子形成而比表面积较小[31]。

　　然而,一些二氧化钛合成方法涉及复杂沉积体系或毒性化学元素,这就要求我们制备环境友好和低毒性的生物材料。并且多功能的纳米结构材料可以提高能量转换效率并减少生产成本[8,115,120]。硅藻的纳米结构表面可以吸附大量染料分子从而提高太阳能电池的能量转换效率[33,121-122]。硅藻的折射率是 $1.43^{[123]}$,与此同时多孔二氧化钛薄膜的折射率为 $1.7 \sim 2.5^{[22]}$。它使二氧化钛和硅藻层在孔隙阵列中具有相对高的介电层和较强的光散射。也就是说,硅藻与二氧化钛复合可以提高了染料敏化太阳能电池的能量转换效率[124]。

　　Huang 等[124]用旋涂法和高温烧结技术制成的二氧化钛-硅藻浆体,并证明了当染料敏化太阳能电池包覆三层(即一层硅藻和两层二氧化钛)时,其能量转换效率为 5.26%。这与三层二氧化钛包裹的染料敏化太阳能电池相比效率提升 38%。此外,在这份研究中,极具创造力的高速离心加工技术和沉降分离技术首次用于获取硅藻壳体。上述结果已经证明将硅藻壳体与二氧化钛混合能够提升光的捕获效率和光学散射特性,硅藻的微观尺寸和纳米孔隙结构可以增加染料负载和工作电极的比表面积(见图 8.9)。

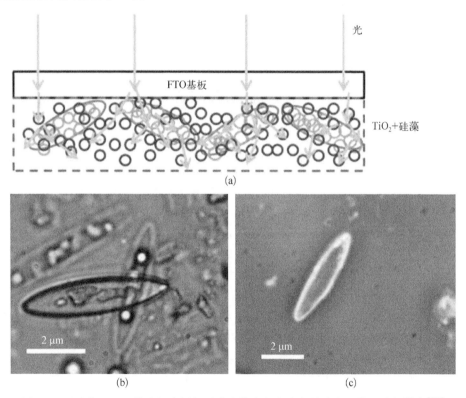

图 8.9　通过在 TiO_2 工作电极中添加硅藻壳体来提高染料敏化太阳能电池的效率[124]

(a) 二氧化钛-硅藻工作电极示意图;(b) 在光学显微镜下观察到的硅藻;(c) 硅藻壳体

Chandrasekaran 等[125]报道称半导性质的从硅藻化石中提取的高比表面积三维结构硅制品能够维持光电流并转换太阳能。他们已经证明了硅藻壳体能够被转化成用于太阳能转换的硅纳米半导体来电解水(见图 8.10)。此外,合成的样品能进一步提升光电流密度,如化学水浴沉积硫化镉可提高到 14 mA/cm^2。总之,这些低造价天然分层结构的材料在水分解和制氧方面有良好的应用前景。

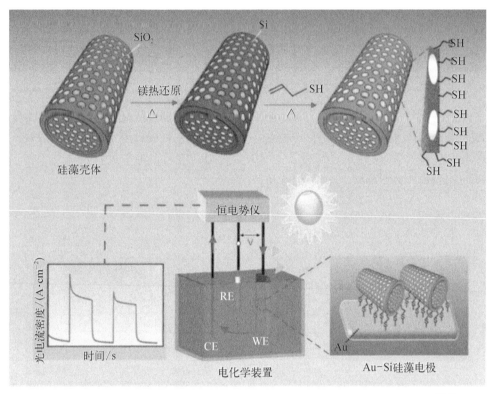

图 8.10　硅藻壳体通过镁热还原转化为纳米硅及其在光化学能量转换中的应用[125]

在第二步中,硫醇改性硅藻壳体附着在金电极表面,并于三电极装置中进行光电流测量

Park 等[126]发现加入低温 TiO$_2$玻璃能够在不改变二氧化钛的晶体结构的情况下支持 Ti－O－Si 结合,减少表面电荷,从而提高染料敏化太阳能电池的效率。然而,加入更多的低温 TiO$_2$玻璃可能会减少染料敏化太阳能电池的效率。因此,添加混合玻璃粉的最理想比例是质量分数为 2% LTG 和 3% HTG 并伴有二氧化钛。此时电池能量转换效率达到了 8.5%,比单一使用二氧化钛的染料敏化太阳能电池性能提高了 47%。基于这些结果,发现在光电极表面掺入高熔点玻璃粉末增强了光散射,这提高了染料敏化太阳能电池的光捕获能力。

在以前的研究中,硅藻不仅应用于染料敏化太阳能电池,也应用在其他类型的太阳能电池中。Chen 等[127] 从硅藻中提取出来的具有更好的热稳定性的叶绿素作为自旋涂层，并研究了其对表面织构化硅太阳能电池的影响。他们发现覆盖一层硅藻提取液薄层后可以减少在波长为 350~1 100 nm 的光谱区域 13% 的反射。然而，尽管硅藻成本低，自然界储量丰富和环境友好，在太阳能电池方面有应用前景，但我们仍然需要提高硅藻太阳能电池的能量转换效率。

8.6　硅藻用于储氢领域

人们普遍认为氢能是一种清洁、热值高的代用燃料。然而，在室温及大气压下制造一个安全又高效的氢储存系统一直非常困难。近几年发现了一些天然矿物作为储氢材料，如组成 $Zn_4O(BDC)_3$ 的金属有机骨架配合物（MOF - 5）[128]、多孔协调金属材料（MMOMs）、单壁碳纳米管（SWNT）[129]、硅酸盐纳米管和氢化镁等[130-131]。然而，这些材料分解温度高，储氢脱氢动力学缓慢及氧化反应性影响它们在氢能相关领域的应用。硅藻质二氧化硅以其较大的比表面积和孔隙率、小的颗粒尺寸、强吸附能力和优越的热稳定性在储氢领域有着广阔的应用前景[132]。

氢化镁（MgH_2）是一种有潜力的能量储存金属，因为它质量储能容量很高（质量分数为 7.6%），质量轻且体积密度高。将氢化镁和硅藻质二氧化硅放入球磨机进行球磨，在氩气环境中以 10∶1 的质量比研磨混合，在与硅藻质二氧化硅混合之前，纯的氢化镁需要先预球磨 10 h，然后与相当于其质量 10% 的硅藻土混合研磨 1 h，所有操作都在充满氩气的手套箱中进行[133]。随后，为了测定硅藻颗粒尺寸分布及大小，将处理过的粉末用乙醇浸泡 15 min 后滴在一片碳盘上晾干。最后，使用差示扫描量热仪研究这种多孔硅藻土对氢化镁的吸附性能的影响，发现其良好的微观结构在其中起了重要作用。

Jin 等[134] 发现，在 2.63 Mpa，298 K 的条件下纯净硅藻质二氧化硅对氢气的吸附能力为 0.463%（质量分数），这在已知的吸附剂中的效果是最好的。并且，在酸性环境下加热活化硅藻质二氧化硅后，其吸收率达到 0.833%（质量分数），因为活化增加了硅藻质二氧化硅孔隙的数量。氢气吸收能力与硅藻材料天然的孔隙特征关系密切。为了进行更加深入的研究，Jin 等创造了一种有效的金属修饰手段，通过掺入质量分数为 0.5% 的铂和钯，氢气吸附能力分别提升到 0.696% 和 0.980%（质量分数）。

在另外一项研究中，Jin 等演示了一种通过一步水热法合成的负载铂的二氧化硅材料。在 25℃，2.5 MPa 条件下对氢气的吸附能力通过等温吸附测定高达 2.32%（质量分数）[135]。这个例子中，Jin 等展示了一种高度阵列化排列的平面六边形孔隙，其表面积超过 743.67 $m^2 \cdot g^{-1}$ 并且孔隙直径约为 3 nm。这种负载贵金属的二氧化硅材料被认为是一种在室温下可用的物理性储氢材料。

因此，拥有巨大表面积、大量微小孔隙的硅藻质二氧化硅是一种有潜力的在室温下可用的物理性储氢材料。这可以激发未来对于硅藻质二氧化硅特殊的孔隙微观结构在氢吸附行为的研究。

8.7 硅藻用于热能储存领域

能量储存作为能量多用途、清洁和高效使用的中间步骤,已经逐渐成为全世界关注和研究的热点[136-139]。因此,能量储存材料的开发正在吸引全世界大量研究者的关注。另外,为了获得一个舒适的生活环境,室内环境温度的改变需要使用空调系统控制,这会导致大量能源的消耗。在各种能量的存储中,热能存储(thermal energy storage, TES)被视为是关键技术之一,它是调整未来能量供应与能源需求时差的有效方法。而且,热能储存系统对于减少化石燃料的依赖,并有助于促进更加高效环保的能源使用。热能储存有三种类型:显热储存、潜热储存和可逆化学反应热储存[140-141]。在这些储热方法中,通过使用相变材料(PCM)实现的潜热储存是最有效的,它在热能存储释放过程中能量储存密度高和温度变化小[140-142]。目前有两种主要的相变材料:无机相变材料和有机相变材料。无机相变材料包括无机盐水合物,它们以水合和脱水过程中的潜热储存为基础,具有很高的能量储存密度和导热性[136,143]。然而,无机相变材料存在一些缺陷,如在固液转变过程中的相变材料泄露问题等会在某种程度上限制它们的应用[143-144]。为了克服这些问题,形貌稳定的载体被引入并用于制备形态稳定的复合相变材料[145]。相变材料的稳定载体包括微型胶囊容器、聚合微型胶囊壳和多孔材料(如柔性石墨[144,147]、脂肪酸酯[148]、石蜡膨润土[149]、粒状矿[150]、珍珠岩[151]、石膏[152]、硅藻质二氧化硅[153-154]、蛭石[155-156]、硅镁土[157]和硅酸盐[158])。[146]

令人注意的是,在生活环境中的相对湿度变化时,多孔材料可以吸收或释放水蒸气。所以多孔材料可以调节室内环境的相对湿度,既可以让人感觉舒适,又能减少能源消耗[159]。鉴于这点,热能存储领域内将硅藻质二氧化硅视为一种经济且轻量化的用于合成相变材料的基体[160]。在过去的20年里,基于硅藻复合的相变材料已经被认为是一种促使能源消耗最小化的有潜力的技术[161]。

Xu 等[162]报道了一种石蜡/硅藻土复合相变材料,具有高的拉伸塑性和高热能储存能力,在制备新型热能储存工程混凝土复合材料的生产过程中作为一种细骨料(见表8.3)。他们的团队也制造了一种石蜡/硅藻土/多壁碳纳米管的新型复合相变材料,其融化温度为 27.12℃,潜热为 89.40 J·g⁻¹。而且,这种复合相变材料显示了良好的化学相容性和热能稳定性[163]。Li 等也通过将硅藻质二氧化硅和石蜡混合制造了同样的复合相变材料[164]。

Karaman 等[154]制备了一种聚乙二醇(PEG)/硅藻质二氧化硅复合材料,是一种用于热能储存的新型、形态稳定的相变材料。结果表明这种相变复合材料的融

表 8.3　相变材料和相变材料/硅藻质二氧化硅复合材料的融化温度和潜热

PCM 材料	熔点/ (℃)	汽化潜热/ (J·g⁻¹)	参考文献
GHM	45.98	172.80	[148]
GHL	40.21	157.62	[148]
GHM/硅藻质二氧化硅	45.86	96.21	[148]
GHL/硅藻质二氧化硅	39.03	63.08	[148]
PEG(50 wt%)/硅藻质二氧化硅	27.7	87.09	[154]
石蜡/煅烧后硅藻质二氧化硅	33.04	89.54	[161]
石蜡	27.47	201.50	[163]
PCM–DP600–CNTs	27.12	89.40	[163]
癸酸	31.5	155.5	[165]
月桂酸	44	175.8	[165]
棕榈酸	63	212.1	[165]
硬脂酸	69.6	222.2	[165]
石蜡/硅藻质二氧化硅	41.11	70.51	[166]
正十六烷/硅藻质二氧化硅	23.68	120.1	[167]
正十六烷/硅藻质二氧化硅/剥离石 墨纳米片(xGnP)	22.09	120.8	[167]
正十八烷/硅藻质二氧化硅	31.29	116.8	[167]
正十八烷/硅藻质二氧化硅/xGnP	30.20	126.1	[167]

化温度和潜热分别是 27.7℃ 和 87.09 J·g⁻¹。这种合成材料的导热性可以通过添加柔性石墨改善。Li 等[165]使用熔融吸附法制备了几种二元脂肪酸/硅藻质二氧化硅的形貌稳定相变材料。结果表明癸酸-月桂酸/硅藻质二氧化硅相变材料的潜热下降到了癸酸-月桂酸相变材料潜热的 57%，并且相变温度从 16.36℃ 上升到 16.74℃。改性硅藻质二氧化硅复合相变材料有如下值得关注的特点：在相变温度范围内有较大的表观比热，合适的导热性，在相变过程中形貌保持稳定且不需要容器。因此，这种复合相变材料在热能储存领域有着良好的应用前景。

8.8　展望

　　本章介绍了硅藻与纳米材料结合并在能源相关领域应用的前景(如锂离子电池材料、超级电容器、太阳能电池、储氢和热能储存等)。硅藻生物纳米技术是一个新的跨学科领域，在过去几十年中已成功发展为一个充满活力和高产的研究领域，迄今为止已有数百篇论文。我们已经见证了硅藻在结构、作用机制、基因组、光学和光子特性以及二氧化硅生物矿化的显著进步，并且形成一种专门为硅藻质二氧化硅的特定应用定制器件的新型合成策略。硅藻有着很好的生物多样性并且有很高的物种特异性,其分层次的硅藻壳体结构为化学方面的修饰提供了可能性。它们代表着一种廉价的纳米材料来源。硅藻易于大量获取并且能够快速繁殖,仅需要少量的营养就可以生长。重要的是,硅藻特定的多孔结构、大比表面积、高热稳定性和高吸附能力为众多生物应用提供了巨大可能。

硅藻用了几百万年实现了真正的生物二氧化硅纳米材料结构的天然合成。然而,在随后的研究里,任何形态和表面化学的细微变化影响及基因组如何参与硅藻壳体结构的产生都值得我们注意。虽然目前对各种应用的研究并不完善,但硅藻在能源相关领域广泛应用的日子并不遥远。

参 考 文 献

[1] Arico A S, Bruce P, Scrosati B, et al. Nanostructured materials for advanced energy conversion and storage devices. Nat. Mater., 2005, 4: 366－368.

[2] Schlapbach L, Zuttel A. Hydrogen-storage materials for mobile applications. Nature, 2001: 414－353.

[3] Nakajima T, Volcani B E. 3, 4－Dihydroxyproline: a new amino acid in diatom cell walls. Science,164: 1400－1401.

[4] Sumper M, Lorenz S, Brunner E. Biomimetic control of size in the polyamine-directed formation of silica nanospheres. Angew. Chem. Int. Ed., 2003, 42: 5192－5195.

[5] Klaine S J, Alvarez P J J, Batley G E, et al. Nanomaterials in the environment: behavior, fate, bioavailability, and effects. Environ. Toxicol. Chem., 2008, 27: 1825－1851.

[6] Hirscher M. Hydrogen adsorption in carbon nanostructures compared. Mater. Sci. Eng. B, 2004, 108: 1－2.

[7] Biswas P, Wu C Y. Nanoparticles and the environment. J. Air Waste Manage. Assoc. 2005, 55: 708－746.

[8] Cerneaux S, Zakeeruddin S M, Pringle J M, et al. Cover picture: preparation and application of novel microspheres possessing autofluorescent properties. Adv. Funct. Mater., 2007, 17: 3009－3385.

[9] Nel A, Xia T, Madler L, et al. Toxic potential of materials at the nanolevel. Science, 2006, 311: 622－627.

[10] Mann D G. The species concept in diatoms. Phycologia, 1999,38: 437－495.

[11] Bao Z H, Song M K, Davis S C, et al. Surface strontium enrichment on highly active perovskites for oxygen electrocatalysis in solid oxidefuel cell. Energy Environ. Sci., 2012,5: 6081－6088.

[12] Losic D, Pillar R J, Dilger T, et al. Atomic force microscopy (AFM) characterisation of the porous silica nanostructure of two centric diatoms. J. Porous Mater., 2007, 14: 61－69.

[13] Gordon R, Drum R W. The chemical basis of diatom morphogenesis. Int. Rev. Cytol., 1994, 150: 243－372.

[14] Round F E, Crawford R M, Mann D G. The diatoms: biology&morphology of the genera, biology of behavior, Cambridge: Cambridge University Press, 1990,167: 110.

[15] Somper M. Photodegradation of molasses by a MoO_3 - TiO_2 nanocrystalline composite materials. Science, 2002, 295: 2430.

[16] Nassif N, Livage J. From diatoms to silica-based biohybrids. Chem. Soc. Rev., 2011, 40: 849 – 859.

[17] Li C H, Wang E, Yu J C, et al. Semiconductor/biomolecular composites for solar energy applications. Energy Environ.Sci., 2011, 4: 100 – 113.

[18] Zhang Q E, Chou T R, B. Russo, et al. Aggregation of ZnO nanocrystallites for high conversion efficiency in dye-sensitized solar cells. Angew. Chem. Int. Ed., 2008, 47: 2402 – 2406.

[19] Jeffryes C, Gutu T, Jiao J, et al. Metabolic insertion of nanostructured TiO_2 into the patterned biosilica of the diatom pinnularia sp. by a two-stage bioreactor cultivation process. ACS Nano, 2008, 2: 2103 – 2112.

[20] Noll F, Sumper M, Hampp N, et al. Nanostructure of diatom silica surfaces and of biomimetic analogues. Nano Lett., 2002, 2: 91 – 95.

[21] Anderson M W, Holmes S M, Hanif N, et al. Hierarchical pore structures through diatom zeolitization. Angew. Chem. Int. Ed., 2010, 39: 2707 – 2710.

[22] Tachibana Y, Akiyama H Y, Kuwabata S, et al. Optical simulation of transmittance into a nanocrystalline anatase TiO_2 film for solar cell applications. Sol. Energy Mater. Sol. Cells, 2007, 91: 201 – 206.

[23] Falkowslki P G, Knoll A H. Evolution of primary producers in the sea. Burlington: Elsevier Academic Press, 2007: 207.

[24] Medarevic D P, Losic D, Ibric S R, et al. Diatoms-nature materials with great potential for bioapplications. Hem. Ind., 2016, 70: 69.

[25] Gordon R, Losic D, Tiffany M A, et al. The glass menagerie: diatoms for novel applications in nanotechnology. Trends Biotechnol., 2009, 27: 116 – 127.

[26] Losic D, Mitchell J G, Voelcker N H, et al. Diatomaceous lessons in nanotechnology and advanced materials. Adv. Mater., 2009, 21: 2947 – 2958.

[27] Weatherspoon M R, Allan S M, Hunt E, et al. Sol-gel synthesis on self-replicating single-cell scaffolds: applying complex chemistries to nature's 3 – D nanostructured templates. Chem. Commun., 2005: 651 – 653.

[28] Zhao J P, Gaddis C S, Cai Y, et al. Freestanding microscale 3D polymeric structures with biologically-derived shapes and nanoscale features. J. Mater. Res., 2004, 19: 2541 – 2545.

[29] Ernst E M, Church B C, Gaddis C S, et al. Enhanced hydrothermal conversion of surfactant-modified diatom microshells into barium titanate replicas. J. Mater. Res., 2007, 22: 1121.

[30] Liu Z T, Fan T X, Zhou H, et al. Synthesis of $ZnFe_2O_4/SiO_2$ composites derived from a diatomite template. Bioinspir. Biomim., 2007, 2: 30 – 35.

[31] Losic D, Triani G, Evans P J, et al. Controlled pore structure modification of diatoms by atomic layer deposition of TiO_2. J. Mater. Chem., 2006, 16: 4029.

[32] Losic D, Yu Y, Aw M S, et al. Surface functionalisation of diatoms with dopamine modified iron-oxide nanoparticles: toward magnetically guided drug microcarriers with biologically derived morphologies. Chem.Commun., 2010, 46: 6323.

[33] Toster J, Iyer K S, Xiang W C, et al. Diatom frustules as light traps enhance DSSC efficiency. Nanoscale, 2013, 5: 873.

[34] Yu Y, Addai-Mensah J, Losic D. Synthesis of self-supporting gold microstructures with three-dimensional morphologies by direct replication of diatom templates. Langmuir, 2010, 26: 14068.

[35] Jantschke A, Herrmann A K, Lesnyak V, et al. Decoration of diatom biosilica with noble metal and semiconductor nanoparticles (< 10 nm): assembly, characterization, and applications. Chem.-An asian J., 2011, 7: 85 – 90.

[36] Rosi N L, Thaxton C S, Mirkin C A. Control of nanoparticle assembly by using DNA-modified diatom templates. Angew. Chem. Int. Ed., 2004, 43: 5500 – 5503.

[37] K H Sandhage, M B Dickerson, P M Huseman, et al. Novel, bioclastic route to self-assembled, 3D, chemically tailored meso/nanostructures: shape-preserving reactive conversion of biosilica (diatom) microshells. Adv. Mater., 2002, 14: 429 – 433.

[38] Cai Y, Sandhage K H. Free-standing microscale structures of nanocrystalline zirconia with biologically replicable three-dimensional shapes. Phys. Status Solidi A, 2005, 202: R105 – R107.

[39] Unocic R R, Zalar F M, Sarosi P M, et al. Anatase assemblies from algae: coupling biological self-assembly of 3 – D nanoparticle structures with synthetic reaction chemistry. Chem. Commun., 2004: 796.

[40] Cai Y, Dickerson M B, Haluska M S, et al. Manganese-doped zinc orthosilicate-bearing phosphor microparticles with controlled three-dimensional shapes derived from diatom frustules. J. Am. Ceram. Soc., 2007, 90: 1304 – 1308.

[41] Losic D, Mitchell J G, Lal R, et al. Rapid fabrication of micro- and nanoscale patterns by replica molding from diatom biosilica. Adv. Funct. Mater., 2007, 17: 2439.

[42] Losic D, Mitchell J G, Voelcker N H, et al. Complex gold nanostructures derived by templating from diatom frustules. Chem. Commun., 2005: 4905 – 4907.

[43] Cai Y, Allan S M, Sandhage K H. Three-dimensional magnesia-based nanocrystal assemblies via low-temperature magnesiothermic reaction of diatom microshells. J. Am. Ceram. Soc., 2010, 88: 2005 – 2010.

[44] Dudley S, Kalem T, Akinc M, et al. Conversion of SiO_2 diatom frustules to $BaTiO_3$ and $SrTiO_3$. J. Am. Ceram. Soc., 2006, 89: 2434 – 2439.

[45] Weatherspoon M R, Haluska M S, Cai Y, et al. Phosphor microparticles of controlled three-dimensional shape from phytoplankton. J. Electrochem. Soc., 2006, 153: H34 – H37.

[46] Dickerson M B, Naik R R, Sarosi P M, et al. Ceramic nanoparticle assemblies with tailored shapes and tailored chemistries via biosculpting and shape-preserving inorganic conversion. J. Nanosci. Nanotechnol., 2005, 5: 63 – 67.

[47] Bao Z H, Weatherspoon M R, Shian S, et al. Synthesis and properties of phosphonic acid-grafted hybrid inorganic/organic polymer membranes. Nature, 2007, 446: 172.

[48] Shen L Y, Wang Z X, Chen L Q, et al. Carbon-coated hierarchically porous silicon as anode material for lithium ion batteries. RSC Adv., 2014, 4: 15314 – 15318.

[49] Chen K, Li C, Shi L R, et al. Graphene photonic crystal fibre with strong and tunable light-matter interaction. Nat.Commun., 2016, 7: 13440.

[50] Dahn J R, Zheng T, Liu Y H, et al. Mechanisms for lithium insertion in carbonaceous materials. Science, 1995, 270: 590 – 593.

[51] Etacheri V, Marom R, Elazari R, et al. Challenges in the development of advanced Li-ion batteries: a review. Energy Environ. Sci., 2011, 4: 3243 – 3262.

[52] Poizot P, Laruelle S, Grugeon S, et al. Searching for new anode materials for the Li-ion technology: time to deviate from the usual path. J. Power Sources, 2001, 97: 235 – 239.

[53] Huggins R A, Boukamp B A. All-solid electrodes with mixed conductor matrix. J. Electrochem. Soc., 1981, 128: 725 – 729.

[54] Huggins R A. Lithium alloy negative electrodes. J. Power Sources, 1999, 81 – 82: 13 – 19.

[55] Wang M S, Fan L Z, Huang M, et al. Conversion of diatomite to porous Si/C composites as promising anode materials for lithium-ion batteries. J. Power Sources, 2012, 219: 29 – 35.

[56] Kang S M, Ryou M H, Choi J W, et al. Mussel- and diatom-inspired silica coating on separators yields improved power and safety in Li-ion batteries. Chem. Mater., 2012, 24: 3481 – 3485.

[57] Liu J, Kopold P, van Aken P A, et al. Energy storage materials from nature through nanotechnology: a sustainable route from reed plants to a silicon anode for lithium-ion batteries. Angew. Chem. Int. Ed., 2015, 54: 9768 – 9772.

[58] Lisowska-Oleksiak A, Nowak A P, Wicikowska B, et al. Aquatic biomass containing porous silica as an anode for lithium ion batteries. RSC Adv., 2014, 4: 40439 – 40443.

[59] Cheng J J. Sulfur @ metal cotton with superior cycling stability as cathode materials for rechargeable lithium-sulfur batteries. J. Electroanal. Chem., 2015, 746: 62.

[60] Chen J J, LuX Y, Sun J, et al. Si @ C nanosponges application for lithium ions batteries synthesized by templated magnesiothermic route. Mater. Lett., 2015, 152: 256 – 259.

[61] Liang J, Li X, Zhu Y, et al. Hydrothermal synthesis of nano-silicon from a silica sol and its use in lithium ion batteries. Nano Res., 2015, 8: 1497 – 1504.

[62] Wang C, Li Y, Ostrikov K, et al. Synthesis of SiC decorated carbonaceous nanorods and its hierarchical composites Si @ SiC @ C for high-performance lithium ion batteries., J. Alloys Compd., 2015, 646: 966 – 972.

[63] Conway B E. Electrochemical capacitors: scientific fundamenials and technological applications. New York: Kluwer-Plenum Publishing Corp., 1999.

[64] Bao L, Zang J, Li X. Flexible Zn_2SnO_4/MnO_2 core/shell nanocable-carbon microfiber hybrid composites for high-performance supercapacitor electrodes. Nano Lett., 2011,11: 1215.

[65] Brezesinski T, Wang J, Tolbert S H, et al. Ordered mesoporous $\alpha - MoO_3$ with iso-oriented nanocrystalline walls for thin-film pseudocapacitors. Nat. Mater., 2010,9: 146.

[66] Hou Y, Cheng Y, Hobson T, et al. Design and synthesis of hierarchical MnO_2 nanospheres/carbon nanotubes/conducting polymer ternary composite for high performance electrochemical electrodes. Nano Lett., 2010, 10: 2727.

[67] Chen W, Rakhi R B, Hu L B, et al. High-performance nanostructured supercapacitors on a sponge. Nano Lett., 2011, 11: 5165.

[68] Rakhi R B, Chen W, Cha D, et al. Substrate dependent self-organization of mesoporous cobalt oxide nanowires with remarkable pseudocapacitance. Nano Lett., 2012, 12: 2559 – 2567.

[69] Simon P, Gogotsi Y. Materials for electrochemical capacitors. Nat. Mater., 2008, 7: 845 – 854.

[70] Wang G P, Zhang L, Zhang J J. A review of electrode materials for electrochemical supercapacitors. Chem. Soc. Rev., 2012, 41: 797 – 828.

[71] Wang J G, Yang Y, Huang Z H, et al. Effect of temperature on the pseudo-capacitive behavior of freestanding MnO_2 @ carbon nanofibers composites electrodes in mild electrolyte. J. Power Sources, 2013, 224: 86 – 92.

[72] Wang F X, Xiao S Y, Hou Y Y, et al. Electrode materials for aqueous asymmetric supercapacitors. RSC Adv., 2013, 3: 13059 – 13084.

[73] Zhang Y X, Huang M, Kuang M, et al. Facile synthesis of mesoporous CuO nanoribbons for electrochemical capacitors applications. Int. J. Electrochem. Sci., 2013, 8: 1366.

[74] Santhanagopalan S, Balram A, Meng D D. Scalable high-power redox capacitors with aligned nanoforests of crystalline MnO_2 nanorods by high voltage electrophoretic deposition. Acs Nano, 2013, 7: 2114.

[75] Huang M, Li F, Dong F, et al. MnO_2-based nanostructures for high-performance supercapacitors J. Mater. Chem. A, 2015, 3: 21380 – 21423.

[76] Aravindan V, Kumar P S, Sundaramurthy J, et al. Electrospun NiO nanofibers as high performance anode material for Li-ion batteries. J. Power Sources, 2013, 227: 284 – 290.

[77] Wang Z, Ma C Y, Wang H L, et al. Facilely synthesized Fe_2O_3-graphene nanocomposite as novel electrode materials for supercapacitors with high performance. J. Alloys Compd., 2013, 552: 486 – 491.

[78] Liang R L, Cao H Q, Qian D. MoO_3 nanowires as electrochemical pseudocapacitor materials. Chem. Commun., 2011, 47: 10305 – 10307.

[79] Qu Q, Zhu Y, Gao X, et al. Core-shell structure of polypyrrole grown on V_2O_5 nanoribbon as high performance anode material for supercapacitors. Adv. Energy Mater., 2012, 2: 950 – 955.

[80] Wang R L, Bencic D, Biales A, et al. Discovery and validation of gene classifiers for endocrine-disrupting chemicals in zebrafish (danio rerio). BMC Genom., 2012, 13: 358 – 358.

[81] Xiong G, Hembram K P S S, Reifenberger R G, et al. MnO_2-coated graphitic petals for supercapacitor electrodes. J. Power Sources, 2013, 227: 254 – 259.

[82] Wu Q, Liu Y, Hu Z. Flower-like NiO microspheres prepared by facile method as supercapacitor electrodes. J. Solid State Electrochem., 2013, 17: 1711 – 1716.

[83] Wei W F, Cui X W, Chen W X, et al. Manganese oxide-based materials as electrochemical supercapacitor electrodes. Chem. Soc. Rev., 2011, 40: 1697 – 1721.

[84] Peng L, Peng X, Liu B, et al. Ultrathin two-dimensional MnO_2/graphene hybrid nanostructures for high-performance, flexible planar supercapacitors. Nano Lett., 2013, 13: 2151 - 2157.

[85] Zhang Y X, Huang M, Li F, et al. One-pot synthesis of hierarchical MnO_2-modified diatomites for electrochemical capacitor electrodes. J. Power Sources, 2014, 246: 449 - 456.

[86] Li F, Xing Y, Huang M, et al. MnO_2 nanostructures with three-dimensional (3D) morphology replicated from diatoms for high-performance supercapacitors. J. Mater. Chem. A, 2015, 3: 7855 - 7861.

[87] Guo X L, Kuang M, Li F, et al. Engineering of three dimensional (3 - D) diatom@ TiO_2 @ MnO_2 composites with enhanced supercapacitor performance. Electrochim. Acta, 2016, 190: 159 - 167.

[88] Wen Z Q, Li M, Li F, et al. Morphology-controlled MnO_2-graphene oxide diatomaceous earth 3-dimensional (3D) composites for high-performance supercapacitors. Dalton Trans., 2016, 45: 936 - 942.

[89] Hu L, Qu B, Chen L, et al. Low-temperature preparation of ultrathin nanoflakes assembled tremella-like NiO hierarchical nanostructures for high-performance lithium-ion batteries. Mater. Lett., 2013, 108: 92 - 95.

[90] Mai Y J, Tu J P, Xia X H, et al. Co-doped NiO nanoflake arrays toward superior anode materials for lithium ion batteries. J. Power Sources, 2011, 196: 6388 - 6393.

[91] Wu Q F, Hu Z H, Liu Y E. A novel electrode material of NiO prepared by facile hydrothermal method for electrochemical capacitor application. J. Mater. Eng. Perform., 2013, 22: 2398 - 2402.

[92] Marcinauskas L, Kavaliauskas Z, Valincius V. Carbon and nickel oxide/carbon composites as electrodes for supercapacitors. J. Mater. Sci. Technol., 2012, 28: 931 - 936.

[93] Zhang Y X, Li F, Huang M, et al. Hierarchical NiO moss decorated diatomites via facile and templated method for high performance supercapacitors. Mater. Lett., 2014, 120: 263 - 266.

[94] Sun C T, Zhang Y J, Song S Y, et al. NIST standard reference material 3600: absolute intensity calibration standard for small-angle X-ray scattering. J. Appl. Crystallogr., 2013, 50: 462 - 474.

[95] Nam K W, Lee C W, Yang X Q, et al. Electrodeposited manganese oxides on three-dimensional carbon nanotube substrate: supercapacitive behaviour in aqueous and organic electrolytes. J. Power Sources, 2009, 188: 323 - 331.

[96] Chen Y C, Hsu Y K, Lin Y G, et al. Highly flexible supercapacitors with manganese oxide nanosheet/carbon cloth electrode. Electrochim. Acta, 2011, 56: 7124 - 7130.

[97] Amade R, Jover E, Caglar B, et al. Optimization of MnO_2/vertically aligned carbon nanotube composite for supercapacitor application. J. Power Sources, 2011, 196: 5779.

[98] Zhang X, Zhao J, He X, et al. Mechanically robust and highly compressible electrochemical supercapacitors from nitrogen-doped carbon aerogels. Carbon, 2018: S0008622317310849.

[99] Wang J G, Yang Y, Huang Z H, et al. Coaxial carbon nanofibers/MnO_2 nanocomposites as freestanding electrodes for high-performance electrochemical capacitors. Electrochim. Acta, 2011, 56: 9240 - 9247.

[100] Jin X, Zhou W, Zhang S, et al. Nanoscale microelectrochemical cells on carbon nanotubes. Small, 2010, 3: 1513 - 1517.

[101] Li Y, Cui R, Zhang P, et al. Mechanism-oriented controllability of intracellular quantum dots formation: the role of glutathione metabolic pathway. ACS Nano, 2013, 7: 2240.

[102] Lee S W, Kim J, Chen S, et al. Carbon nanotube/manganese oxide ultrathin film electrodes for electrochemical capacitors. ACS Nano, 2010, 4: 3889 - 3896.

[103] Cui X W, Hu F P, Wei W F, et al. Dense and long carbon nanotube arrays decorated with Mn_3O_4 nanoparticles for electrodes of electrochemical supercapacitors. Carbon, 2011, 49: 1225 - 1234.

[104] Chen H, Li Y, Feng Y, et al. Electrodeposition of carbon nanotube/carbon fabric composite using cetyltrimethylammonium bromide for high performance capacitor. Electrochim. Acta, 2012, 60: 449 - 455.

[105] Lu P, Liu F, Xue D, et al. Phase selective route to Ni(OH)$_2$ with enhanced supercapacitance: performance dependent hydrolysis of Ni(Ac)$_2$ at hydrothermal conditions. Electrochim. Acta, 2012, 78: 1.

[106] Yan J, Khoo E, Sumboja A, et al. Facile coating of manganese oxide on tin oxide nanowires with high-performance capacitive behavior. ACS Nano, 2010, 4: 4247 - 4255.

[107] Le Q J, Wang T, Zhang Y X, et al. Morphology-controlled MnO_2 modified silicon diatoms for high-performance asymmetric supercapacitors. J. Mater. Chem. A, 2017, 5: 10856 - 10865.

[108] Baxter J, Bian Z X, Chen G, et al. Nanoscale design to enable the revolution in renewable energy. Energy Environ. Sci., 2009, 2: 559 - 588.

[109] Veerle R, Christophe D, Abdeliah I, et al. Bioluminescence imaging in rodent brain. New Jersey: Humana Press Inc, 2009.

[110] Hernandez-Alonso M D, Fresno F, Suarez S, et al. Development of alternative photocatalysts to TiO_2: challenges and opportunities. Energy Environ. Sci., 2009, 2: 1231 - 1257.

[111] Inoue Y. Photocatalytic water splitting by RuO_2-loaded metal oxides and nitrides with d^0- and d^{10}-related electronic configurations. Energy Environ. Sci., 2009, 2: 364 - 386.

[112] Calzaferri G. Artificial photosynthesis. Top. Catal., 2010, 53: 130 - 140.

[113] Chen X, Mao S S. Titanium dioxide nanomaterials: synthesis, properties, modifications, and applications. Chem Rev., 2007, 107: 2891 - 2959.

[114] Goncalves L M, Bermudez V D, Ribeiro H A, et al. Dye-sensitized solar cells: a safe bet for the future. Energy Environ.Sci., 2008, 1: 655 - 667.

[115] O'regan B, Grätzel M. A low-cost, high-efficiency solar cell based on dye-sensitized colloidal TiO_2 films. Nature, 1991, 353: 737 - 740.

[116] Nazeeruddin M K, Kay A, Rodicio I, et al. Conversion of light to electricity by cis-X2bis (2,2'-bipyridyl-4,4'-dicarboxylate) ruthenium(II) charge-transfer sensitizers (X = Cl-, Br-, I-, CN-, and SCN-) on nanocrystalline titanium dioxide electrodes. J. Am. Chem. Soc., 1993, 115: 6382 - 6390.

[117] Zhang Q, Dandeneau C S, Zhou X, et al. ZnO nanostructures for dye-sensitized solar cells. Adv. Mater., 2009, 21: 4087 - 4108.

[118] Duong T T, Choi H J, He Q J, et al. Enhancing the efficiency of dye sensitized solar cells with an SnO₂ blocking layer grown by nanocluster deposition. J. Alloys Compd., 2013, 561: 206 - 210.

[119] Barea E, Xu X, Gonzalez-Pedro V, et al. Origin of efficiency enhancement in Nb₂O₅ coated titanium dioxide nanorod based dye sensitized solar cells. Energy Environ. Sci., 2011, 4: 3414 - 3419.

[120] Gratzel M. Dye-sensitized solar cells. J. Photochem. Photobiol. C, 2003, 4: 145 - 153.

[121] Hoshikawa T, Ikebe T, Yamada M, et al. Preparation of silica-modified TiO₂ and application to dye-sensitized solar cells. J. Photochem. Photobiol. A, 2006, 184: 78 - 85.

[122] Kyung, Hee, Park, et al. Performance improvement of dye-sensitized glass powder added TiO₂ solar cells. J. Nanosci, Nanotechnol., 2008, 8: 5252.

[123] Fuhrmann T, Landwehr S, ElRM, et al. Diatoms as living photonic crystals. Appl. Phys. B: Lasers Opt., 2004, 78: 257 - 260.

[124] Huang D R, Jiang Y J, Liou R L, et al. Enhancing the efficiency of dye-sensitized solar cells by adding diatom frustules into TiO₂ working electrodes. Appl. Surf. Sci., 2015, 347: 64 - 72.

[125] Chandrasekaran S, Sweetman M J, Kant K, et al. Silicon diatom frustules as nanostructured photoelectrodes. Chem. Commun., 2014, 50: 10441 - 10444.

[126] Park K H, Gu H B, Jin E M, et al. Using hybrid silica-conjugated TiO₂ nanostructures to enhance the efficiency of dye-sensitized solar cells. Electrochim. Acta, 2010, 55: 5499 - 5505.

[127] Chen C T, Hsu F C, Huang J Y, et al. Effects of a thermally stable chlorophyll extract from diatom algae on surface textured Si solar cells. RSC Adv., 2015, 5: 35302 - 35306.

[128] Rosi N L, Eckert J, Eddaoudi M, et al. Hydrogen storage in microporous metal-organic frameworks. Science, 2003, 300: 1127 - 1129.

[129] Pan L, Sander M B, Huang X, et al. Microporous metal organic materials: promising candidates as sorbents for hydrogen storage. J. Am. Chem. Soc., 2015, 126: 1308 - 1309.

[130] Schlapbach L, Zuttel A. Hydrogen-storage materials for mobile applications. Nature, 414: 353 - 358.

[131] Mu S C, Pan M, Yuan R Z. A new concept: hydrogen storage in minerals. Mater. Sci. Forum, 2005, 475 - 479: 2441 - 2444.

[132] Karatepe N, Erdogan N, Ersoy-Mericboyu A, et al. Preparation of diatomite/Ca(OH)₂ sorbents and modelling their sulphation reaction. Chem. Eng. Sci., 2004, 59: 3883 - 3889.

[133] Milovanovic S, Matovic L. Identification of growth increments in the shell of the bivalve mollusc Arctica islandica using backscattered electron imaging. J. Microsc., 2008, 232: 522.

[134] Jin J, Zheng C, Yang H. Natural diatomite modified as novel hydrogen storage material. Funct. Mater. Lett., 2014, 7: 1450027.

[135] Jin J, Ouyang J, Yang H. One-step synthesis of highly ordered Pt/MCM - 41 from natural

diatomite and the superior capacity in hydrogen storage. Appl.Clay Sci., 2014, 99: 246 – 253.

[136] Khudhair A M, Farid M M. A review on energy conservation in building applications with thermal storage by latent heat using phase change materials. Energy Convers. Manage., 2004, 45: 263 – 275.

[137] Dincer I. On thermal energy storage systems and applications in buildings. Energy & Build., 2002, 34: 377 – 388.

[138] Tyagi V V, Kaushik S C, Tyagi S K. Development of phase change materials based microencapsulated technology for buildings: a review. Renewable and Sustainable Energy Rev., 2011, 15: 1373.

[139] Liu C P, Seeds A. Wireless-over-fiber technology-bringing the wireless world indoors. Opt. Photonics News, 2010, 21: 28 – 33.

[140] Zhou D, Zhao C Y, Tian Y. Review on thermal energy storage with phase change materials (PCMs) in building applications. Appl. Energy, 2012, 92: 593 – 605.

[141] Regin A F, Solanki S C, Saini J S. An analysis of a packed bed latent heat thermal energy storage system using PCM capsules: numerical investigation. Renewable Sustainable Energy Rev., 2009, 34: 1765 – 1773.

[142] Jamekhorshid A, Sadrameli S M, Farid M. A review of microencapsulation methods of phase change materials (PCMs) as a thermal energy storage (TES) medium. Renewable Sustainable Energy Rev., 2014, 31: 870.

[143] Sarier N, Onder E. Organic phase change materials and their textile applications: an overview. Thermochim. Acta, 2012, 540: 7 – 60.

[144] Zhang Z, Shi G, Wang S, et al. Thermal energy storage cement mortar containing *n*-octadecane/expanded graphite composite phase change material. Renewable Energy, 2013, 50: 670 – 675.

[145] Kenisarin M, Mahkamov K. Passive thermal control in residential buildings using phase change materials. Renewable Sustainable Energy Rev., 2016, 55: 371 – 398.

[146] Nomura T, Okinaka N, Akiyama T. Impregnation of porous material with phase change material for thermal energy storage. Mater. Chem. Phys., 2009, 115: 846 – 850.

[147] Lafdi K, Mesalhy O, Elgafy A. Graphite foams infiltrated with phase change materials as alternative materials for space and terrestrial thermal energy storage applications. Carbon, 2008, 46: 159 – 168.

[148] Sari A, Bicer A. Thermal energy storage properties and thermal reliability of some fatty acid esters/building material composites as novel form-stable PCMs. Sol. Energy Mater. Sol. Cells, 2012, 101: 114 – 122.

[149] Li M, Wu Z, Kao H, et al. Experimental investigation of preparation and thermal performances of paraffin/bentonite composite phase change material. Energy Convers. Manage., 2011, 52: 3275 – 3281.

[150] Zhang D, Zhou J, Wu K, et al. Granular phase changing composites for thermal energy storage. Sol. Energy, 2005, 78: 471 – 480.

[151] Jiao C, Ji B, Fang D. Preparation and properties of lauric acid-stearic acid/expanded perlite composite as phase change materials for thermal energy storage. Mater.Lett., 2012, 67: 352 – 354.

[152] Li M, Wu Z, Chen M. Preparation and properties of gypsum-based heat storage and preservation material. Energy Build., 2011, 43: 2314 – 2319.

[153] Li M, Kao H, Wu Z, et al. Study on preparation and thermal property of binary fatty acid and the binaryfatty acids/diatomite composite phase change materials. Appl. Energy, 2011, 88: 1606 – 1612.

[154] Karaman S, Karaipekli A, Sari A, et al. Polyethylene glycol (PEG)/diatomite composite as a novel form-stable phase change material for thermal energy storage. Sol. Energy Mater. Sol. Cells, 2011, 95: 1647.

[155] Karaipekli A, Sar A. Preparation, thermal properties and thermal reliability of eutectic mixtures of fatty acids/expanded vermiculite as novel form-stable composites for energy storage. J. Ind. Eng.Chem., 2010, 16: 767 – 773.

[156] Karaipekli A, Sari A. Capric-myristic acid/vermiculite composite as form-stable phase change material for thermal energy storage. Sol. Energy, 2009, 83: 323 – 332.

[157] Li M, Kao H, Wu Z, et al. Study on preparation and thermal property of binary fatty acid and the binaryfatty acids/diatomite composite phase change materials. Applied Energy, 2011, 88: 1606 – 1612.

[158] Zhang D, Li Z J, Zhou J M, et al. Development of thermal energy storage concrete Cem. Concr. Res., 2004, 34: 927 – 934.

[159] Chen Z, Qin M, Yang J. Synthesis and characteristics of hygroscopic phase change material: composite microencapsulated phase change material (MPCM) and diatomite. Energy Build, 2015, 106: 175 – 182.

[160] Jeong S G, Jeon J, Lee J H, et al. Non-isothermal two-phase transport in a polymer electrolyte membrane fuel cell with crack-free microporous layers. Int. J. Heat Mass Transfer, 2013, 62: 711.

[161] Sun Z, Zhang Y, Zheng S, et al. Preparation and thermal energy storage properties of paraffin/ calcined diatomite composites as form-stable phase change materials. Thermochim. Acta, 2013, 558: 16 – 21.

[162] Xu B, Li Z. Performance of novel thermal energy storage engineered cementitious composites incorporating a paraffin/diatomite composite phase change material. Appl. Energy, 2014, 121: 114 – 122.

[163] Xu B W, Li Z J. Paraffin/diatomite/multi-wall carbon nanotubes composite phase change material tailor-made for thermal energy storage cement-based composites. Energy, 2014, 72: 371 – 380.

[164] Li X Y, Sanjayan J G, Wilson J L. Fabrication and stability of form-stable diatomite/paraffin phase change material composites. Energy Build., ,76: 284 – 294.

[165] Zhu L, Boehm R F, Wang Y, et al. Water immersion cooling of PV cells in a high

concentration system. Sol. Energy Mater. Sol. Cells, 2011, 95: 538 – 545.

[166] Xu B, Li Z. Performance of novel thermal energy storage engineered cementitious composites incorporating a paraffin/diatomite composite phase change material. Appl. Energy, 2014, 121: 114 – 122.

[167] Kadi S, Djadoun S. Thermal behavior of poly (ethyl methacrylate-*co*-acrylonitrile) nanocomposites prepared in the presence of an Algerian bentonite via solution intercalation and *in situ* polymerization. J. Therm. Anal. Calorim., 2015, 119: 1113 – 1122.

第 *9* 章

硅藻：用于药物传递的纳米
结构硅的天然来源

摩妮卡·泰拉恰诺（Monica Terracciano），

伊拉里亚·雷（Ilaria Rea），卢卡·德斯特凡诺（Luca de Stefano），

海尔德·A. 桑托斯（Helder A. Santos）

9.1 引言

有选择性地将治疗药物输送到身体的特定部位使治疗指数和副作用最小化，是许多疾病治疗过程中的一个重要问题[1-2]。此外，传统药物治疗中使用的许多化合物由于较差的物理化学性质导致其在生理 pH 下溶解度低，首关代谢、细胞吸收不足及药物快速消除，限制了它们的生物分布和药物作用。针对药物理化性质的局限性，治疗分子可以与药物载体相关联[即药物输送系统（DDSs）][3-4]。DDSs 可以增强药物的药代动力学和细胞渗透，因为它们可以被标记然后将药物运输到预期的作用部位，从而使药物对健康组织的影响和副作用最小化。此外，DDSs 还可以保护药物不被降解或快速清除，克服药物无法跨越生物屏障的难题，从而提高药物在靶组织中的浓度[5]。因为药物剂量或浓度与治疗结果或毒性作用间存在矛盾，这种创新的治疗模式在某些疾病的治疗（如癌症治疗）中非常有用。

在过去的几十年里，人们通过使用先进的基于纳米技术的合成方法，开发新型高效的 DDSs（从纳米颗粒和微载体到可植入设备）方面取得了很大进展，解决了与传统药物治疗相关的上述各种问题[6-7]。几种类型的有机、无机和混合 DDSs 已被开发并应用于药物传递[8-12]。其中，合成多孔二氧化硅（$PSiO_2$）DDSs 因其独特的性质（如可调整的孔径、高热阻、化学惰性、高比表面积、大负载能力、无毒性、良好的生物降解性、易溶解动力学和易于管理的药物释放特性）[13-14]，而在药物传递中得到广泛的应用。尽管使用 $PSiO_2$ 载体有许多优点，但它们的合成路径耗时、昂贵，

并且需要合适的实验条件和有毒材料[5,16]。

寻找天然来源的物质用于制备纳米结构材料是克服合成多孔材料的缺点的有效途径。大自然已经开发出一种生物二氧化硅材料——硅藻,它由单细胞光合藻类中获得并具有独特的三维多孔结构。大自然中有超过 200 种活体硅藻[17],根据其典型形态和大小(2 μm ~ 2 mm)分类有 100 000 多种。硅藻壳体的特殊性质(如有序微/纳米多孔结构及中空的内部空间、大的表面积、无定形二氧化硅成分、可控表面化学性质、透气性好、无毒性、良好的生物相容性及廉价的成本)使他们可有效地替代合成 PSiO$_2$ 并应用于药物传递[18]。硅藻很容易通过培养或在自然界中获得[17]。然而,硅藻土的另一种较便宜的来源是一种由死硅藻在海床或湖底的沉淀产生的化合物[19]。与合成的 PSiO$_2$ 材料相比,虽然硅藻生产具有高度的环境友好性,以及硅藻壳体具有独特的药物传递功能,但其应用仍处于起步阶段。

本章主要描述了硅藻土作为完整的微小藻类细胞壳体或将其还原成纳米粒子应用于无毒的药物载体的近况,还讨论了无处理以及功能化修饰后的硅藻质二氧化硅粒子的物理化学性质和药物传递功能。最后,我们采用了各种表面功能化方法来增强硅藻土纳米粒子的生物相容性和细胞吸收能力,以便将治疗性药物分子传输到癌细胞内。

9.2 来自硅藻的天然纳米二氧化硅

硅藻是一种单细胞光合藻类,几乎存在于所有的水生环境中。硅藻物种根据其细胞壁的形状和对称性大致可分为中心形(表现为圆形对称)和三角形(表现为两侧对称)(见图 9.1)[20]。

无论是从产生的硅化结构的数量,还是从生物二氧化硅的全球产量来看这些单细胞藻类都是生物二氧化硅化过程中普遍存在的生物[21]。硅藻是微型的纳米二氧化硅制造工厂,能够产生结构复杂的细胞壁,即所谓的硅藻壳体,它由无规则的二氧化硅(SiO$_2$)组成。壳体由两个重叠的部分组成,称为囊,就像培养皿或药盒[22]。上半部分和下半部分分别称为上壳层和下壳层。这些由带连接在一起形成瓣膜是一种形态特异的结构,它能区分硅藻物种并覆盖两个膜[17]。壳体展示了一个多层次孔隙组织的三维结构。壳体表面具有有序的孔径阵列,即所谓的辐孔区,并向壳体深度扩展,表现出每个硅藻物种的特征。辐孔区的直径从几百纳米到几微米,可以有不同的形状(如圆形、多边形或狭长形)。此外,筛和筛板可以部分堵塞硅藻孔隙,利用纳米尺度的孔隙减小二氧化硅薄膜厚度(见图 9.2)[22]。

硅藻通过遗传控制的生物矿化过程一代一代地精确复制[23]。这些结构可以在实验室里常规地大量生长,而且由于它们依靠光合作用只需要很少的营养。此外,硅藻土是一种较便宜的硅藻质二氧化硅来源,它是一种由数百万年硅藻化石过

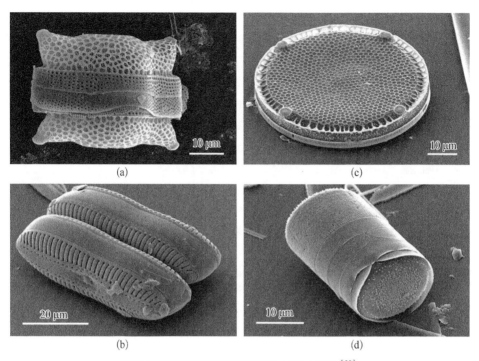

图 9.1 不同硅藻种类细胞壁的扫描电镜图[20]

（a）网状盒形藻；（b）华美双壁藻；（c）辐状盘藻；（d）变异海链藻

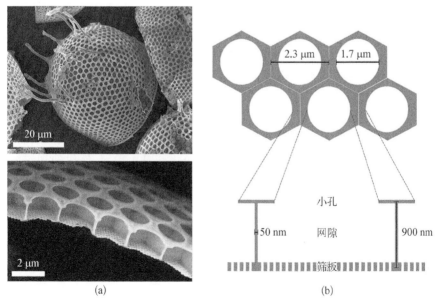

图 9.2 塔形冠盖藻的 SEM 图[22]

（a）结构；（b）尺寸

程形成的化石材料,可作为一种采矿业中的廉价矿物材料轻松获得。硅藻提供了以极低成本精确复制大量纳米二氧化硅的可能性。尽管在纳米技术领域有了很大的发展,硅藻结构仍然优于所有人工开发的结构[15]。由于其高比表面积(200 m²/g)、热稳定性、容易通过基因操纵或化学修改、低机械阻力、光学和光子特性,可降解性和生物相容性等,硅藻壳体是发展应用于液体过滤、DNA 纯化,免疫沉淀反应、光子学、传感器和药物输送等领域的纳米设备的潜在模板[24]。

9.3 硅藻壳体制备微/纳米无毒载药载体

硅藻的无定形二氧化硅细胞壳体被美国食品和药物管理局(FDA)授权为一种安全的(CRAS, 21 CFR Section 573.340)的生产食品和药品,并且被国际癌症研究机构(IARC)分为人类致癌物的第三类,即"不对人类有致癌性"[25]。

由于硅藻质二氧化硅是由无机无定形二氧化硅和有机组分(如多肽、蛋白质、糖蛋白和多胺[17])组成的复杂结构。因此,为了分离二氧化硅组分,使其适合并安全用于生物测定,需要进行适当的纯化处理。煅烧(通常在 400～1 000 ℃烘烤原料)是一种常见的纯化方法,它能在高温下完全降解硅藻壳体的有机成分。但这一工艺不适合硅藻壳体的工业应用,因为它会封闭微孔,破坏壳的原有结构。利用不同强度的酸溶液混合物是一种有效的提纯硅藻壳体的方法。然而,平衡混合物的酸度是非常重要的,这可以保护壳体的硅结构,避免二氧化硅骨架的破坏。De Stefano 等[29]报道了一种基于高浓酸的方法来清洗高度硅化的硅藻壳体(例如威氏圆筛藻、卵形藻和鞍形藻),以保持二氧化硅壳体的结构[26-28]。其简要步骤如下:将 50 mL 高度浓缩固定的底栖植物样品在 3 000 r/min 的速度下离心 10 min;用去离子水清洗 5 次,去除多余的固定剂;将 2 mL 的样品与等量 97%的硫酸在 60℃下混合 5 min;将酸除去,用蒸馏水洗涤 5 次。

硅藻土粉末由于沉积成因而含有杂质,具有取决于当地环境和老化条件,可能包括有机质和无机氧化物(如氧化铝、氧化铁、碳酸钙、氧化钙、氧化镁、氧化钾和氧化钠等)。Aw 等[30]演示了使用 1 mol/L 硫酸净化硅藻土粉末,然后使用过滤和沉淀进行粒度分离,以获得用于口服给药的微胶囊。用 SEM、EDXS 和 X 射线粉末衍射谱(XRPD)来表征提纯前后的粉末。结果表明,纯化后得到的硅藻土粉末是由无定形二氧化硅和少量非晶相组成,保留了完整的硅藻结构。Rea 等[31]首次开发了一种基于机械破碎、超声和过滤硅藻硅壳体的多步骤过程,获得了硅藻土纳米颗粒(DNPs)用于细胞内药物传递。用食人鱼溶液(2 mol/L 浓硫酸,10%过氧化氢,80℃下混合 30 min)和盐酸(5 mol/L,80℃下反应一晚)处理硅藻土纳米颗粒,去除有机和无机杂质,使 DNPs 在医疗应用中安全并具有生物相容性。利用 SEM、TEM 和动态光散射(DLS)分析对硅藻土粉末处理前后的形貌进行了表征。结果表明,经过机械和化学处理后的硅藻土粉体呈现出由不同形状和尺寸的纳米结构形成的非均质团,尺寸范围为 100 ~ 300 nm。硅藻壳体的孔隙和壳体表面的孔径大小从 SEM 图估计为中孔(10 nm<孔隙直径<50 nm)和大孔隙(孔隙直径>50 nm),并且从微米还原成纳米粒子后仍然保持孔径大小(见图 9.3)。

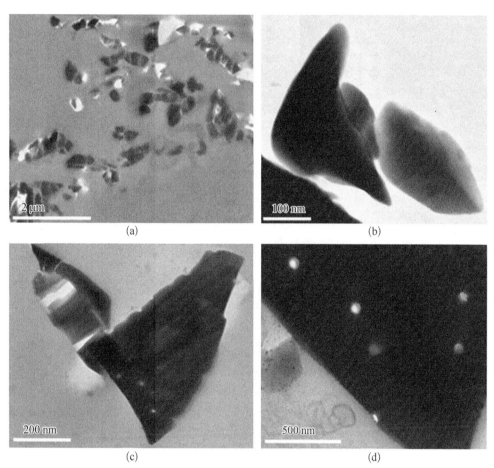

图 9.3　硅藻土的 SEM 图
(a)~(c) 纯硅藻土纳米粒子;(d) 放大的硅藻土纳米粒子孔隙

硅藻土粉末中杂质去除后的化学成分变化可通过光致发光光谱、傅里叶变换红外光谱(FTIR)和 X 射线能谱(EDS)等进行分析测试,证实了纳米二氧化硅粉体质量的改善。新型药物载体的毒性和生物相容性评价是其潜在生物医学应用的关键[24,32-34]。虽然目前仍在评估硅藻壳体的毒性,但对硅藻壳体的体外和体内细胞毒性的初步研究已经强调了这种新生物材料的安全性(见图 9.4)。由于硅藻土微/纳米载体与其他载体相比具有独特的性能,在药物传递方面具有广阔的应用前景[26,34]。

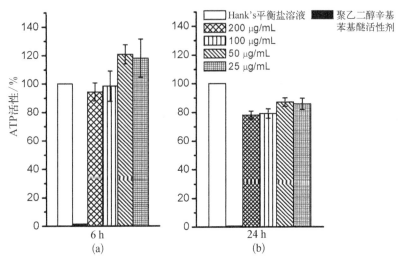

图 9.4 利用基于 ATP 的发光试验对纯硅藻土纳米颗粒进行细胞毒性评估

用 25 μg/mL、50 μg/mL、100 μg/mL 和 200 μg/mL 的 ATP 溶液在 37℃ 下处理 6 h(a)、24 h(b)的 MCF-7 细胞的细胞寿命,数据以平均值形式出现($n=3$)

9.4 硅藻表面的生化改性策略

经过酸/氧化清洗后得到的硅藻生物二氧化硅结构可以通过各种化学修饰作为多功能支架,为生物工程纳米结构材料在生物医学领域的应用开辟了道路。在过去的几十年里开发硅藻器件的常用策略是利用二氧化硅的化学性质[35]。硅藻壳体表面上的反应活性硅醇自由基团(SiOH)可以很容易地与反应性基团(—NH$_2$、—COOH、—SH 和—CHO)功能化,用于随后的生物分子偶联(如酶、蛋白质、抗体、多肽、DNA、核酸适配体)[36-37]。传统上,烯烃硫醇被用来生成自组装的单层膜,其缺点是由于 S 原子的氧化和随后的层的破坏而损害了表面涂层的长期稳定性[38]。相比之下,硅烷分子通过 Si—O—Si 共价键形成自组装层,为生物或化学分子的固定提供了牢固的联结点[39]。因此,硅烷化是硅藻表面功能化中应用最广泛的一种方法[40-43]。生物分子固定在硅藻表面有两种方法:非共价相互作用,包括物理吸附和弱相互作用;共价相互作用。然而,非共价结合(如静电结合)的主要缺点是结合强度取决于溶液条件(如 pH 或离子强度的变化)。因此,就表面功能化的稳定性和再现性而言,生物分子与硅藻表面的共价结合应优于非特异性结合(见图 9.5)[44]。

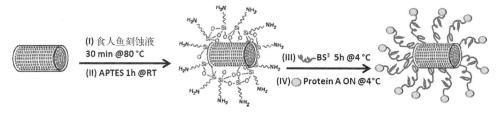

图 9.5 硅藻壳体共价生物官能化的示意图

9.5 用于药物传递的硅藻微粒

在过去的几十年里，各种不同孔隙度（如中孔、微孔和大孔）的二氧化硅基载体被合成并用于药物传递，旨在解决常见的治疗问题[45-47]。尽管这些载体具有许多优点，但它们的合成相当昂贵，而且含有残留在最终的产品中的有毒溶剂[15]。天然硅藻质二氧化硅具有多种理化性质，这可能使它们成为药物传递体系中合成材料的潜在替代品[30]。其典型的空心内腔筒状结构具有微孔、纳米孔、高表面积、易修饰的表面化学性质、高渗透性、低密度、无毒等特点，以及无定形二氧化硅良好的生物相容性，使其具有广阔的药物传递应用前景[48]。

因为患者的依从性高及治疗费用低，口服给药是最常见的给药途径[49]。然而，胃肠道的恶劣条件和药物的性质（如水溶性差、可忽略的生物屏障渗透和广泛的首关代谢等）会使口服给药复杂化。Losic 研究组首次尝试了硅藻微壳作为生物载体在口服给药中的应用[24,30]，结果表明，硅藻壳体对疏水性小分子吲哚美辛的释药效果良好，载药量约为 22%，两周内药物持续释放。它们观察到壳体药物释放的两大步骤：第一步中由于药物的表面沉积，超过 6 h 的药物快速释放，第二步药物缓慢而持续超过两周的释放，这是由于硅藻毛孔和内部中空的结构符合零阶动力学释放药物的结果。

此外，Aw 等[50]还描述了硅藻质二氧化硅微胶囊功能化对不溶水的吲哚美药物负载和释放的影响。两种不同的有机硅烷化合物，3-氨丙基三乙氧基硅烷（APTES）和 N-（3-三甲氧基硅基）丙基乙烯二胺（AEAPTMS），和两种膦酸（2-羧乙基膦酸和 16-膦酸）被用来赋予硅藻壳体的亲水和疏水的特性。结果表明，适当的硅藻表面功能化可以调节载药量（质量分数为 15%~24%）和释放时长（6~15天）。特别是亲水性功能化增加了载药量，延长了药物的释放时间。相反，疏水修饰则形成低负载量和药物快速释放。Zhang 和 Santos 等[51]研究了硅藻质二氧化硅微粒在模拟胃液条件下传递美沙胺和泼尼松的潜力，以及通过 Caco-2/HT-29 共培养单层膜的渗透性。结果表明，硅藻能维持和控制两种药物的释放，并首次表明硅藻是口服药物的渗透促进剂。此外,硅藻对结肠癌细胞系的低毒作用证实了硅藻作为廉价、生态友好的药物传递材料的潜力。

9.6 用于在癌细胞内传递药物的硅藻纳米粒子

利用纳米技术治疗人类疾病有望解决传统治疗分子靶向效率低、全身毒性大、治疗指标差、无特异性分布等问题[52]。新型高效纳米载体的设计为药物进入细胞提供了直接到达预期靶点(如肿瘤或病变组织)的可能性,增加药物的定位和细胞吸收,同时将治疗药物对其他组织的副作用最小化[53]。此外,纳米体系允许传递不溶性分子(至少大多数抗癌药物是这样),并能有效保护药物分子,如寡核苷酸类似物(如小干扰核糖核酸,siRNAs)不被酶降解[54]。事实上,使用siRNA分子进行治疗已被证明是一种沉默基因的有效方法,该基因与异常基因过度表达或突变(例如病毒感染、各种癌症和遗传疾病)引起的多种病理状况相关[55]。然而,siRNA分子需要药物传递载体克服核酸酶降解和其他环境因子的作用,促使它们进入细胞,从而改善其系统传递。siRNAs与纳米载体(如脂质体、金、磁性和多孔硅纳米粒子以及量子点)的结合是克服这些难题的一种可能的方法[56-57]。

Rea等[31]首次证明了将硅藻土还原为纳米粒子(NPs)用于癌细胞内的siRNA传递。硅藻土NPs通过利用APTES有机物实现硅烷化后,与标记多肽混合物siRNA(siRNA*)/聚D精氨酸多肽复合物通过交联剂 N-(Y-马来酰亚胺基丁酰氧基)磺基氯磺酸盐(NHS)酯(磺基GMBS)偶联。用荧光显微镜表征siRNA-修饰的DNPs(DNPs-siRNA*)药物在浓度300 μg·mL^{-1}的表皮样瘤(H1355细胞)中潜伏24 h的细胞吸收和定位。结果证实了DNPs的细胞内在化,并在细胞质中有较大的定位能力。siRNA-修饰的DNPs导致H1355细胞基因移除甘油醛3-磷酸脱水加氢酶(GAPDH)。这是通过免疫印迹分析评估在37℃下48 h内的siRNA-修饰的DNPs与H1355细胞耦合过程中争夺(SCR)siRNA的状况。使用Lipofectamine 2000作为常规转染方法,比较两种siRNA吸收系统的差异。结果表明,改良后的DNPs的GAPDH蛋白表达降低约22%,与常规方法相比,降低约20%(见图9.6)。这些结果表明,DNPs是一种创新的纳米载体,用于癌细胞内的siRNA运输,突出了该材料的无毒、高效的细胞吸收和癌细胞内的基因沉默能力。

Martucci等[58]提出了一种基于位点特异性受体介导的硅藻土纳米颗粒作为药物传递系统的新型个体化B细胞淋巴瘤的治疗方法。天然硅基NPs经APTES硅烷化处理后,加入siRNA/poly-D-Arg肽采用EDC/NHS化学方法修饰来加强靶向抗凋亡因子B细胞淋巴瘤/白血病2(Bcl2)。特异性肽(Id-peptide, pA2036)使NPs对A20淋巴瘤细胞B细胞受体(BCR)具有高亲和力,并通过EDC/NHS与修

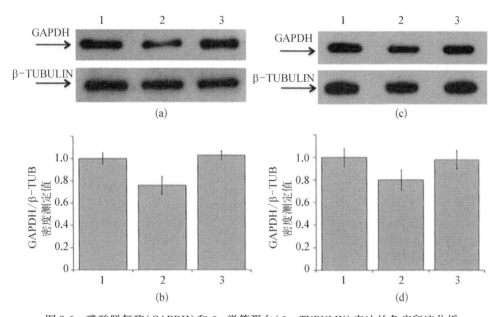

图 9.6 磷酸脱氢酶(GAPDH)和 β-微管蛋白(β-TUBULIN)表达的免疫印迹分析

(a) DNPs-siRNA 处理细胞中磷酸脱氢酶和 β-微管蛋白表达的免疫印迹分析,(1) 对照细胞,(2) DNPs-GAPDH-siRNA,(3) DNPs-SCR-siRNA;(b) 作为内部对照的磷酸脱氢酶和 β-微管蛋白的密度强度波段比值,波段的强度用任意单位表示;(c) 转染细胞中磷酸脱氢酶和 β-微管蛋白表达的免疫印迹分析,(1) 对照细胞,(2) GAPDH-siRNA,(3) SCR-siRNA;(d) 磷酸脱氢酶和 β-微管蛋白的密度强度波段比值作为内部对照,波段的强度用任意单位表示,每项测量和免疫印迹试验结果均进行三次,误差棒表示与两个独立实验平均值的最大偏差

饰后的 DNPs 共价结合,靶向传递 Bcl2-siRNA。利用共聚焦显微镜和流体细胞仪分析发现 DNPs 具体的吸收由特异性肽(Id-peptide)驱动,尤其是 A20 淋巴瘤细胞在 37℃下表达 2 h 出现含有功能化 DNPs 荧光(绿色)的 pA2036 多肽(DNPs·pA2036*;50 g·mL^{-1})(见图 9.7)。流仪分析结果显示荧光的细胞群在透性化细胞中占比为 95.5%±3%[见图 9.7(b)]和轻度透性化细胞中占比为 96.4%,确认修改 DNPs 的内化。为了验证 NPs 的吸收是通过 Ig-BCR 介导的,我们使用荧光非特异性肽功能化的 DNPs 进行了相同的实验(DNPs·pRND*),在透性化细胞中占比为 36%±3%,轻度透性化细胞中占比为 39%±3%[见图 9.7(c)和(f)]。在这种情况下,药物吸收低不是由于受体介导的内吞作用,而是由于膜蛋白上阴离子 NPs 和通过位点之间的相互作用导致的依赖于小泡的内吞作用机制[59-60]。为了进一步确认 pA2036 修饰的 DNPs 靶向 A20 细胞的特异性,使用非特异性骨髓瘤细胞(5T33MM)作为负控制[见图 9.7(h)]。

通过实时定量聚合酶链反应和免疫印迹试验分析了 bcl2 修饰的 DNPs 对靶向 siRNA 抑低调节基因表达的效果。由此产生的基因沉默具有重要的生物学意义,并为利用硅藻土纳米颗粒作为纳米载体进行淋巴瘤的个体化治疗开辟了新的可

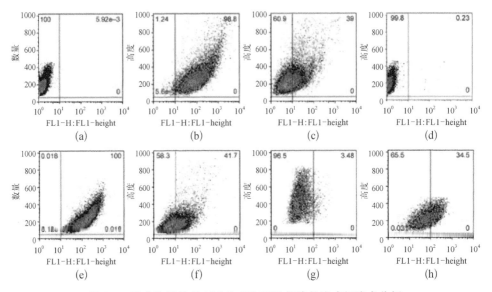

图 9.7　纳米粒子处理 A20 和 5T33MM 细胞的流式细胞术分析

非透性化 A20 细胞[(a)~(c)]、轻度透性化 A20 细胞[(d)~(f)]和轻度透性化 5T33MM 细胞[(g)和(h)]的图像;(b)和(e)为经 DNPs·pA2036*处理的 A20 细胞;(c)和(f)为 DNPs·pRND*处理的 A20 细胞;(g)为未经处理的 5T33MM 细胞;(h)为 DNPs·pA2036*处理的 5T33MM 细胞;FL1-H 为染剂 A-V 所染到的细胞,FL1-height 为 FL1 这个信号通道每个信号曲线的高度

能。纳米尺寸、高生物相容性、良好的水溶液稳定性和适当的细胞吸收是纳米颗粒作为药物传递系统的重要特征[61]。

　　许多报道的文献证明了聚合物制备的纳米器件特别是药物纳米载体方面的巨大优势,如减少纳米颗粒在水溶液的非特异性偏聚,增加 NPs 的稳定性、生物相容性、药物运载能力和细胞吸收[62-63]。Terracciano 等[64]首先报道了对 APTES 修饰的硅藻土纳米颗粒(DNPs-APT)基于 PEG 修饰和细胞穿透肽(CPP)生物偶联进行生物多功能化的研究,以增强水溶液中的稳定性,改善其生物相容性,降低细胞毒性,并提高不溶性抗癌模型药物的溶解度。DNPs-APT 用 PEG 分子进行修饰,使用 EDC/NHS 化学方法通过 PEG 链的羧基(—COOH)和硅烷化 DNPs 的氨基基团(—NH_2)之间的共价键作用结合(见图 9.8,I)。随后,在 PEG 修饰 DNPs 的氨基末端,与 CPP-多肽的羧基基团共轭耦合,这也是通过 EDC/NHS 化学修饰法(见图 9.8,II)。

　　通过 FIIR 和 DLS 分析可分别证实纳米颗粒的修饰和水溶液稳定性的改良,为了评价表面修饰后 DNP 的细胞毒性作用进行了血液相容性和细胞活力试验。修饰后的 DNP 对红细胞(RBCs)的影响使用%-红细胞表面细胞溶解(%-lysed RBCs)和扫描电镜细胞形态研究评估,红细胞暴露在纳米颗粒中的一系列上升时间(1 h、4 h、24 h 和 48 h)及 NPs 的上升浓度(25 μg·mL^{-1}、50 μg·mL^{-1}、100 μg·mL^{-1}和 200 μg·mL^{-1})条件下对其评估。结果如下,DNPs-APT 的溶血活性高于 PEG

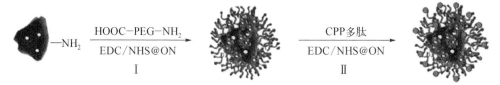

图 9.8　DNP 功能化的示意图

反应 I：DNPs－APT 经 EDC/NHS 在室温下搅拌的聚乙二醇化反应；反应 II：DNPs－APT 经 EDC/NHS 在室温下搅拌进行的 CPP－多肽生物偶联反应

和 CPP 修饰的 DNPs，即使在高浓度和最长的培养时间下，其溶血活性也较低。特别是最高浓度下培养 48 h 后 DNPs－APT 的溶血活性为 34%，CPP－DNPs 的溶血活性为 7%，DNPs－PEG 的溶血活性为 1.3%。SEM 表征结果说明，DNPs－APT 处理后的红细胞形态发生了彻底的改变，由原来的特有形态向萎缩形态转变，并随之发生溶血。在 DNPs－APT－PEG 的情况下，可以观察到由于膜的包裹而引起的形态上的细微变化，但没有重要的溶血作用。在 DNPs－APT－PEF－CPP 中，RBC 形态未见明显改变，证实了 DNPs 的功能化改善了其生物相容性（见图 9.9）。这些结

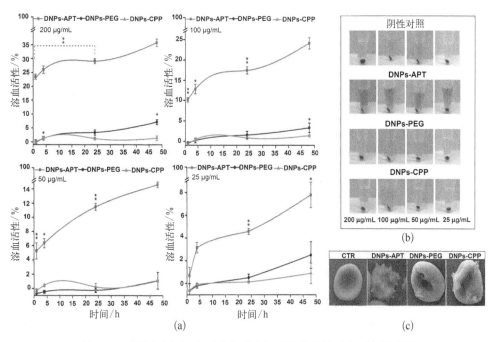

图 9.9　不同浓度红细胞下培育后血红蛋白的总量及表观与微观图

（a）APT－、PEG－和 CPP－修饰的 DNPs 在不同浓度（25、50、100、200 μg·mL^{-1}）的红细胞下培育 48 h 后用分光光度仪（557 nm）分析上清液中溶解血红蛋白的总量，通过方差分析，与阴性对照的显著性水平概率设置为 * $p<0.05$，** $p<0.01$，*** $p<0.001$，误差棒表示 3 次实验的平均值；（b）红细胞与修饰后的 DNPs 相互作用后的表观图；（c）经改性 DNPs 处理后红细胞形态改变的 SEM 图

果也通过使用改良 DNPs 培养 6 h 和 24 h 后乳腺癌细胞系(MCF－7 和 MD－MBA 231)的 ATP 含量进行的细胞毒性测试得到了证实。

　　修饰后的 DNPs 的细胞吸收性能也通过乳腺癌细胞 MCF－7 在 NPs(50 μg·mL⁻¹) 中培养 12 h 后用 TEM 表征。在图 9.10(a)中,DNPs－APT 主要被限制在壳体内, 而在 DNPs－APT－PEG 中未观察到明显的细胞吸收。在 DNPs－APT－PEG－CPP 中,大量的 NPs 内在化到细胞内,在细胞质中均匀分布。分别用 Alexa Fluor488 ® 和 CellMask™ Deep Red 进行 NP 和细胞壳体标记后合并为一张图。其中对于 DNPs－APT,绿色表示细胞壳体上存在 DNPs,对于 DNPs－APT－PEG－CPP,黄色 表示绿色标识的 DNPs 和红色标志的癌细胞在壳体上共存,这说明 NPs 已经进入 细胞内部。这些结果都说明 CPP 生物耦联是一种有效的提升 DNPs 细胞渗透性能 力的功能化途径[65]。另外,对 DNPs 　APT 进行 PEC 及 CPP 基团功能化改性后, 对药物负载量以及不溶性抗癌药物索拉菲尼(sorafenib,SFN)的影响也进行了研 究。结果说明对 DNPs－APT 进行 PEG 及 CPP 基团表面修饰后可以提高水溶液中 药物溶解性。同样也说明使用 CPP 修饰 DNPs 可增强 DNPs 用于细胞内药物传输 的稳定性、生物相容性和细胞吸收能力。

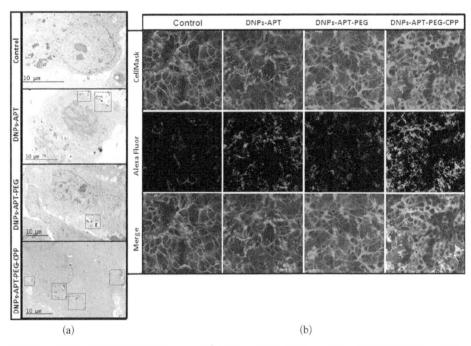

(a)　　　　　　　　　　　　　　　　(b)

图 9.10　MCF－7 细胞(采用 50 μg·ml⁻¹ DNPs－APT,DNPs－APT－PEG 和 DNPs－APT－PEG－CPP 在 37℃下处理 12 h)的 TEM 图(a)和 MDA－MB－231 细胞(采用 50 μg·ml⁻¹ 的 APT－, APT－PEG－, and APT－PEGCPP －修饰的 DNPs 在 37℃下 处理 12 h)的共聚焦荧光显微镜图(b)

9.7　结论

硅藻具有复杂的天然微/纳米级多孔结构,其物理化学性质与人造多孔材料相似。硅藻壳体具有层次结构的孔结构、大的表面积、可修饰的表面化学特性、良好的渗透性、无毒性、高的生物相容性、低的成本以及优异的光学特性,已被开发成为生物医学应用的新型支架材料。本章着重描述硅藻的潜力在将其整个壳体还原成纳米颗粒后,并将其应用于药物传递。本文还讨论了硅藻载体的制备、表面生物工程、生物相容性试验、细胞吸收和将治疗分子内转移的能力。到目前为止所获得的结果证明使用硅藻壳体作为合成多孔二氧化硅的有效替代品,以制备未来的智能药物传递装置。

参 考 文 献

[1] Wagner V, Bock A K, Zweck A. The emerging nanomedicine landscape. Nat. Biotechnol., 2006, 24: 1211 - 1217.

[2] Ferrari M. Cancer nanotechnology: opportunities and challenges. Nat. Rev. Cancer, 2005, 5: 161 - 171.

[3] Erhardt P W, Proudfoot J R. Drug discovery: historical perspective, current status, and outlook. Compr. Med. Chem. II., 2007, 1: 29 - 96.

[4] El-Aneed A. An overview of current delivery systems in cancer gene therapy. J. Controlled Release, 2004, 94: 1 - 14.

[5] Van der Meel R, Vehmeijer L J, Kok R J, et al. Ligand-targeted particulate nanomedicines undergoing clinical evaluation: current status. Adv. Drug Delivery Rev., 2013, 65: 1284 - 1298.

[6] Lavan D A, McGuire T, Langer R. Small-scale systems for in vivo drug delivery. Nat. Biotechnol., 2003, 10: 1184 - 1191.

[7] Torchilin V P. Recent advances with liposomes as pharmaceutical carriers. Nat. Rev. Drug Discovery, 2005, 4: 145 - 160.

[8] Santos H A. Porous silicon for biomedical applications. Amsterdam: Elsevier, 2014.

[9] Sailor M J, Park J H. Hybrid nanoparticles for detection and treatment of cancer. Adv. Mater., 2012, 24: 3779 - 3802.

[10] Herranz-Blanco B, Liu D, Makila E, et al. Drug delivery: on-chip self-assembly of a smart hybrid nanocomposite for antitumoral applications. Adv. Funct. Mater., 2015, 25: 1488 - 1497.

[11] Bimbo L M, Peltonen L, Hir vonen J, et al. Toxicological profile of therapeutic nanodelivery systems. Curr. Drug Metab., 2012, 13: 1068 - 1086.

[12] Russo L, Colangelo F, Cioffi R, et al. A mechanochemical approach to porous silicon nanoparticles fabrication. Materials, 2011, 4: 1023 - 1033.

［13］ Muhammad F, Guo M, Qi W, et al. pH-Triggered controlled drug release from mesoporous silica nanoparticles via intracelluar dissolution of ZnO nanolids. J. Am. Chem. Soc., 2011, 133: 8778－8781.

［14］ Zhao Y, Trewyn B G, Slowing I, et al. Mesoporous silica nanoparticle-based double drug delivery system for glucose-responsive controlled release of insulin and cyclic AMP. J. Am. Chem. Soc., 2009, 131: 8398－8400.

［15］ Losic D, Mitchell J G, Voelcker N H. Diatomaceous lessons in nanotechnology and advanced materials. Adv. Mater., 2009, 21: 2947－2958.

［16］ Sumper M, Brunner E. Learning from diatoms: nature's tools for the production of nanostructured silica. Adv. Funct. Mater., 2006, 16: 17－26.

［17］ Round F E, Crawford R M, Mann D G. Diatoms: biology and morphology of the genera. Cambridge: Cambridge University Press, 1990.

［18］ Rea I, Terracciano M, De Stefano L. Synthetic vs natural: diatoms bioderived porous materials for the next generation of healthcare nanodevices. Adv. Healthcare Mater., 2016, 6: 1601125.

［19］ Anderson M W, Holmes S M, Hanif N, et al. Hierarchical pore structures through diatom zeolitization. Angew. Chem., Int. Ed., 2000, 15: 2707－2710.

［20］ Bradbury J. Nature's nanotechnologists: unveiling the secrets of diatoms. PLoS Biol., 2004, 2: e306.

［21］ Losic D, Pillar R J, Dilger T, et al. Atomic force microscopy (AFM) characterisation of the porous silica nanostructure of two centric diatoms. J. Porous Mater., 2007, 1: 61－69.

［22］ Jantschke A, Fischer C, Hensel R, et al. Directed assembly of nanoparticles to isolated diatom valves using the non-wetting characteristics after pyrolysis. Nanoscale, 2014, 6: 11637－11645.

［23］ Hildebrand M. Biological processing of nanostructured silica in diatoms. Prag. Org. Coat., 2003, 47: 256－266.

［24］ Aw M S, Simovic S, Yu Y, et al. Porous silica microshells from diatoms as biocarrier for drug delivery applications. Powder Technol., 2012, 223: 52－58.

［25］ Monographs on the Evaluation of the Carcinogenic Risk of Chemicals: Silica, SomeSilicates, Coal Dust and para-AramidFibrils, No. 68, International Agency for Research on Cancer, Lyon, 1997.

［26］ Umemura K, Noguchi Y, Ichinose T, et al. Diatom cells grown and baked on a functionalized mica surface. J. Biol. Phys., 2008, 34: 189－196.

［27］ Jiang W, Luo S, Liu P, et al. Purification of biosilica from living diatoms by a two-step acid cleaning and baking method. Appl. Phycol., 2014, 26: 1511－1518.

［28］ Wang Y, Cai J, jiang Y, et al. Preparation of biosilica structures from frustules of diatoms and their applications: current state and perspectives. Appl. Microbial. Biotechnol., 2013, 97: 453－460.

［29］ De Stefano M, De Stefano L. Nanostructures in diatom frustules: functional morphology of valvocopulae in cocconeidacean monoraphid taxa. J. Nanosci. Nanotechnol., 2005, 5: 15－24.

[30] Aw M S, Simovic S, Addai-Mensah J, et al. Silica microcapsules from diatoms as new carrier for delivery of therapeutics. Nanomedicine, 2011, 6: 1159 - 1173.

[31] Rea I, Martucci N M, De Stefano L, et al. Diatomite biosilica nanocarriers for siRNA transport inside cancer cells. Biochim. Biophys. Acta., 2014, 1840: 3393 - 3403.

[32] Lin Y S, Haynes C L. Synthesis and characterization of biocompatible and size-tunable multifunctional porous silica nanoparticles. Chem. Mater., 2009, 21: 3979 - 3986.

[33] Serda R E, Gu J, Bhavane J C, et al. The association of silicon microparticles with endothelial cells in drug delivery to the vasculature. Biomaterials, 2009, 30: 2440 - 2448.

[34] Ruggiero I, Terracciano M, Martucci N M, et al. Biosynthesis of luminescent CdS quantum dots using plant hairy root culture. Nanoscale Res. Lett., 2014,9: 1 - 7.

[35] Howarter J A, Youngblood J P. Optimization of silica silanization by 3-Aminopropyltriethoxysilane. Langmuir, 2006, 22: 11142 - 11147.

[36] Terracciano M, Rea I, Politi J, et al. Optical characterization of aminosilane-modified silicon dioxide surface for biosensing. J. Eur. Opt. Soc.: Rapid Publ., 2013, 8: 1375 - 1376.

[37] De Stefano L, Oliviero O, Amato J, et al. Aminosilane functionalizations of mesoporous oxidized silicon for oligonucleotide synthesis and detection. J. R. Soc. Interface, 2013, 10: 20130160.

[38] Townley H E, Parker A R, White-Cooper H. Exploitation of diatom frustules for nanotechnology: tethering active biomolecules. Adv. Funct. Mater., 2008, 18: 369 - 374.

[39] Nashat A H, Moronne M, Ferrari M. Detection of functional groups and antibodies on microfabricated surfaces by confocal microscopy. Biotechnol. Bioeng., 1998, 60: 137 - 146.

[40] Aw M S, Bariana M, Yu Y, et al. Surface-functionalized diatom microcapsules for drug delivery of water-insoluble drugs. Biomater. Appl., 2013, 28: 163 - 174.

[41] Bayramoglu G, Akbulut A, Arica M Y. Immobilization of tyrosinase on modified diatom biosilica: enzymatic removal of phenolic compounds from aqueous solution. J. Hazard. Mater., 2013, 244: 528 - 536.

[42] Cicco S R, Vona D, De Giglio E, et al. Chemically modified diatoms biosilica for bone cell growth with combined drug-delivery and antioxidant properties. ChemPlusChem, 2015, 80: 1104 - 1112.

[43] Townley H E, Parker A R, White-Cooper H. Exploitation of diatom frustules for nanotechnology: tethering active biomolecules. Adv.Funct. Mater., 2008, 18: 369 - 374.

[44] Kumar C S. Biofunctionalization of nanomaterials. Wiley-VCH, 2005.

[45] Dolatabati J E N, Omidi Y, Losic D. Carbon nanotubes as an advanced drug and gene delivery nanosystem. Curr.Nanosci., 2011, 7: 297 - 314.

[46] Shahbazi M A, Herranz B, Santos, et al. Nanostructured porous Si-based nanoparticles for targeted drug delivery. Biomatter, 2012, 2: 296 - 312.

[47] Tran P A, Zhang L, Webster T J. Carbon nanofibers and carbon nanotubes in regenerative medicine. Adv. Drug Delivery Rev., 2009, 61: 1097 - 1114.

[48] Terracciano M, De Stefano L, Santos H A, et al. Silica-based nanovectors: from mother nature to biomedical applications//Algae-Organisms for Imminent Biotechnology. New York City:

IntechOpen, 2016.

[49] Goldberg M, Gomez-Orellana I. Challenges for the oral delivery of macromolecules. Nat. Rev. Drug. Discovery, 2003, 2: 289－295.

[50] Aw M S, Bariana M, Yu Y, et al. Surface-functionalized diatom microcapsules for drug delivery of water-insoluble drugs. J. Biomater. Appl., 2013, 28: 163－174.

[51] Zhang H, Shahbazi M A., Mäkilä E M, et al. Sustained release of prednisone and mesalamine from diatom exoskeletons: bioinspiration for the development of safe oral drug delivery devices to tackle gastrointestinal diseases. Biomaterials, 2013, 34: 9210－9219.

[52] Parhi P, Mohanty C, Sahoo S K. Nanotechnology-based combinational drug delivery: an emerging approach for cancer therapy. Drug Discovey Today, 2012, 17: 1044－1052.

[53] Allen T M, Cullis P R. Drug delivery systems: entering the mainstream. science, 2004, 303: 1818－1822.

[54] Devi G R. Devi GRsiRNA-based approaches in cancer therapy. Cancer Gene Ther., 2006, 13: 819－829.

[55] Lee J M, Tae-Jong Y, Young-Seok Cho C. Recent developments in nanoparticle-based siRNA delivery for cancer therapy. BioMed Res. Int., 2013, 2013: 782041.

[56] Panyam J, Labhasetwar V. Biodegradable nanoparticles for drug and gene delivery to cells and tissue. Adv. Drug Delivery Rev., 2003, 55: 329－347.

[57] Farokhzad O C, Langer R. Impact of nanotechnology on drug delivery. ACS Nano, 2009, 3: 16－20.

[58] Martucci N, Migliaccio N, Ruggiero I, et al. Nanoparticle-based strategy for personalized B-cell lymphoma therapy. Int. J. Nanomed., 2016, 11: 6089－6101.

[59] Kou L, Sun J, Zhai Y, et al. The endocytosis and intracellular fate of nanomedicines: implication for rational design. J. Pharm. Sci., 2013, 8: 1－10.

[60] Bannunah A M, Vllasaliu D, Lord J, et al. Mechanisms of nanoparticle internalization and transport across an intestinal epithelial cell model: effect of size and surface charge. Mal. Pharm., 2014, 11: 4363－4373.

[61] Otsuka H, Nagasaki Y, Kataoka K. PEGylated nanoparticles for biological and pharmaceutical applications. Adv. Drug Delivery Rev., 2012, 64: 246－255.

[62] Shahbazi M A, Almeida P V, Ermei M, et al. Augmented cellular trafficking and endosomal escape of porous silicon nanoparticles via zwitterionic bilayer polymer surface engineering. Biomaterials, 2014, 35: 7488－7500.

[63] Gao Q, Xu Y, Wu D, et al. pH-Responsive drug release from polymer-coated mesoporous silica spheres. J. Phys. Chem. C, 2009, 113: 12753－12758.

[64] Terracciano M, Shahbazi M A, Correia A, et al. Surface bioengineering of diatomite based nanovectors for efficient intracellular uptake and drug delivery. Nanoscale, 2015, 7: 20063－20074.

[65] Jones S W, Christison R, Bundell K, et al. Characterisation of cell-penetrating peptide-mediated peptide delivery. J. Pharmacol., 2005, 145: 1093－1102.

第 *10* 章

一种用于储存谷物保护的天然杀虫剂的
硅藻土最新研究进展和展望

杜桑·洛西奇(Dusan Losic),兹拉特科·科鲁尼克(Zlatko Korunic)

10.1 引言

为了应对全球人口不断增长(全球人口数已超过75亿)带来的粮食安全挑战,使作物增产并降低疾病、病虫害、干旱、洪水、土壤肥力低、侵蚀等因素带来的灾难性损失是极为重要的。在收获前和收获后阶段发生的病虫害是造成粮食生产严重损失最重要的原因之一,损失可达50%以上。病虫害综合管理(IPM),也被称为害虫综合控制(IPC),是世界范围内(联合国粮食及农业组织)建立的一种具有基础性和广泛性的方法,其目的是将控制昆虫的做法与抑制其种群数量、保持杀虫剂和其他干预措施的使用相结合以降低或尽量减少对人类健康和环境的风险[1]。为了实现这些目标并与破坏作物的数千种昆虫作斗争,人们现已开发出多种方法作为IPC计划的一部分,其中包括化学控制(合成和天然衍生的化合物),物理控制(温度:热和冷;环境控制:真空、低氧和低氮环境;电磁辐射:微波、无线电频率、红外线、电离辐射和紫外线;机械冲击和气动控制),生物控制(捕食者、寄生虫和病原体),栽培控制(包括农作物和抗遗传植物)和人为因素(对商品的法律约束、检疫等)[2-3]。

20世纪全世界采用的控制收获期前后害虫灾害的主要方法是使用一种基于常规合成杀虫剂或熏蒸剂的化学物质。在过去的50年中,新化学品的合成取得了重大进展,其中发现了具有杀虫活性的物质,包括广谱常规杀虫剂(有机氯、氨基甲酸酯、有机磷酸盐和拟除虫菊酯等)[4]。这些农药已成功用于害虫防治,从而在全球范围内大大减少了粮食损失并提高了农作物产量。然而,对化学农药的过度使用和依赖使昆虫产生了抗药性。因此,为了控制病虫害,农药的使用量不断增加,并远超出了安全范围[5]。

害虫的抗药性是一个全球性问题,抗药性呈现出令人震惊的上升趋势,可能导致目前使用的化学杀虫剂在不久的将来完全失效。以澳大利亚为例,由于普通害虫对传统杀虫剂的抗药性增强,每年出口额约为 70 亿美元的谷物行业遭受到严重威胁,其他许多国家也面临着同样的问题,他们的谷物出口质量标准很高,对活昆虫零容忍。防治病虫害,特别是在可能涉及长期存储(在粮仓或地堡中)的收获后阶段,如何防治病虫害并提供这种高质量的谷物标准是一个具有挑战性的问题。另一个问题是常规农药会在食物中产生有毒残留物,并对环境、动物、鱼类和人类造成严重危害。这一点激起了公众对无农药残留的粮食以及减少农药使用的法律法规的迫切要求。市场调查结果表明,消费者始终认为食物中存在农药残留是一个重要问题,他们愿意为可以证明无残留的食物支付更高的费用。这种导向正在推动进口国制定更高的环境标准,同时鼓励开发新的防治病虫害方法替代化学方法。

针对这些与常规杀虫剂有关的害虫抗药性、健康和环境问题,人们已经"重新发明"了一种古老的方法。该方法用具有特定杀虫特性的粉尘颗粒处理昆虫,通过物理手段(磨损、干燥、蜡和水分吸附等)提供不涉及化学和无阻力的作用方式,从而无须使用化学物质就可以杀死昆虫的[6]。过去数千年来,惰性粉尘一直用于防治昆虫和保护作物。据观察,许多鸟类、蜥蜴和其他动物通过用细小的沙子或土壤颗粒覆盖自身来保护自己免受螨虫和寄生虫的侵害。许多世纪以来,不同来源的惰性粉尘,包括具有杀虫特性的矿物粉尘(如膨润土、沙子、沸石、氧化铝和高岭土),已被用于控制储粮中的害虫[6-8]。其中,硅藻土(DE)来自硅藻化石,由整个硅藻及其破碎的二氧化硅粒子组成,已被证明是迄今为止最有效的防虫粉尘[9-10]。因此,在开发新的和替代性的保护剂领域,特别是开发在谷物工业中用以取代目前使用的化学基杀虫剂方面,硅藻土正受到越来越多的关注。在过去的 20 年里,随着几种商业上可用的 DE 配方的发展,人们对 DE 在储粮保护中的应用进行了广泛的研究[9,11-12]。图 10.1 总结了使用 DE 进行谷物保护的概念,谷物作物、贮存在粮仓中的谷物、受感染的谷物、两种典型的昆虫以及可以用来配制谷物保护剂的硅藻壳体结构。

本章综述了近年来硅藻土材料在储粮防护中作为无毒、无化学和无抗性杀虫剂的应用研究进展。简要介绍了硅藻土二氧化硅粒子的结构和理化性质,它们的来源、粒径、化学成分和用量以及物理条件(温度和湿度)对不同种类昆虫的杀虫行为的影响。最后,讨论了最新开发的增强性硅藻土配方及在谷物特性方面观察到的局限性,并总结了有关其 IPC 粮食保护和未来发展计划中的潜在用途。

図 10.1　硅藻土(DE)作为天然杀虫剂用于收获后的谷物存储保护

(a) 小麦作物;(b) 收获后在粮仓中储存的谷物;(c) 以谷物为食的昆虫和被昆虫侵染的谷物;(d) 和 (e) 两种最常见的谷类昆虫(小的是谷物蛀虫即谷蠹,另一种是锈赤扁谷盗即隐孢子虫);(f) 浮生海链藻的典型形态和结构。海链藻是淡水化石硅藻土中的主要物种

10.2　硅藻土(DE):来源和物理化学性质

硅藻土(DE)是一种由硅藻化石构成的二氧化硅($SiO_2 \cdot nH_2O$)矿物。硅是最广泛的生物沉积矿物质之一,它存在于微生物、藻类、高等植物、昆虫甚至哺乳动物的组织中[13]。在大多数情况下,生物受益于无机相的机械特性(用于防御捕食者)以及它的透明性(允许进行光合作用)。硅藻是单细胞光合作用生物中最引人注目的例子之一,硅藻拥有设计精巧的硅基细胞壁,我们称之为壳体,其具有独特的微/纳米多孔结构,包裹了整个单细胞生物[14-16]。硅藻从水中提取硅酸,通过复杂的基因控制生物矿化过程,在细胞繁殖过程中产生硅质细胞壁[15]。硅藻几乎存在于地球上的每一个水生栖息地,它们对全球碳固定和硅结构的产生做出了重大贡献。海洋生态系统的食物链主要基于硅藻的光合能力,这使硅藻成为地球生物化学和生态上最重要的生物之一[17-18]。世界上有 25 000 多种硅藻,它们的形态、图案和三维结构各不相同,具有独特的结构型、机械、光学、运输和吸附性能[19-20]。基于硅藻独特的纳米结构和性质,一个新的跨学科领域——硅藻纳米技术应运而生。人们开始探索从新型材料的纳米制造到生物传感、药物传递、水体净化、能源生产等领域的广泛应用[20-24]。

硅藻土有两种来源:一种是养殖硅藻,其价格昂贵,可扩展性有限;另一种是硅藻土矿物化石,可从矿产业中大量获得。大约 2 000 万到 8 000 万年前,主要是在始新世和中新世时期,不同种类的硅藻死亡,它们的小壳沉入海底,几个世纪以来形成了厚厚的沉积层。这些沉积物变成了化石,被压缩成一种柔软的白垩质岩石,现在被称为硅藻土。沉积物的厚度从几英寸①到几百米不等。硅藻土被广泛

① 1 英寸 = 2.54 厘米

地开采并用于商业,通过采石、干燥、研磨和配制 300 多种适用于许多行业的产品。图 10.2 显示了一个硅藻土岩石库和一个由破碎的多孔二氧化硅硅藻壳体组成的加工后粉末。

图 10.2　硅藻土及加工成杀虫剂后的样品粉末图

(a) 取自矿场的硅藻土岩石中未经过加工的硅藻土材料;(b)和(c)将碎岩磨成不同粒度的硅藻土多孔二氧化硅粉末,配制成用于储粮保护的硅藻土杀虫剂

　　硅藻土是一种颜色随其组分而从白灰色到黄色再到红色变化的岩石矿物。岩石是由不同种类的硅藻残骸组成,其形状和大小不同(从 1 微米到 50 微米)。硅藻有两种不同的种类和形貌,它们分别来源于海洋和淡水。硅藻土矿石的主要成分和活性成分是质量分数为 70%~90% 的无定形二氧化硅,同时含有各种杂质,如水分、某些矿物和化学物质(主要铁的形式)、黏土、沙子和有机物。这些杂质的化学成分包括铝、镁、钠、铁、磷、硫、镍、锌、锰、碳和其他元素[25-26]。硅藻土的质量密度(粉末击实密度)随 DE 的类型和来源而变化,质量密度从大约 220~230 g · L^{-1}(海洋 DE)到约 670 g · L^{-1}(淡水 DE),pH 从 4.4 到 8,甚至可达到 9.2[27-28]。

　　硅藻土的基本加工工序包括碾磨、提纯、干燥和煅烧以减少水分,使其成为细的、滑石粉状的粉末。商业硅藻土产品的等级受各种类型的壳体的大小、形状、总体布局和比例(特别是对过滤速率、透明度和吸收能力的影响),以及二氧化硅和各种杂质的含量的影响[28-29]。此外还有其他专业的应用规范,如亮度/白度、吸收性能和研磨性。游离态的二氧化硅晶体含量虽然较低,但也是一些环境法规所要求的一种技术指标,特别是由于硅晶尖的毒性而对经煅烧的硅藻土产品的要求。影响商业 DE 纯度的主要因素是加工程度,如自然研磨和干燥,简单煅烧(1 000℃)或焙烧(1 200℃,加入 10% 钠化合物,如苏打粉、盐或氢氧化钠),这可能会影响物理性质、孔隙度、粒度大小,从而影响杀虫性能。

硅藻土粉末无异味,含水率约为 2%~6%,且不溶于水、不易燃、无粉尘爆炸危险。硅藻土是一种非常稳定的材料,不会产生有毒的化学残留物,也不会与环境中的其他物质发生反应,对哺乳动物无毒[30]。美国环境保护署(EPA)将硅藻土描述为无定形二氧化硅,被归类为"一般认为安全"(generally recognized as safe,GRAS)的饲料添加剂[31-32]。

据估计,2011 年全球硅藻土产量为 210 万吨[33]。世界储量估计有接近 10 亿吨,大约是世界年产量的 500 倍。美国拥有世界储量的 25%,约 2.5 亿吨的硅藻土矿产资源[33]。世界各地都在积极开采硅藻土,主要生产商在美国(年产量 705 吨)、俄罗斯(年产量 100 吨)、丹麦(年产量 9 吨)、法国(年产量 85 吨)和韩国(年产量 80 吨)。此外,还有 26 个国家也注册了硅藻土矿物的开采。一项资源评估表明,目前这些矿藏可以满足全世界长达数百年的硅藻土的消耗量。

硅藻土是一种低成本矿物,平均价格为 200~400 美元/吨。硅藻土在工业和产品中都有许多商业化应用,主要是作为添加剂、肥料或研磨剂。目前为止,最引人注目的应用是阿尔弗雷德·诺贝尔在硝化甘油炸药生产中起到对炸药稳定的作用。其他产品包括建筑材料的填充材料、滤水剂、绝缘产品、抗结块剂、催化剂载体、离子交换材料、增白剂(如洗衣粉和牙膏)、涂料添加剂、塑料、药品、化妆品和橡胶工业(主要是轮胎)的添加剂[11,28,34-35]。

10.3 硅藻土(DE):防控害虫的天然杀虫剂

10.3.1 早期使用和实验结果

"在沙滩上洗澡"是鸟类和家禽为了保护自己免受螨虫和其他寄生虫侵害的行为。4 000 年以前,中国人观察到这种自然现象,并尝试用硅藻土防治害虫[36]。在 1880 年的美国,人们注意到道路上的灰尘杀死了棉蛾的毛虫[37]。直到 20 世纪50 年代,黏土粉、沙子或硅胶在实践和研究中得到了更广泛的应用[38]。20 世纪 50年代早期,硅藻土被用来对付水果蛾、黄瓜甲虫、墨西哥豆甲虫幼虫、贮藏产品害虫和蟑螂[39]。一般来说,这些粉剂被用作驱虫剂,其效果取决于使用的剂量。结果表明,增加剂量会增加驱虫剂的驱避效果,以及灰尘对寄生虫和捕食者的负面影响[37-40]。

关于惰性粉剂防治储藏害虫更广泛的研究始于 20 世纪 50 年代。目前人们对该研究课题已有好几种观点[6,27,41-48]。对硅藻土最广泛的研究是将其应用在储藏农副产品的领域。硅藻土被认为是农业、公共健康和兽医领域中最安全的杀虫剂之一。在谷物和粮食保护工业中,硅藻土作为一个害虫综合治理策略中必不可少的部分,以粮食保护剂和残留杀虫剂的形式(一般指斑点和缝隙处理)来减少害虫问题[27,49]。研究表明硅藻土对多种谷物起保护作用,其可以抵御多种昆虫,包括豌豆象鼻虫、大豆象和豌豆象,粉甲虫杂拟谷盗、红粉甲虫、栗树虫、皮蝇科幼虫,锈粒甲虫,锈赤扁谷盗和象虫科谷象以及玉米象,黄粉虫,锯齿纹甲虫,苏里南稻瘟病菌、蛛甲科(蜘蛛甲虫)、印度粉蛾幼虫、地中海粉蛾、地中海粉螟、大粒螟等[6,27,41-48]。同时也研究了硅藻土对其他昆虫的效果,如蚂蚁、臭虫、纺织害虫、农业中的各种毛虫、蟋蟀、白蚁、蜈蚣、六月鳃角金龟、马铃薯甲虫、蠹虫和跳蚤,以及家禽类的螨虫、扁虱、蜈蚣、鼠妇、线虫、苍蝇、玉米蠕虫等[50]。20世纪六七十年代美国的农田实验表明硅藻土或二氧化硅气凝胶可为玉米和小麦提供长期保护。从粉尘的体积来看,硅藻土能更高效地提供保护。只需要质量分数为0.35%的剂量就能提供长达12个月的防护。几位研究人员还在产品储存设备中使用硅藻土进行结构卫生处理,表明了其在预防粮仓感染和谷物设备虫害方面的巨大潜力[51-54]。

尽管现今的结论与早期实验中得到的结果不同而且往往相反,但是普遍结论表明储藏物昆虫对硅藻土高度敏感,证明了其在商品粮食保护中的应用前景。这些研究也表明了硅藻土材料在如今急需解决的谷物保护中的局限性(如高剂量,对堆积密度、颗粒流动和装卸机械磨损等)。这种材料的保护性能和大量优点得到了顾客和农民的欢迎,目前全球市场已有超过20种硅藻土基杀虫剂商业化。

10.3.2 杀虫剂的作用方式

关于硅藻土杀虫剂的作用模式一直存在争议。各种各样的理论已经提出,但在学术界一致认同物理作用模式是影响杀虫剂杀灭效果的主要因素,即害虫的死亡不是因为毒害或窒息,而是由干燥引起的。当昆虫移动时,表面处理过的细硅藻土颗粒很容易被吸附并捕获在昆虫的皮肤表面。几项研究也证明了硅藻土对多毛且表面粗糙的昆虫效果更强。由于被身体捕获的微粒的数量不同,使用杀虫剂后害虫的死亡率依赖于昆虫种类。关于死亡率与剂量的关系的结果也可证明这一说法,即更高的剂量会导致昆虫体内更多的硅藻土颗粒和更快的死亡。被吸附的硅藻土颗粒对昆虫表层上的保护性蜡层造成直接的损害,主要是由于吸附和少量磨损,或者两者协同进行。该过程由于昆虫失去了对水的防护作用,体内脱水是导致昆虫死亡的主要原因[41,55]。昆虫表面覆盖硅藻土颗粒后的SEM结果如图10.3所示,随着硅藻土颗粒剂量的不同,昆虫表面从上到下所有部分都吸附大量的硅藻土颗粒[见图10.3(a)~(c)],不仅会引起水分缺失,还会干扰其他功能,如运动、视觉、信息素的释放、呼吸、繁殖等。图10.3(d)~(e)中的图像显示大量硅藻土颗粒吸附在昆虫的眼睛、胳膊和腿上,这明显干扰了昆虫的运动和视觉。图10.3(f)中的示意图说明硅藻土颗粒如何影响昆虫皮肤上的蜡层,并吸附其身体中的水分导致其死亡。

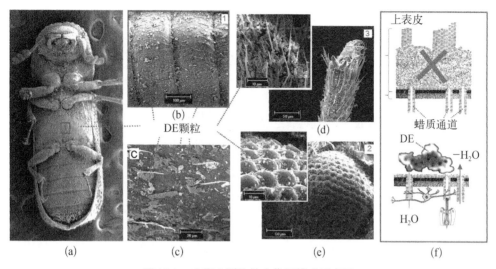

图 10.3　硅藻土颗粒杀虫作用模式示意图

(a)~(c) 显示昆虫身体表面高密度的硅藻土颗粒覆盖层(剂量 500 ppm)导致昆虫死亡的 SEM 图;(d)~(e) 显示硅藻土颗粒覆盖在昆虫的眼睛和腿上,对其感觉系统和运动造成影响的 SEM 图;(f) 硅藻土颗粒的物理作用模式示意图;硅藻土颗粒通过水吸附过程及昆虫皮肤上蜡层的磨损和部分去除,导致昆虫体内水分流失

　　将昆虫(小纹孔虫)在硅藻土颗粒中滚动 10 s,然后在干燥的环境下保持 24 h,处理过的昆虫失水量是对照昆虫的 2 倍,死亡速度则是对照昆虫的 3 倍。同样的结果在另外几种昆虫(红粉甲虫)身上也得到了证实,失水是杀虫过程的一个关键模式。迷糊粉甲虫表现出约 61% 的失水,而且死亡的速度比对照组要快[56]。Ebeling 认为"不管杀虫需要多长时间,昆虫在损失体重的 28%~35%(约 60% 的含水量)后会死亡。"[41],这个假设认同干燥是导致死亡的关键机制之一。这一假设是 La Hue(1970)从他的早期研究提出,使用具有更好的水吸附能力的硅胶(1 000 ppm①的 CAb - O - Sil)保护干小麦,与商业化的硅藻土相比,只需要更低的剂量就能达到相同水平的杀虫效果[57]。此外,Korunic 等最近的一项研究表明硅藻土颗粒对水和油的吸附能力与昆虫皮肤上的蜡以及昆虫体内水分含量是决定硅藻土颗粒杀虫性能的关键参数。在这种情况下,水和油的吸收能力似乎是一个很好的有效预测因子,而且硅藻土的吸附能力比过去研究者认为的研磨性更加重要。为了预测和设计效率更高的硅藻土配方,需要更多的研究将硅藻土的油水吸附性能与其物理(孔隙率、比表面积、粒径)和化学性质(元素组成、杂质)联系起来。

　　然而,即使附着态的硅藻土研磨性对昆虫的快速死亡没有直接的影响,加强水和蜡的吸附过程的影响同样重要。同时也注意到硅藻土颗粒可以引起昆虫相当缓慢的运动,并中断许多其他功能,如信号、视觉、消化道、呼吸孔和气管以及生殖系

---

　　①　1 ppm = 0.000 1%

统,从而遏制后代的繁殖和下一代的发育。图 10.3 显示整个昆虫身体上附着的硅藻土颗粒的现象的 SEM 图有效支持这些观点。最近的研究表明纳米尺度内的小颗粒会产生更好的功效,但其机理仍不清楚[58]。研究者需要更多的研究来阐明在纳米和宏观尺度上的硅藻土颗粒与昆虫不同部位的相互作用(蜡、皮肤、触角、感觉部位、眼睛等)对昆虫的活动和死亡的影响。Losic 等未发表的成果表明使用聚焦离子束(FIB)技术得到硅藻土颗粒处理后的谷蠹身体横截面图,显示小于 100 nm 的颗粒可以穿透皮肤进入昆虫体内造成额外的伤害,加速他们的死亡。

10.3.3　影响硅藻土杀虫效果的关键因素的综述

硅藻土的杀虫效果被很多因素所影响,例如硅藻土原料的来源和它的物理化学性质,既包括颗粒尺寸、形状、孔隙率、表面积、表面化学,当然也包括昆虫种类、昆虫的发育阶段,农作物的含水量、温度、应用方式,农作物的本性和硅藻土的用量等。施用硅藻土颗粒时,其物理上十分稳定,只要保证干燥并且有足够的浓度使昆虫附着颗粒,它就会对昆虫产生影响。一切降低硅藻土颗粒吸收昆虫角质层上的蜡的因素都会直接降低硅藻土的杀虫功效。所以,明确这些因素及其影响来确定硅藻土杀虫剂理想用量以达到所需的防护效果十分重要。

1. 来自不同地理位置的硅藻土的类型和来源

来自不同地理位置的硅藻土,甚至同一矿位的硅藻土都能有不同的物理性质(如 SiO_2 含量、硅藻种类、振实密度、吸油性、颗粒大小、孔隙率和 pH),这影响着对仓储物害虫的杀虫功效。研究表明它们在杀虫能力方面有很大不同。早期研究中发现来自海洋的硅藻土更加普遍,也更便宜,同时作为杀虫剂而言功效可能较低。然而,Saez 和 Mora 在 2007 年的研究结果却表明分别用三种海水和三种淡水的硅藻土通过喷射或是粉尘处理四种害虫(铁锈隐球菌、谷蠹、稻瘟病菌和麦子象鼻虫)后,在死亡率方面没有明显的不同[59]。

Korunic 对硅藻土配方进行了全面的研究。他收集并研究各地(包括美国、中国、欧洲、日本、墨西哥等)的硅藻土杀虫剂配方,不同配方在百万分之 50(ppm)施用时,在抗虫效果、物理特性和对小麦容重的影响方面显示出显著差异[7,60]。研究结果显示抗虫功效上存在明显不同,这些不同地域来源的硅藻土效果的差异与它们的物理性质有关。然而比较不同来源的硅藻土十分困难,因为即使来自相同的地理位置的硅藻土在杀虫功效方面差异也很大,更何况用于实验测试仅仅是极小一部分。这些结果表明硅藻土的抗虫功效在很大程度上取决于其不同物理和形态性质(颗粒大小、孔隙率、表面积等),而不是它的来源[7,60-61]。这是个非常重要的发现,因为目前有大量注册的不同名称的可利用的硅藻土配方而且许多人们认为它们的效果相同,但事实并非如此。

对一系列硅藻土浓度进行测量并估计 LD50 或 LD95 的值可以探明硅藻土

源对功效的影响,并可以将其与该材料的化学成分联系起来。SiO_2 含量是影响硅藻土杀虫功效的重要因素,然而,其他的物质,例如除了 SiO_2 以外的主要矿物氧化物也可能对硅藻土的效率产生影响。Rojht 等测定了硅藻土的地球化学组成对硅藻土用于小轮草成虫杀虫活性的影响,并且指出在绝大多数生物测定中,硅藻土中的 SiO_2 是与其功效显著相关的[62]。米象的死亡率与 MnO_2 或 CaO 含量表现出较弱的正相关性,其死亡率与 Al_2O_3、Fe_2O_3、K_2O、TiO_2、Cr_2O_3、P_2O_5 和 MgO 的含量均呈显著负相关,而 Na_2O 含量与死亡率的相关性不显著。

需要特别声明的是,这些研究没有对来自不同产地的硅藻土原料进行恰当的物理和化学表征,也没有提供关于其颗粒大小、孔隙率、表面积和吸附性能的关键信息。通过这些结果,我们可以更好地理解和解释所观察到的不同来源的废旧硅藻土材料的功效差异,并将其与理化性质相关联。

2. 硅藻土的结构和物理性质的影响

考虑到包括磨损损伤、保护蜡和油在角质层表面的吸附以及昆虫体内的脱水等物理作用模式,硅藻土颗粒的结构和物理性质是决定杀虫性能的最关键参数之一。这些性质,包括颗粒大小、表面化学性质、电荷、孔隙度、表面积和吸附(油/水)能力,在此处毫无疑问起着重要的作用,并且了解它们对所提出的作用模式的影响对于设计先进硅藻土配方是至关重要的。图 10.4 显示了谷物和昆虫表面的光学显微镜和 SEM 图,以说明使用不同硅藻土剂量(0 ppm、100 ppm、500 ppm 和 1 000 ppm)时两种表面的硅藻土覆盖率的浓度依赖性。图像显示谷物上硅藻土颗粒密度[见图 10.4(a)和(b)]与害虫[见图 10.4(c)和(d)]表面的使用剂量和观察到的死亡率之间的相关性。Korunic 的较早研究和其他学者最新发表的研究以及 Losic 的未发表的研究表明,使用较小尺寸的硅藻土颗粒将显著提高硅藻土的功效并将 LD50 或 LD95 的所需剂量降低至 100~300 ppm。这些通过 SEM 图解释的结果表明了颗粒吸附在昆虫体上的大小依赖性,当应用较小的颗粒尺寸时,硅藻土颗粒的数量显著增加。因此,这将对昆虫的行为方式产生影响,从而提供更大的表面积,提高对油的吸附和干燥性能,这对昆虫的死亡率都是非常关键的。但是,考虑到在硅藻土操作过程中和潜在暴露于纳米颗粒可能会产生更高的健康风险,所以不建议使用纳米级硅藻土颗粒。因此,人们在使用纳米颗粒方面存在一些问题和限制,应该在推进硅藻土配方的潜在策略中加以考虑。Losic 团队已经广泛研究了表面化学、电荷、孔隙度、表面积和吸附等其他参数的影响,为进一步提高硅藻土的性能提供了一些有意义的结果,这些都将在未来的研究中展示。我们高度鼓励该领域的专家和昆虫学家参与今后的研究,以期改进这一领域的现有知识和现有的硅藻土配方。

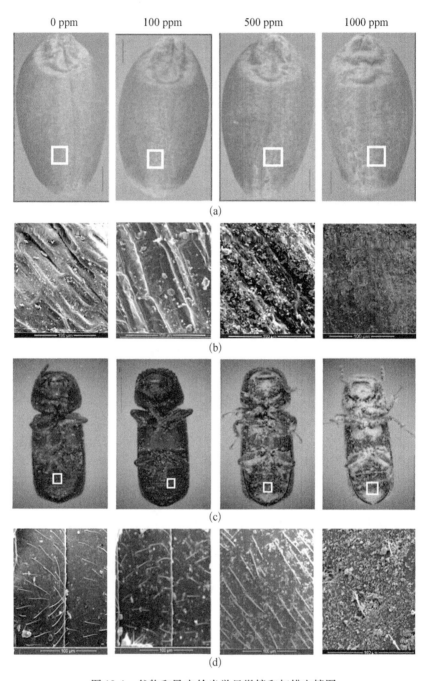

图 10.4　谷物和昆虫的光学显微镜和扫描电镜图

谷物〔(a)和(b)〕和昆虫〔(c)和(d)〕表面表明使用不同硅藻土剂量（0 ppm、100 ppm、500 ppm 和 1 000 ppm）时两种表面的硅藻土覆盖的浓度依赖性以及剂量与观察到的成虫死亡率和后代抑制之间存在相关性

3. 昆虫种类和生长阶段的依赖性

许多研究表明,不同种类昆虫对硅藻土的敏感性存在差异,这可能与它们的解剖、生理、皮层形态和生长阶段有关,并且作这样的预期判断也是较为合理的[41, 43, 47-48]。通常,相对于它们的身体体积具有大表面积的昆虫(即较小的昆虫)对硅藻土更敏感,因为它们体内损失了大量的水。体表粗糙或多毛的昆虫单位面积内会聚集更多的微粒,导致更严重的表皮损伤。Fields 和 korunic 的研究表明,关于成年阶段附着在表皮上的硅藻土颗粒数量,四种储藏甲虫物种之间存在显著差异,这恰恰与上述因素有关[7]。具有薄的外表皮或蜡质层的昆虫比具有更厚的蜡质层的昆虫更敏感[39]。像蟑螂这样具有柔软的蜡质层的昆虫比具有坚硬蜡质层的昆虫更加敏感[41]。像吸吮昆虫和螨虫这样能够恢复水分流失的昆虫比那些必须从食物中代谢水的昆虫更具抵抗力[40]。

最敏感的是扁谷盗属的昆虫,耐性最强的则是拟谷盗属和尖帽胸长蠹属。其他种类的昆虫介于二者之间,从最敏感的扁谷盗属到敏感性稍差的象虫属、锯谷盗属、具有耐性的谷蠹属和抗性最强的拟拟谷盗属[43, 63, 64]。可以看出在不同种类间耐性的差异是相当大的。在一定的条件下并使用对昆虫具有高功效的硅藻土,要使锈扁谷盗属死亡率达到100%,需要 300 ppm(0.3 g·kg^{-1})的用量作用 24 h。然而,在相同条件下向赤拟谷盗添加相同的用量,21 天后也未完全死亡。硅藻土功效的这些差异可以归因于许多因素,包括外表皮的不同构造(厚或薄)、皮肤的形态(多毛还是平滑)、昆虫的大小和形状、他们的生活习性和对谷物中的流动性。硅藻土微粒在昆虫身上的分布与昆虫身体(皮肤)形态和粗糙程度的相关性呈现在图 10.5[摘自 Losic 等人的一项近期研究(尚未出版)],这可用于解释种类与死亡率的相关性。形成对比的 SEM 图显示三种昆虫(锈赤扁谷盗属、谷蠹和赤拟谷盗属)被施用硅藻土(500 ppm)后对硅藻土微粒展现出不同的吸附性,这与死亡率的不同相关联。相比于死亡率较低的皮肤表皮平滑的赤拟谷盗属昆虫,锈赤扁谷盗属具有最多的毛发结构,身体聚集了最高浓度的硅藻土微粒,展现出了最高的死亡率。Rigaux 等比较了不同品系的赤拟谷盗属昆虫并在较不敏捷的品系中记录到了更强的硅藻土耐性,表明昆虫的活动性和生活习性也应该予以考虑[65]。

关于成年期对硅藻土易感性的影响,研究表明,幼虫比老年幼虫更易感。例如,成年的杂拟谷盗成虫比幼虫对硅藻土具有更高耐性而且能在对所有幼年阶段昆虫致死的施加率和施加间隔条件下存活[66]。Vayias 和 Athanassiou 发现在 1.5 g·kg^{-1} 的施加量下仅接触了 48 h 就有 90% 的幼虫被杀死,而对成年昆虫来说仅是 50%。新出生的昆虫也被发现比年老的昆虫更敏感[66]。事实上,研究发现一到两天大的成年昆虫对硅藻土具有不同程度的易感性,这表明即使是一天的时间也足以增加它们的存活率。年龄更大的成年昆虫(七天大)对硅藻土的耐受性比刚出生的昆虫高得多[66]。当使用硅藻土处方杀虫粉时,成年赤拟谷盗属昆虫在食

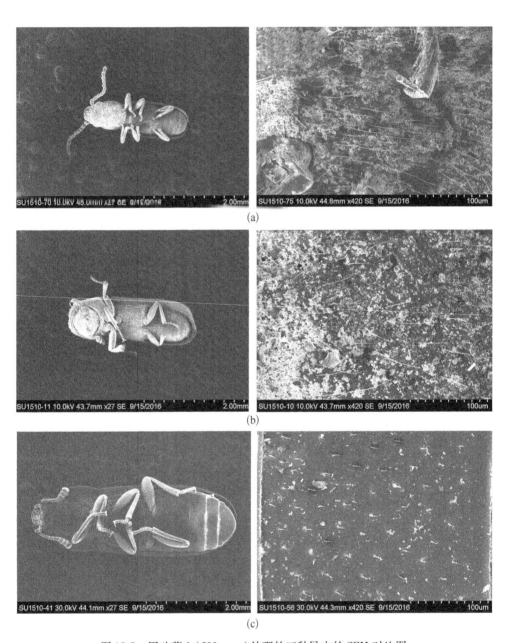

图 10.5　用硅藻土（500 ppm）处理的三种昆虫的 SEM 对比图

（a）锈赤扁谷盗属昆虫；（b）谷蠹；（c）皮肤表皮平滑的赤拟谷盗属昆虫

用添加硅藻土的谷物后死亡率随年龄的变化呈现显著的变化。虽然人们对不同种以及同种不同发育阶段的昆虫对硅藻土耐性的区别还没有更加细致地研究调查，但是不同程度的表皮厚度和昆虫的行为特征可能是造成这些区别的原因。

因此，对于这些结果一种可能的解释是成虫和幼虫之间，甚至是处于相同发育阶段的更年轻与更年长的个体间，可能具有不同厚度的表皮甚至不同成分的表皮脂质，这在其他物种中已有报道。年轻幼虫的表皮比年长者更加柔软，因此硅藻土可能更迅速地造成表皮损伤，这将导致更快的脱水。此外，年轻的幼虫更加敏捷，与成蛹前的年长些的幼虫阶段相比，这种行为特征会增加他们与土壤微粒的接触。

4. 谷物类型的影响

众所周知，颗粒的物理和化学性质决定了吸附在籽粒上并可被昆虫身体吸收的颗粒的数量。总而言之，硅藻土在谷物表面的保留程度随谷物种类、表面化学成分、粗糙程度、使用的尘土的种类和剂量的不同而变化。因此，对影响硅藻土使用效果的因素中，除了尘土颗粒的黏附程度，谷物的结构与组成性质同样很重要。Korunic 等调查了不同类型商品（大米、高粱、黑麦、玉米、小麦）和不同品级的小麦对硅藻土功效的影响[67-68]。这些研究表明了相同硅藻土配方在不同类型商品和各种小麦品级上对成年米象和他们的后代功效的存在显著差异。在 21 天的接触时间后，300 ppm 加强的硅藻土在碾碎的大米和玉米上造成的米象死亡率与在未经处理的玉米和大米上观察到的死亡率并无显著差别。然而，米象在处理过的水稻、黑麦和一级特强红穗小麦上的死亡率分别为 100%、78% 和 86%。而在 2 级琥珀色杜伦小麦和安大略软麦上观察到了显著降低的死亡率（分别为 53%、46%）[68]。对于用硅藻土处理的不同品级小麦，相比于在硬红春麦、2 级和 3 级特强红穗小麦上的死亡率（分别为 85%、84% 和 86%），米象在安大略软麦、大平原红春麦和 2 级琥珀色杜伦小麦上的死亡率明显更低（分别为 46%、51% 和 53%）。在对赤拟谷盗属昆虫和谷蠹的研究中，在用 500 ppm 硅藻土处理的不同类型的小麦（软麦、白麦和黑麦）上接触 6 天后的死亡率也表现出了明显的不同。这些在不同类型商品和不同品级小麦上的硅藻土效用的区别是在实际应用中应该被强调和考虑的缺陷之一。Vayias 和 Athanassiou 通过使用另一种硅藻土配方实验得出了类似的展现硅藻土功效区别的结果。在去皮大米、碾碎的大米、大麦和玉米上对成年米象的剂量测试中表明死亡率随谷物种类的不同而显著变化[66, 69]。即使是在 14 天的接触间隔下，$1.5 \text{ g} \cdot \text{kg}^{-1}$ 硅油处理的大米也不能完全抑制。在早些时候的研究中，发现在糙米上造成米象 100% 死亡的硅藻土剂量并不能完全抑制碾碎的大米和棕米。硅藻土颗粒对这两种谷物的吸收作用减弱，主要是由于硅藻土颗粒对核脂质的吸收。硅藻土配方的结果可能并不适用于所有情况：不同的硅藻土可能对不同的颗粒类型甚至给定颗粒的不同类别有不同的黏附，这增加了寻找直接相关性的复杂性。玉米籽粒的高油脂含量可能导致硅藻土颗粒对油的吸收增加，从而使硅藻土失活。根据 Korunic 的研究,脱氢酶对籽粒的黏附是影响特定脱氢酶杀虫效果的一个基本问题[60]。

然而,特定硅藻土配方的结果可能并不适用于所有情况:不同的硅藻土可能对不同的颗粒类型甚至给定颗粒的不同类别有不同的黏附,这增加了寻找直接相关性的复杂性。玉米籽粒的高油脂含量可能导致硅藻土颗粒对油的吸收增加,从而使硅藻土失活。根据 Korunic 的研究,脱氢酶对籽粒的黏附是影响特定脱氢酶杀虫效果的一个基本问题。此外,Kavallieratos 等报告说,脱氢酶对玉米的黏附作用不如对其他 7 种谷物的黏附作用[70]。此外,处理过的小麦的功效通常低于大麦。昆虫死亡率在玉米粒上比在面粉上有显著差异。面粉中昆虫存活率增加的一个可能的解释是,暴露在面粉中的个体可能由于食用了食物而恢复了水分。此外,面粉的存在可以帮助昆虫去除表皮上的硅藻土颗粒。

这些研究表明,由于上述原因,谷物类型对硅藻土功效有显著影响,因此人们在确定不同谷物硅藻土配方的最佳剂量时应慎重考虑。

5. 环境因素的影响:湿度和温度

几个研究小组已经报道了相对湿度(RH)对硅藻土功效的影响,并且该结果对所有被测试的储存产品昆虫种类都是一致的[66]。一般认为,如果籽粒的相对湿度和含水量增加,硅藻土对昆虫的毒性就会降低。处理后的籽粒含水率或相对湿度的增加会大大降低硅藻土的有效性,尤其是当含水率大于 14% 或相对湿度超过 70% 时[7]。这是一种预期的趋势,因为脱水是其作用方式,吸附谷物和环境中的水分会降低硅藻土的吸附能力。这也意味着高水分含量的产品不应该使用硅藻土处理,或者如果没有其他解决方案,应当增加用量。这些研究表明,控制储粮的初始水分,并使用通风或其他方法使储粮水分保持在 12% ~ 13% 以下的重要性。如果这些都是行不通的,建议增加硅藻土用量,使用更多的硅藻土材料来吸附多余的水分。

关于温度对硅藻土杀虫性能的影响,结果是矛盾的。在使用硅藻土制剂"Dryacide"时,注意到成年杂拟谷盗在 20℃ 时比在 30℃ 时更敏感[71]。此外,Fields 和 Korunic 使用几种硅藻土配方,对成年的赤拟谷盗也报告了类似的结果。一般来说,目前所检测的大部分储藏产品甲虫种类,如锈赤扁谷盗、米象、谷象、谷蠹、杂拟谷盗和锯谷盗,其温度与死亡率呈正相关[47, 71-72]。Arthur 在使用硅藻土"Protect-It"的商业配方时观察到一些差异,这表明硅藻土对水蛭和赤拟谷盗成虫的药效随着温度的升高而逐渐增强[73]。这种不一致只能通过获得这些研究中关于物理和化学性质的更多信息来解释,遗憾的是这些研究没有测量或提供这些信息。Sousa 等报告了一项有趣的观察结果,表明低剂量与高温和较长时间的暴露相结合可以有效地控制储存产品中的害虫,特别是在热带地区[74]。

这些趋势的可能解释是,温度的升高会增加昆虫的运动,使它们与谷物颗粒上的硅藻土颗粒的接触增加,使吸附在体内的颗粒密度增加,从而对表皮损伤和水分干燥产生更大的影响。较高的温度和移动的增加也会增加由于呼吸作用增强而通过气孔流失的水分。据估计,通过气孔造成的损失是通过角质层的水损失的三倍。此外,角质层蒸腾速率随温度的升高仅略有升高,直至过渡温度,这对大多数昆虫来说都在0℃以上。然而,升高的温度也会增加摄食,从而通过食物和代谢水的产生来补充水分。由于温度对生物化学途径的影响,角质层蜡的合成在较高温度下可能更快。但是,也有可能存在其他的重要因素,如激素和昆虫的其他生物活动,它们会随着温度的升高而增加,这取决于物种,显示了这些环境因素的复杂性。

6. 硅藻土应用方法的影响

可以通过两种常用方法将硅藻土制剂应用于处理储存谷物中的昆虫,即以溶液形式(硅藻土浆液)湿喷硅藻土,并通过空气喷雾(吹塑)或在谷物进料过程中将干燥的硅藻土粉末添加到谷物中将干燥的硅藻土分散成固体形式。与喷粉相比,浆喷有几个优点,工人接触的粉尘较少,配方更容易使用,对谷物容重影响不大,但降低了效率[54, 63, 75]。这种活性下降的原因是,当硅藻土作为一种悬浮液使用,然后干燥时,它与昆虫之间的接触比干燥时少[63-64]。另一种可能性是,溶液中的颗粒聚集,降低了活性。干燥后的水泥浆对硅藻土的吸附能力也有一定程度的降低,对吸附效果产生负面影响。从积极的方面来看,喷洒可以提供较大密度的硅藻土颗粒,并通过直接沉积而不是通过昆虫的移动来更好地附着在昆虫身上,这需要更多的时间。这一点通过实验得到了证实,因为实验结果显示喷洒杀虫剂的每个物种的昆虫尸体重量都比喷粉尘的略重。这些差异可能是由于附着在昆虫身体上的灰尘颗粒数量增加,或者是由于脱水造成的重量差异[6]。固体硅藻土配方的空气喷涂对储粮设施和粮食处理设备的内部结构保护是有效的。在填充储存之前,物理清理旧谷物残渣,然后进行除垢处理,有助于提供卫生、无虫害的储存条件(见图10.6)。这个过程

图 10.6　用于谷物储运设备内部结构处理的
干燥脱颗粒配方应用设备

相对简单,不需要昂贵的设备。在收获前减少害虫数量可以减少早期谷物虫害的威胁。

在另一项实验中,研究了两种硅藻土制剂分别作为干燥粉尘和浆料施用于木质表面,以研究对谷象和害鳞嗜螨成虫以及对地中海粉螟幼虫的防治效果[76]。木材表面被用作测试基板,因为它的三维结构被认为是对有效性的一个现实挑战。在各种处理中,干粉尘对所有害虫的防治效果最好,在12周的试验期内,对谷象、地中海粉螟和害鳞嗜螨的平均致死率分别为80%、95%和100%。结果表明,浆体处理的效果不如干粉,说明干粉处理在结构和卫生处理方面更有效。在澳大利亚,这种方法成功地用于处理谷物搬运机械、管道和垂直筒仓,而泥浆则用于水平粮仓。在需要工作人员避免暴露于由干吹法产生的微尘多尘的环境中,浆液是有用的;然而,有些粉尘作为水泥浆使用时往往会降低效力[53]。因此,当作为干粉尘使用时,建议的剂量为2 g·m^{-2},当作为10%水泥浆使用时,建议的十酸剂量为6 g·m^{-2}。关于为什么泥浆不如干粉尘有效的一种解释是,由于浓度较高,它们在木材表面形成了一层光滑的均匀覆盖层,使得昆虫可以在处理过的表面上移动,而不会带走许多硅藻土颗粒。

10.3.4 杀虫剂对谷物保护的局限性

1. 对谷物性能的影响

尽管第一个商业配方从20世纪50年代开始广泛使用,但硅藻土的使用存在一些问题和限制。当硅藻土以当前推荐的500~3 500 ppm的剂量与谷物混合时,对于一些商业产品,其物理和机械性能受到显著影响。体积密度(试验重量)和可依附性这两个重要的质量参数,由于在颗粒表面有一些明显的可见残留物(掺量>500 ppm,取决于硅藻土的类型和颜色)而显著降低。这些参数会受到影响,因为谷粒之间的硅藻土颗粒在粒子之间产生更大的摩擦,从而影响其测试重量和流动性能。根据国际谷物标准,试验重量是一个广泛使用的谷物分级因子,因此会影响谷物的价格。由于硅藻土性能的这些限制,使得谷物工业不愿意使用硅藻土直接与谷物混合。某些法规还规定了产品的外观、颜色、气味、可见外加剂等,如果在较高浓度下使用了硅藻土,商品也可以分为较低质量等级。为了克服这些问题,低剂量100~300 ppm的硅藻土是必要的,也将对粮食工业的试验减重产生可接受的影响[77]。

制粉工业也不愿意接受用硅藻土处理的谷物,因为它具有研磨特性并可能损坏研磨机械。Subramanyam等以及Korunic等研究了"Protect-It"对谷物的品质、物理特性和处理特性等方面的影响[6-7, 77]。在田间试验中,用浓度为75 ppm和100 ppm的保护剂(控制铁赤扁谷盗和减少赤拟谷盗属种群的浓度)处理小麦,不会导致谷物流量减少,也不会在使用螺旋钻移动谷物时增加空气中的灰尘。经

300 ppm 保护剂处理的小麦减少了谷物的流动,并增加了空气中的粉尘。在所有对谷物进行保护和加工的试验中,对最终使用质量没有影响。这并不奇怪,因为硅藻土主要由化学惰性的二氧化硅组成。研究还表明,即使在谷物工业中使用不符合体积密度和可依附性标准的更高剂量,谷物上的硅藻土残留物对稻米的面包特性或蒸煮特性的影响也很小。通过降低去甲肾上腺素的浓度,可以减少去甲肾上腺素的不良反应,这可以通过开发新的和先进的去甲肾上腺素制剂来实现。

2. 健康和环境问题

没有证据表明硅藻土对植物或鱼类产生环境影响,也没有证据表明天然硅藻土对人类或动物有急性或慢性毒性影响,而且已证明其被哺乳动物食用时无毒。由于它具有明显的安全性和无毒性,在美国,没有规定硅藻土与谷物混合后的可允许残留量。此外,美国环境保护署(EPA)允许在产品储存和食品加工行业使用硅藻土[31 323]。硅藻土已经在美国、加拿大、澳大利亚、日本、印度尼西亚、沙特阿拉伯和克罗地亚等许多国家注册成为谷物保护剂[7]。

已知的对哺乳动物健康有害和危险的影响是当工人长时间吸入悬浮粉尘,持续暴露在硅藻土粉尘中的情况下会发生[78]。根据国际组织癌症研究(IARC),无定形二氧化硅属于第 3 组:被归类为非致癌物质。并且目前尚没有证据说明无定形二氧化硅对人类和实验动物具有致癌性。美国目前对无定形二氧化硅的安全标准是 80 mg·m^{-3} 的空气,在加拿大,如果粉尘中含有少于 1% 的结晶二氧化硅,则为 6 mg·m^{-3} 的空气;在美国,职业安全和健康管理局已确定结晶二氧化硅或石英的允许接触限值(OSHAPEL)为 10 mg·m^{-3} 的空气。然而,含有较高比例的结晶二氧化硅(如煅烧的硅藻土)可能非常有害。与其他粉尘一样,硅藻土会对眼睛、肺部和皮肤造成轻微的刺激。应使用适当的设备,特别是呼吸面罩,保护从事处理硅藻土工作的专业人员[29]。对接触过多浓度粉尘的人的急救措施是将这些人带离尘土飞扬的环境空气中,转移到新鲜空气中,用饮用水处理,用清水冲洗他们的鼻子、脸和暴露的皮肤[80-81]。

10.3.5　硅藻土配方的开发和改进

尽管硅藻土配方早在 19 世纪就获得了专利,但在美国,第一批商用杀虫配方直到 20 世纪 50 年代才出现。1963—1970 年,人们评估硅藻土的性能和使用硅藻土的可能性,主要用于储存农产品的保护。这些试验证明了硅藻土(与马拉硫磷相比,能更好地延长谷物的保护期)的有效性,需要 3.5 g·kg^{-1}(3.500 ppm)才能获得有效的保护[82]。这种相对较高的掺量强烈影响颗粒质量的物理特性,包括体积密度(试验重量)、疏松性、摩擦力和颗粒表面的灰尘(明显的外来掺和物)的降低。进一步的研究旨在提高硅藻土的功效,以减少使用剂量。一定程度上,这在 1980—1990 年是成功的,当时出现了一些改进的配方。这一改进主要是通过将硅藻土与某些诱饵(约3%~10%)混合(淀粉、蜂蜜、糖蜜、玉米淀粉豆粉、乳脂、酵母提取物等)来实现的。通过将硅藻土与某些饵料(淀粉、蜂蜜、糖蜜、玉米淀粉-大豆粉、斯塔尔乳脂、酵母抽提物等)(约3%~10%)混合来实现的。此外,使用硫酸和二次试剂将无定形硅胶颗粒粘到硅藻土颗粒上,增加了颗粒对昆虫身体、谷物、结构表面等的吸引力[33]。目前市场上最重要的杀虫剂硅藻土配方商品名是:Dryacide、Dicalite、Diacide、DiaFil、Insecolo、Insectigone、Insecto、Kenite、Melocide、Organic Plus、perma-Guard、Protect-It、Shellshock、KeepDry、Celatom MN 51、DiaFil 610、InsectoSec、Protector。某些配方不仅由硅藻土组成,还含有一定比例的其他杀虫剂,最常用的是除虫菊素(0.1%~0.2%)和1%的胡椒基丁醚(Diacide、Homeguard、Diatect、Perma Guard D-20、Perma-Guard D-21等)[6,7,41-47]。许多基于硅藻土的杀虫剂已被用于控制各个地区的害虫,但最常见的是用于保护农业储藏产品并控制家庭和花园中的某些害虫。偶尔将其用于生长植物(果树、葡萄树和蔬菜),显示了可用于收获前作物防治的巨大潜力,但是尚未对此进行广泛研究。

对储藏物害虫100%的死亡率可提供的有效推荐剂量(在一定的温度和湿度条件下)范围为0.5~1 kg/t谷物(美国Insecto,澳大利亚Dryacide),或0.1~0.5 kg/t谷物(加拿大的Protect-It),即使将剂量减少3.5~7倍,影响晶粒质量物理性质的问题几乎保持不变。即使减少了剂量,百升质量松散度(最多8×10⁻² kg/L)和谷物外观仍显著减少[83]。尽管研究已经通过减少硅藻土的使用量提高了硅藻土的功效,并且具有优于标准杀虫剂的优势,例如无毒、食品无毒残留以及易于通过碾磨过程中的洗涤将其从谷物中去除,但世界上只有非常少量的谷物中用上了硅藻土。造成这一现象的根本原因可以从具体国家对粮食质量参数的规定中找到。条例禁止或限制向其他国家出口的谷物中添加任何粉尘。此外,根据体积密度(百升质量)对其质量进行分级。在这些规定改变之前,直接对谷物施用硅藻土的全球前景仍然有限。两种可能的解决方案可以通过直接将硅藻土与谷物混合而得到广泛的应用。第一个解决办法是改变法规,使经硅藻土处理的产品免除标准的分类程序。第二个解决方案,目前已成为深入研究的主题,是改善现有的硅藻土制剂的功效,以进一步减少剂量,这将在下一节讨论。

如前一节和报告的综述中所强调的,世界范围内有超过30种硅藻土制剂可在市场上买到,供谷物种植者用于谷物保护[41-47]。过去的许多研究表明,它们对多种储存产品中的昆虫种类都非常有效。然而,使用这些硅藻土配方的主要缺点是,它们需要在高剂量(>1 000 ppm)下使用,而这些剂量会影响谷物的物理特性和容重,这在许多国家的质量标准中并不被广泛接受。在过去的十年中,进行了非常深入的研究来解决这些问题,开发出了性能更好、硅藻土用量更少而且对粮食品质没有负面影响的新硅藻土制剂。

许多减少高剂量的配方和改善其性能的解决方案被予以考虑和研究。主要策略是将硅藻土与其他具有杀虫效果的降低风险的方法相结合,如极端温度、谷物冷却和硅藻土表面处理,以及与昆虫病原真菌混合,降低合成杀虫剂、植物提取物和细菌代谢物的浓度。对这些研究进行了综述,并且可以在近期的综述文章中找到更多详细信息[45-47]。与其他成分的组合通常会提高效果,有时甚至产生协同作用[84-87]。Arnaud 等提出了开发新的硅藻土制剂的有趣概念,该新的硅藻土制剂可以通过将硅藻土制剂与良好的功效混合在一起而在低剂量下更有效[88]。有了这样的共混剂,就有可能在一个配方中利用多种硅藻土,例如,一种硅藻土有良好干燥能力,另一种有着强大的研磨性,第三种硅藻土则有着小颗粒尺寸。Athanassiou 等研究了三种硅藻土配方的混合物的功效:Insecto,Pyrisec 和 Protect-It[87]。他们的结果清楚地表明,几种硅藻土混合在一起可能产生一种新的硅藻土制剂。然而,他们给出了这三种配方的组成,很明显他们没有使用纯天然的硅藻土材料进行实验。Insecto 中含有 10% 的食物级诱饵,Pyrisec 中含有 1.2% 的除虫菊酯和杀虫剂,Protect-It 中含有 10% 的合成硅胶。配方中添加的材料对混合物的影响是未知的。遵循这一趋势,Korunic 等最近研究了 6 种不同的硅藻土配方它们与不同活性成分的混合物(15 种混合物)对抗昆虫的效果也有不同程度的改善[89]。这一结果与Arnaud 等和 Athanassiou 等以前的报告不一致,因为 Korunic 实验中的混合物并没有产生预期的更高的有效性。从这项研究中,Korunic 得出结论,混合不同的硅藻土配方不能被认为是克服硅藻土在使用中的局限性的可能解决方案之一。

　　克服硅藻土在谷物保护中使用障碍的另一种可能性是将目前发现的最有效的硅藻土与其他具有不同作用方式的天然杀虫剂相结合,硅藻土引起的昆虫脱水硅藻土引起的昆虫干燥和另一种物质引起的对昆虫的毒性相结合,是由 Korunic 和Athanassiou 探索的几种植物性治疗药物时率先提出的[87]。在许多情况下,硅藻土和另一种物质之间存在的协同作用大大增强了混合物的有效性。这些研究表明,与单独使用所需剂量的硅藻土相比,达到最大昆虫死亡率所需的硅藻土有效剂量可大大降低约 4~10 倍。例如,Athanassiou 指出,硅藻土可以与低剂量的拟除虫菊酯高效氟氯氰菊酯结合使用[90]。Ceruti 和 Lazzari 评价了不同剂量硅藻土与溴氰菊酯粉混合控制玉米象的疗效[91]。在将硅藻土与溴氰菊酯混合或单独使用溴氰菊酯的治疗中,从第一天开始记录死亡率。在仅使用硅藻土的处理中,即使以最高剂量也记录到了第三天后的第一批死亡昆虫。得出使用硅藻土结合低剂量的溴氰菊酯粉代表一个对存储玉米中的玉米象有效的控制措施,因为与高剂量的杀虫剂相比,昆虫的死亡率要比仅使用硅藻土的处理方法更快,并且活性成分的残留量要少得多。Vayias 等(2006)尝试将硅藻土制剂和一种天然除虫菊酯制剂联合使用来对付粉甲虫杂拟谷盗的蛹,并得出了振奋人心的结果[92]。

　　近年来,在纳米范围内对合成二氧化硅和碎片化硅藻土颗粒的应用进行了多次研究,表明它们在防治昆虫和螨虫方面具有一定的优势。纳米尺度的硅藻碎壳体具有独特的硅藻壳体形态、锐度和增大的表面积,这可以解释其与整个硅藻结构相比杀虫性能的改善。通过添加一些高孔隙率和纳米至微米尺寸的气凝胶添加剂,部分硅藻土配方(Dryacide)和硅藻土 Protect-It 的开发已部分实现了这一想法。这些配方提供了 $0.1 \text{ kg} \cdot \text{t}^{-1}$ 或 100 ppm 的低剂量(针对锈蚀的谷物甲虫)或 $0.3 \text{ kg} \cdot \text{t}^{-1}$ 或 300 ppm 的低剂量(针对红粉甲虫)从而显著改善了性能,硅藻土以粉尘或喷雾的形式悬浮在水中。结果表明,这些剂量对谷物物理性能的影响是最小的。研究的另一个可能的解决方案是将硅藻土与纳米级的颗粒一起使用。一些初步结果表明,使用硅藻土和合成二氧化硅纳米粒子对降低体积密度的消极影响要小得多。研究者在纳米范围内对二氧化硅颗粒进行了实验,发现与微米范围内的颗粒相比,二氧化硅颗粒具有更高的杀虫效果[93]。这些研究表明,即使在生物测定中使用最高剂量的 2 000 ppm 的纳米二氧化硅颗粒,也不影响颗粒的松散度和容重。虽然人们已经发现,二氧化硅粉尘颗粒对昆虫有一些增强的效力,但人们担心现在就评论它们在生物系统中的潜在毒性还为时过早。它们可能的实际应用必须等到人们对二氧化硅纳米颗粒进行详细的毒性研究并获得卫生监管机构的批准。

10.4 结论

硅藻土属于一类高效、有前途的天然杀虫剂,传统化学杀虫剂会产生有害生物抗性,并在食物和环境中产生有毒残留物,它可作为传统化学杀虫剂的替代物。硅藻土属于一组高效和有前途的天然杀虫剂,可作为传统化学杀虫剂的替代品,传统杀虫剂对害虫具有抗性,并在食品和环境中产生有毒残留物。尽管硅藻土产品在市场上可以买到,而且农民也在使用,但由于其局限性和缺点,它们作为一种谷物保护剂在谷物工业中的广泛应用仍然受到限制。主要的原因是对谷物流动性的不可接受的影响,以及对将谷物转变为较低品级和较低价格的堆积密度或试验重量的影响。由于直接与粮食混合存在这些显著和不可接受的缺点,很明显,目前使用硅藻土直接与粮食混合被谷物工业接受的可能性很小。然而硅藻土可能在农场有更广泛的应用,以保护个人使用的谷物,在饲料保护(直接与饲料混合)和粮食和食品工业的结构性处理,以及在害虫防治领域的某些应用。

因此,研究者继续致力于开发安全和增强的制剂,包括低浓度的硅藻土,并且对堆积密度和谷物流动性产生的不利影响最小,这几点非常重要。纳米颗粒的硅藻土制剂的开发可能在不同的领域有更广泛的用途。如果这些新的和改进的配方能对直接与谷物混合使用的硅藻土的局限性作出改进,将推动更广泛的采用硅藻土来防治储存产品的害虫。最有希望的解决办法是在硅藻土制剂中包含不同类别的低毒性杀虫剂,尽管结果因目标物种而异,但可以在较低的剂量下进行控制。因此,需要针对每种情况确定最佳组合,增强的硅藻土制剂才能与目前使用的合成杀虫剂竞争在市场上占有一席之地。

参 考 文 献

[1] FAO How to Feed the World in 2050, High Level Expert Forum, Agricultural Development Economics Division, Rome, 2009.

[2] Carvalho E P. Agriculture, pesticides, food security and food safety. Environ. Sci. Policy., 2006, 9: 685 – 692.

[3] Collins P G. Resistance to chemical treatments in insect pests of stored grain and its management. Proceedings of the 9th International Working Conference on Stored Product Protection, Brazil, 2006: 277 – 282.

[4] Casida J E, Quistad B G. Golden age of insecticide research: past, present, or future? Annu. Rev. Entomol., 1998, 43: 1 – 16.

[5] Subramanyam D, Hagstrum D W. Resistance Measurement and Managemet, Integrated Management of Insects in Stored Products. 1995, 231 – 398.

[6] Subramanyam B, Roesli R. Inert dusts, Alternatives to Pesticides in stored-product IPM. 2000, 321 – 380.

[7] Korunic Z. Review diatomaceous earths, a group of natural insecticides. J. Stored Prod. Res., 1998, 34: 87 – 97.

[8] Kah M, Beulke S, Tiede K, et al. Nanopesticides: state of knowledge, environmental fate, and exposure modeling. Crit. Rev. Environ. Sci. Technol., 2013, 43: 1823 – 1867.

[9] Fam E Z, et al. Bull. Entomol. Soc. Egypt, Econ. Ser., 1974, 8: 105 – 114.

[10] Banks J H, Fields J B. Physical methods for insect control in storedn ecosystems, stored G Rain Ecosystems., 1995, 353 – 410.

[11] Hayles J, Johnson L, Worthley C, et al. Nanopesticides: a review of current research and perspectives//New pesticides and soil sensors, 2017: 193 – 225.

[12] La Hue D. Evaluation of four inert dusts on wheat as protectants against insects in small bins. Marketing Research Report, USDA Agricul-tural Rese arch Service, 1967, 780: 24.

[13] Wetherbee R, Crawford S, Mulvaney P. The nanostructure and development of diatom biosilica// Baeuerlein E. Biomineralization: from biology to viotechnology and medical application. Wiley-VCH Verlag GmbH & Co. KgaA, 2004.

[14] Round F E, Crawford R M, Mann D G. Diatoms: biology and morphology of the genera. Cambridge: Cambridge University Press, 1990.

[15] Sumper M, Brunner E. Learning from diatoms: nature's tools for the production of nanostructured silica. Adv. Funct. Mater., 2006, 16: 17 – 26.

[16] Hildebrand M. Biological processing of nanostructured silica in diatoms. Prog. Org. Coat., 2003, 47: 256 – 266.

[17] Kröger N, Poulsen N. Diatoms-from cell wall biogenesis to nanotechnology. Annu. Rev. Genet, 2008, 42: 83 − 107.

[18] Lopez P J, Descles J, Allen A E, Prospects in diatom research. Curr. Opin. Biotechnol., 2005, 16: 180 − 186.

[19] Parkinson J, Gordon R. Beyond micromachining: the potential of diatoms. Trends Biotechnol., 1999, 17: 190 − 196.

[20] Gordon R, Parkinson J, Nanosci J. Nanotechnol., 2005, 5: 35 − 40.

[21] Gordon R. Diatoms and nanotechnology: early history and imagined future as seen through patents. The Diatoms: Applications for the Environ-mental and Earth Sciences, 2010, 2: 585 − 602.

[22] Yang W, Lopez P J, Rosengarten G. Diatoms: self assembled silica nanostructures, and templates for bio/chemical sensors and biomimetic membranes. Analyst., 2011, 136: 42 − 53.

[23] Gordon R, Losic D, Tiffany M A, et al. The glass menagerie: diatoms for novel applications in nanotechnology. Trends Biotechnol., 2009, 27: 116 − 127.

[24] Losic D, Mitchell J G, Voelcker N H, Diatomaceous lessons in nanotechnology and advanced materials. Adv. Mater., 2009, 21: 2947 − 2958.

[25] Subramanyam Bh. Chemical Composition of Insecto, Report of Departmei of Entomology, University of Minnesota, St. Paul, M.N., Sept. 1993, p.4.

[26] Quarles W, Winn P. Diatomaceous earths and stored product pests. IPM Practitioner, 1966, 18: 1 − 10.

[27] Korunic Z, Fields P G. Diatomaceous earth insecticidal composition. USA Patent, 1995, 5: 773,017.

[28] Kadey E L. "Diatomite", Industrial Rocks and Minerals, Society Of Mining Engineers, New York, 1983, vol. I.

[29] Ingleetorpe S D J. British Geological Survey, Keyworth, Nottingham, 1993.

[30] Quarles W. Borates provide least-toxic wood protection. IPM Practitioner, 1992, 14: 1 − 11.

[31] World Health Organization (WHO), Monographs on Evaluation of Carcinogenic Risks to Humans: Silica, Some Silicates, Coal Dust and Para-aramid Fibrils, Agency for Research on Cancer (IARC), Lyon, France, 1997, 68.

[32] Anon. A natural earth that controls insects. Fed. Regist., 1981, 46: 55511 − 55512.

[33] Crangle Jr R D, Diatomite: U.S. Geological Survey Mineral Commodity Summaries, 2010: 52 − 53.

[34] Round F, Craford R, Mann D. The diatoms. Cambrige: Cambridge University Press, 1999.

[35] Fulton G P. Diatomaceous earth filtration for safe drinking water. Reston: American Society of Civil Engineers Press, 2000.

[36] Allen F. A natural earth that controls insects. Org. Gard Farming., 1972, 19: 50 − 56.

[37] Stelle J P. Road dust vs. cotton-worms. Am. Entomol., 1880, 3: 251 − 252.

[38] Headlee T J. Further studies on the effects of electromagnetic waves on insects. Econ. Entomol., 1924, 17: 298 − 307.

[39] Bartlett B R. The action of certain "inert" dust materials on parasitic Hymenoptera. Entomology., 1951, 44: 891 – 896.

[40] Flanders S F. Dust as an inhibiting factor in the reproduction of insects. Entomology., 1941, 34: 470 – 472.

[41] Ebeling W. Sorptive dusts for pest control. Annual Review of Entomology, 1971, 16: 123 – 158.

[42] Golob P. Current status and future perspectives for inert dusts for control of stored product insects. J. Stored Prod. Res., 1997, 33: 69 – 80.

[43] Fields P G, Muir W E. Physical control//Subramanyam B, Hagetrum D W. Integrated management of insect in products. New York: Marcel-Dekker Inc, 1996: 195 – 221.

[44] Arthur F. Grain protectants: current status and prospects for the future. J. Stored Prod. Res., 1996, 32: 293 – 302.

[45] Korunic Z. Diatomaceous earths-natural insecticides. Pestic. Phytomed., 2013, 28: 77 – 95.

[46] Nikpay A. Diatomaceous earths as alternatives to chemical insecticides in stored grain. Insect Sci, 2006, 13: 421 – 429.

[47] Subramanyam B, Roesli R. Inert dusts//Subramanyam Bh, Hagstrum D W. Alternatives to pesticides in stored-product IPM. Kluwer Academic Publishers, D- ordreecht, 2000: 321 – 380.

[48] Shah M A, Khan A A. Use of diatomaceous earth for the management of stored-product pests. Int. J. Pest Manage., 2014, 60: 100 – 113.

[49] Korunic Z, Fields P G et al. Proceedings XX International Congress of Entomology, Florence, 1996: 557.

[50] De Crosta A. Mother nature's bug killer. Org. Gard., 1979, 26: 38 – 44.

[51] Desmarchelier J M, et al. Proceedings 5th Australian Applied Entomological Research Conference, 1992: 483 – 485.

[52] Wright E J. Proceedings 5th International Working Conference on Stored-product Protection, Bordeaux, France, 1990, vol. III, pp.1455 – 1463.

[53] McLaughlin A. Laboratory trials on desiccant dust insecticides. Proceedings 6th international conference on stored-product protection, 1994, 2: 638 – 645.

[54] Bridgeman B W. Proceedings of the 6th International Conference on Store-product Protection, Canberra, Australia, University Press, Cambridge, 1994, 2: 628 – 630.

[55] Korunic A. Fields P G. Indian J. Entomol., 2016, 78: 108 – 113.

[56] Carlson S D, Ball H J. Mode of action and insecticidal value of a diatomaceous earth as a grain protectant. J. Econ. Entomol., 1962, 55: 964 – 970.

[57] La Hue D W. Insecticidal dusts: grain protectants during high temperature-low humidity storage. J. Econ. Entomol., 1978, 71: 230 – 232.

[58] Debnath N, Das S, Seth D, et al. Entomotoxic effect of silica nanoparticles against Sitophilus oryzae (L.). J. Pest Sci., 2010, 84: 99 – 105.

[59] Saez A, Mora F V H. Comparison of the desiccation effects of marine and freshwater

diatomaceous earths on insects. J. Stored Prod. Res., 2007, 43: 404 - 409.

[60] Korunic Z. Rapid assessment of the insecticidal value of diatomaceous earths without conducting bioassays. J. Stored Prod. Res., 1977, 33: 219 - 229.

[61] Korunic Z., elt al. Proceedings XX International Congress of Entomology, Florence, 1996, p. 557.

[62] Rojht H, Horvat A, Athanassiou C G, et al. Impact of geochemical composition of diatomaceous earth on its insecticidal activity against adults of Sitophilus oryzae (L.) (Coleoptera: Curculionidae). J. Pest Sci., 2007, 83: 429 - 436.

[63] Maceljski M, Korunic Z. Trials of inert dusts in water suspension for controlling stored-product pests. Plant Prot., 1972, 22: 377 - 387.

[64] Desmarchelier J M, Dines J C. Dryacide treatment of stored wheatits efficacy against insects, and after processing, Aust. J. Exp. Agric., 1987, 27: 309 - 312.

[65] Rigaux M, Haubruge E, Fields P G. Mechanisms for tolerance to diatomaceous earth between strains of Tribolium castaneum. Entomol. Exp. Appl., 2001, 101: 33 - 39.

[66] Vayias B, Athanassiou C. Factors affecting the insecticidal efficacy of the diatomaceous earth formulation SilicoSec against adults and larvae of the confused flour beetle, Tribolium confusum DuVal (Coleoptera: Tenebrionidae). Crop Prot, 2004, 23: 565 - 573.

[67] Korunié Z, Mackay A. Grain surface-layer treatment of diatomaceous earth for insect control. Arh. Hig. Rada Toksikol., 2000, 51: 1 - 11.

[68] Korunic Z. Proceedings DDD i ZUPP-Disinfection, Disinfestation, Deratization and Protection of Stored Agricultural Products, Korunic d.o.o, Zagreb, Croatia, 2007: 361 - 373.

[69] Athanassiou C G, Kavallieratosl N G, Meletsis C M. Insecticidal effect of three diatomaceous earth formulations, applied alone or in combination, against three stored-product beetle species on wheat and maize. J. Stored Prod. Res., 2007, 43: 330 - 334.

[70] Kavallieratos N G, Athanassiou C G, Michalaki M P, et al. Effect of the combined use of Metarhizium anisopliae (Metschinkoff) Sorokin and diatomaceous earth for the control of three stored-product beetle species. Crop Prot., 2006, 25: 1087 - 1094.

[71] Aldryhim Y N. Efficacy of the amorphous silica dust, Dryacide, against Tribolium confusum Duv. and Sitophilus granarius (L.) (Coleoptera: Tenebrionidae and Curculionidae). J. Stored Prod. Res., 1990, 26: 207 - 210.

[72] Athanassiou C G, Kavallieratos N G, Meletsis C M, et al. Insecticidal effect of three diatomaceous earth formulations, applied alone or in combination, against three stored-product beetle species on wheat and maize. J. Stored Prod. Res., 2007, 43: 330 - 334.

[73] Arthur F H. Evaluation of a new insecticide formulation (F2) as a protectant of stored wheat, maize, and rice. J. Stored Prod. Res., 2004, 40: 317 - 330.

[74] Sousa A H, Faroni L R A, Andrade G S, et al. Bioactivity of diatomaceous earth to Sitophilus zeamais (Coleoptera: Curculionidae) in different application conditions. Revista Brasileira de Engenharia Agrícola e Ambiental, 2013, 17: 982 - 986.

[75] Korunic Z, Cenkowski S, Fields P. Grain bulk density as affected by diatomaceous earth and

application method. Postharvest Biol. Technol., 1988, 13: 81 - 89.

[76] Collins D A, Cook D A. Laboratory evaluation of diatomaceous earths, when applied as dry dust and slurries to wooden surfaces, against stored-product insect and mite pests. J. Stored Prod. Res., 2006, 42: 197 - 206.

[77] Korunic Z, Fields P G, Kovacs M I P, et al, The effect of diatomaceous earth on grain quality. Postharvest Biol. Technol., 1996, 9: 373 - 387.

[78] Omura T. Dynamic changes of protease inhibitors in workers exposed to diatomaceous earth dust. Averugi, 1981, 30: 181.

[79] Miles W J. Mining industry responds to crystalline silica regulations. Min. Eng., 1990, 4: 345 - 348.

[80] Cooper C W, Jacobson G. J. A 21 year radiographic follow up of workers in the diatomite industry. Occup. Med., 1977, 19: 15 - 22.

[81] McDonald J W. Silica, silicosis, and lung cancer. Br. J. Ind. Med., 1989, 46: 289 - 291.

[82] White G D, et al. USDA/ARS Marketing Research Report, 1975, No1038, p.18.

[83] Jackson K, Webley D. Proceedings of the 6th International Conferenc on Stored-product Protection, Canberra, Australia, ed. E,1994, 2: 635 - 637.

[84] Korunic Z, Rozman V. Proceedings 10th International Working Conference on Stored-Product Protection, 27June - 2 July 2010, Estoril CongressCenter, Portugal, 2010.

[85] Atanassiou C G, Korunic Z, Vayias B J. Diatomaceous earths enhance the insecticidal effect of bitterbarkomycin against stored-grain insects. Crop Prot., 2009, 28: 123 - 127.

[86] Athanassiou C G. Toxicity of beta cyfluthrin applied alone or in combination with diatomaceous earth against adults of Sitophilus oryzae (L.) (Coleoptera: Curculionidae) and Tribolium confusum DuVal (Coleoptera: Tenebrionidae) on stored wheat. Crop Prot., 2006, 8: 788 - 794.

[87] Athanassiou C G, Korunic Z. Evaluation of two new diatomaceous earth formulations, enhanced with abamectin and bitterbarkomycin, against four stored-grain beetle species. J. Stored Prod. Res., 2007, 43: 468 - 473.

[88] Arnaud I, Lan H T T, Brostaux Y, et al. Efficacy of diatomaceous earth formulations admixed with grain against populations of Tribolium castaneum. J. Stored Prod. Res., 2005, 41: 121 - 130.

[89] Korunié Z, et al. Proceedings Seminar DDD i ZUPP — Disinfection, Disinfestation,Deratization and Protection of Stored Agricultural Products, Published by, Korunic d.o.o, Zagreb, Croatia, 2017: 265 - 275.

[90] Athanassiou C G. Toxicity of beta cyfluthrin applied alone or in combination with diatomaceous earth against adults of Sitophilus oryzae (L.) (Coleoptera: Curculionidae) and Tribolium confusum DuVal (Coleoptera: Tenebrionidae) on stored wheat. Crop Prot., 2006, 8: 788 - 794.

[91] Ceruti F C, Lazzari S M N. Combination of diatomaceous earth and powder deltamethrin for insect control in stored corn. Rev. Bras. Entomol., 2005, 49: 580 - 583.

[92] Vayias B J, Stephou V K. Factors affecting the insecticidal efficacy of an enhanced diatomaceous earth formulation against three stored-product insect species. J. Stored Prod. Res., 2009, 45: 165 – 176.

[93] Chandrashekharaiah M, et al. in New Horizons in Insect Science; Towards Sustainable Pest Management, ed. A. K. Chakravarthy, Springer, India, 2015, pp.113 – 126.

索　引